科学出版社“十三五”普通高等教育研究生规划教材

# 动物肿瘤病理诊断

祁保民　主编

科学出版社

北　京

## 内 容 简 介

病理诊断在肿瘤诊断方面起着至关重要的作用。本教材内容包括动物肿瘤理论，以及器官系统常见肿瘤的病变特征、诊断要点，配有丰富、典型的肿瘤病变彩色图片，图片大多来自临床病例。本教材理论与实践并重，力求反映动物肿瘤诊断研究的新理论、新成果、新观点，突出实用性、启发性。

研究生教材的编写是培养创新型人才、提升研究生教育水平和培养质量的重要保证。本教材由多所高校教学一线教师共同编写，主要对象为兽医硕士、兽医学硕士，也可作为本科学生、临床兽医师的参考书。

**图书在版编目（CIP）数据**

动物肿瘤病理诊断 / 祁保民主编. —北京：科学出版社，2022.10
科学出版社“十三五”普通高等教育研究生规划教材
ISBN 978-7-03-073399-3

Ⅰ. ①动… Ⅱ. ①祁… Ⅲ. ①兽医学－肿瘤学－病理学－诊断学－研究生－教材 Ⅳ. ①S857.4

中国版本图书馆CIP数据核字（2022）第188307号

责任编辑：林梦阳 / 责任校对：严 娜
责任印制：张 伟 / 封面设计：蓝正设计

科学出版社 出版
北京东黄城根北街16号
邮政编码：100717
http://www.sciencep.com

北京中科印刷有限公司 印刷
科学出版社发行 各地新华书店经销

*

2022年10月第 一 版 开本：787×1092 1/16
2022年11月第二次印刷 印张：13
字数：312 000

**定价：89.00 元**

（如有印装质量问题，我社负责调换）

# 编委会


主　　编　祁保民

副 主 编　周向梅　王雯慧

编写人员（按姓氏笔画排序）

王雯慧　甘肃农业大学
王黎霞　北京农业职业学院
宁章勇　华南农业大学
吕英军　南京农业大学
朱　婷　福建农林大学
安　健　北京农学院
祁保民　福建农林大学
孙　斌　黑龙江八一农垦大学
严玉霖　云南农业大学
杨利峰　中国农业大学
周向梅　中国农业大学
姜文亿　福建农林大学
贺文琦　吉林大学
涂　健　安徽农业大学

福建农林大学研究生教材出版基金

（71290270345）资助

# 前言

肿瘤是家畜、家禽的常见病、多发病，严重危害着动物健康及畜牧业的发展。宠物肿瘤发生率呈上升趋势，恶性肿瘤已成为宠物死亡的首要原因。动物肿瘤的诊断将有助于尽早进行治疗，减少患病动物死亡。另外，动物肿瘤研究在比较肿瘤学研究中扮演着关键角色。

疾病的治疗常取决于病理诊断。肿瘤与增生、炎症的组织学特征不同，肿瘤的类型、亚型，以及肿瘤分级的诊断必须依据病理组织学检查，应用组织化学、免疫组织化学、电镜、流式细胞术及PCR等作为肿瘤类型及亚型的辅助诊断，病理检查被认为是肿瘤诊断的金标准。

研究生教育是培养高层次人才的主要途径，研究生教材是研究生教育重要的知识载体。编写研究生教材，是培养创新型人才、提升研究生教育水平和培养质量的重要保证。目前，国内许多研究生课程缺少教材，这本《动物肿瘤病理诊断》教材由多所高校教学一线教师共同编写，以适应研究生培养的需要。

本教材较为系统地介绍了动物肿瘤理论，以及各系统、器官常见肿瘤的病变特征、诊断要点，配以典型、清晰的肿瘤病变彩色图片200多幅。理论与实践并重，跟踪前沿，力求反映动物肿瘤诊断研究的新成果、新理论、新观点，注重学生读片能力和分析解决问题能力的培养，为兽医临床动物肿瘤病的诊断奠定基础。

本教材可供兽医硕士课程“动物肿瘤病理诊断”使用，也可作为“现代兽医病理学”“小动物临床肿瘤学”等相关研究生课程的参考书，同时可供兽医临床医师参考。

本教材的编写得到了福建农林大学研究生教材出版基金（71290270345）的资助。在编写过程中各位参加编写的老师付出了艰辛的劳动，同时动物科学学院（蜂学学院）、科学出版社给予了大力支持，在此致以衷心感谢！

由于我们学术水平有限，不足在所难免，诚恳希望读者提出批评及改进的意见。

祁保民

2022年4月

# 目　录

# 第一章　肿瘤形成及肿瘤生物学

## 第一节　概　　述

肿瘤（tumor，neoplasm）是机体在各种致瘤因素作用下，机体局部组织的细胞发生了基因突变，异常增殖而形成新生物，这种新生物常在局部形成肿块。肿瘤本质上是由肿瘤细胞DNA发生遗传性改变所引起的，是基因的疾病。肿瘤组织在体内无限制地分裂增殖，其形态、代谢、功能与正常细胞均不同，病因消除后肿瘤细胞仍继续生长。

导致肿瘤形成的细胞增殖称为肿瘤性增生，正常细胞的更新、损伤后的再生与修复称为非肿瘤性增生。肿瘤性增生与非肿瘤性增生有着本质的区别，非肿瘤性增生是机体需要的，受机体控制，增生有一定限度，原因消除后增生停止。增生的细胞分化成熟，形态、代谢和功能基本正常，不压迫邻近组织。而肿瘤性增生对机体有害无益，失去控制，具有相对自主性，致瘤因素不存在时仍可继续生长。增生的细胞分化不成熟，形态、代谢和功能异常，且常压迫邻近组织。

肿瘤是家畜、家禽的常见病、多发病。一些畜禽肿瘤严重危害着动物健康及畜牧业的发展，如鸡马立克病、鸡淋巴细胞性白血病、牛白血病等。宠物肿瘤发生日趋增多，对宠物健康构成了严重威胁。研究动物肿瘤，对于探索动物肿瘤的发生机制及防治具有重要理论和实践意义。

人与动物的许多肿瘤在流行病学、病因学等方面有着密切联系，例如，人原发性肝癌高发地区，鸭、鸡肝癌的发病率亦很高；人食管癌高发地区，鸡的食管癌和山羊食管癌的发病率也高。因此，研究动物肿瘤可为人类肿瘤的病因学和发病学研究提供肿瘤的动物模型，具有十分重要的比较医学意义。

### 一、肿瘤的一般形态

#### （一）肿瘤的形状

肿瘤的形状多种多样，有结节状、菜花状、乳头状、息肉状、溃疡状、囊状、分叶状、弥漫肥厚状等。

#### （二）肿瘤的大小及数目

肿瘤的大小极不一致，体积有大有小。肿瘤的大小与肿瘤的性质、生长部位和生长时间等有一定关系。良性肿瘤一般生长缓慢，生长时间长，对机体的影响相对较小，可长得很大。恶性肿瘤一般生长迅速，体积一般不大，多在达到巨大体积以前，由于浸润性生长及转移而导致动物死亡。生长在体腔等深部位的肿瘤可长得很大。生长在体表的肿瘤易察觉，往往在体积小时即被发现。恶性肿瘤的体积愈大，发生转移的几率也愈大。肿瘤的数目通常只有一个（单发瘤），也可以为多个（多发瘤）。多个肿瘤出现时要考虑是否为恶性肿瘤转移。

#### （三）肿瘤的颜色

一般肿瘤切面呈灰白色，也可呈不同颜色。血管瘤因含血液多呈暗红色，脂肪瘤呈淡黄色，黑色素细胞瘤呈灰黑色。此外，由于肿瘤组织的坏死和出血等也可形成不同的颜色。

#### （四）肿瘤的硬度

肿瘤一般较其来源组织硬度大。肿瘤的硬度与肿瘤的种类、肿瘤实质与间质的比例，以及有无坏死有关。其硬度与其种类有关的肿瘤中，骨瘤最硬，软骨瘤次之，脂肪瘤较软，黏液瘤很柔软，囊腺瘤更软。其硬度与其实质与间质的比例有关的肿瘤中，间质纤维结缔组织较多的肿瘤较硬，称硬性瘤，实质成分较多的肿瘤比较柔软，称软性瘤。瘤组织发生坏死时变软，有钙盐沉着或骨质形成时则变硬。

### 二、肿瘤的一般结构

无论是良性肿瘤还是恶性肿瘤均由实质和间质两部分构成。

#### （一）肿瘤实质

肿瘤细胞构成肿瘤实质，是肿瘤的主要成分。机体内几乎任何组织都可以发生肿瘤，所以肿瘤实质的形态多种多样。根据肿瘤实质的形态可以识别肿瘤的组织来源，根据肿瘤细胞的分化成熟程度和异型性来确定肿瘤的良性与恶性。良性肿瘤细胞的形态和排列与其发源的正常组织极其相似，即分化成熟程度较高。恶性肿瘤细胞的形态和排列与其发源的正常组织很不相似，即分化成熟程度较低。

一般情况下肿瘤由一种肿瘤细胞构成，少数肿瘤由两种或两种以上的肿瘤细胞构成。

#### （二）肿瘤间质

肿瘤间质一般由结缔组织和血管组成，不具有特异性。肿瘤类型不同其间质数量不同。肿瘤细胞与间质之间通过各种各样的途径相互作用调节两者的生长速度、分化状态及行为表现。许多肿瘤间质中存在或多或少的炎性细胞浸润。

## 第二节　肿瘤的异型性

肿瘤组织在细胞形态上和组织结构上与其来源的正常组织有不同程度的差异，这种差异称为异型性（atypia）。异型性反映了肿瘤组织的成熟程度，异型性的大小是区分良性肿瘤（benign tumor）和恶性肿瘤（malignant tumor）的主要依据。良性肿瘤异型性较小，分化程度高，组织成熟程度高；恶性肿瘤异型性较大，分化程度低，组织成熟程度低。

## 一、肿瘤的结构异型性

良性肿瘤细胞异型性不明显，与其起源细胞相似。但其排列与正常组织不同，有结构异型性，如纤维瘤的细胞与正常纤维细胞很相似，但其排列与正常纤维组织不同，呈编织状。

恶性肿瘤的组织结构异型性明显，肿瘤细胞排列紊乱，失去正常层次和结构，如腺癌的腺体大小、形状不规则，排列紊乱等。

## 二、肿瘤的细胞异型性

良性肿瘤细胞的特点：分化良好，形态基本与相应的组织细胞相似，异型性小。恶性肿瘤细胞的特点：一些特征与胚胎细胞相似，异型性明显。恶性肿瘤细胞异型性具体表现为以下几方面。

### （一）细胞大小和形态的异型性

肿瘤细胞呈多形性。细胞大小不一、形态不一，有时出现瘤巨细胞（tumor giant cell），有时表现为小细胞。恶性肿瘤细胞一般比正常细胞大，体积增大1～2倍或多倍。恶性肿瘤细胞变性、坏死也较多见。

### （二）细胞核的异型性

细胞核大小不一，数量增加。部分细胞核的体积增大，细胞核与细胞质的比例（核质比）增高。

核染色质增多，核深染。细胞与细胞之间有不同的染色质含量，染色体组呈现非整倍体或多倍体。细胞核多形性，出现巨核、双核、多核、奇异形的核，核奇形怪状。细胞核多形性与染色体组的非整倍体性相关。核分裂象（mitotic figure）增多。恶性肿瘤细胞分裂繁殖很快，所以切片中易找到核分裂象。而且会出现病理性核分裂象，如不对称性分裂、多极性分裂等。核仁肥大，数目也常增多。核仁愈大，恶性程度愈高。正常时核仁通常只有1个。

### （三）细胞质的异型性

肿瘤细胞的细胞质嗜碱性增强，细胞质内核糖体增多，核糖体大部分是RNA，所以胞质多呈嗜碱性。

### （四）细胞超微结构的异型性

肿瘤细胞的超微结构变化对于研究肿瘤的组织来源、肿瘤诊断及鉴别诊断均具有重要意义。一般来说，良性肿瘤细胞的超微结构与起源细胞相似，恶性肿瘤细胞的超微结构与起源细胞差异较大，异型性显著。

细胞质的超微结构变化在电镜诊断肿瘤时是很重要的，细胞质内各种细胞器、细胞合成产物及包涵物的形状、结构、数量和分布特点对于判断肿瘤的组织学类型具有重要意义。在低分化的恶性肿瘤内细胞器十分简单，常有数目减少、发育不良及形态异常等变化，大多数低分化的恶性肿瘤内线粒体数量少、发育差，粗面内质网发育不良，低分化的腺癌中不易找到高尔基复合体，或其发育较差。

在低分化腺癌的诊断中胞质内腔隙具有重要意义。胞质内腔隙是胞质内出现的呈圆形或椭圆形腺腔样结构，周围有膜，膜上有微绒毛突入腔内，常见于乳腺癌。高分化鳞状细胞癌具有丰富的细胞角蛋白（cytokeratin，CK）细丝。大多数脂肪肉瘤瘤细胞的胞质内含有大小不一的脂滴。细胞内出现黏液性分泌颗粒在腺癌的诊断上有重要意义。不同分化程度的平滑肌肿瘤其平滑肌微丝含量不同，横纹肌微丝是诊断横纹肌肉瘤的唯一依据。

肿瘤细胞的细胞核出现核仁肥大、数目增多及靠近核膜等变化。恶性肿瘤细胞的细胞核常形状极不规则，呈各种怪异形态。由于形状不规则及核膜内陷，常形成假核内包涵体。染色质可表现为异染色质增多、着色深，增多的异染色质团块常聚集在核膜下；也可表现为常染色质增多，异染色质少、色淡。

细胞连接的种类和特点有助于鉴别不同类型的肿瘤。一般癌细胞间可见有细胞连接。肉瘤细胞间无细胞连接。鳞状上皮来源的肿瘤细胞间可见成熟的桥粒，相邻细胞间无紧密连接。在腺上皮及柱状上皮来源的肿瘤细胞间可见桥粒、紧密连接及中间连接，或连接复合体。在低分化癌中，癌细胞间连接较少。恶性上皮肿瘤分化愈低，细胞连接愈少。

# 第三节　肿瘤的生长与扩散

## 一、肿瘤的生长速度

肿瘤因良性、恶性不同，其生长差异非常明显。一般来说良性肿瘤生长缓慢，组织极少发生坏死。恶性肿瘤生长较快，短期内可形成明显肿块，并且由于生长较快所以血管形成及营养供应相对不足，易发生坏死、出血等。

肿瘤的生长受血液供应、激素、宿主的免疫反应等许多因素的影响。有时由于机体免疫力增强，肿瘤可以停止生长甚至消退。

当大多数肿瘤在临床上明显时，可能已在宿主体内生长了很多年。某些具有癌变潜在可能性的良性病变称癌前病变，从癌前病变发展为癌可以经过很长时间，癌前病变也并不是一定会发展为恶性肿瘤。

## 二、肿瘤的生长方式

### （一）膨胀性生长

肿瘤体积逐渐增大，像逐渐膨胀的气球挤压周围组织，周围形成完整的包膜，肿瘤往往呈结节状，与周围组织分界清楚。临床触诊时可以推动，容易手术摘除，摘除后不易复发，如脂肪瘤。这是大多数良性肿瘤的生长方式，一些恶性肿瘤也可以此方式生长。

### （二）浸润性生长

肿瘤细胞分裂增生，向周围组织延伸、侵袭，像树根长入泥土一样生长、浸润并破坏周围组织，并可侵入血管或淋巴管，肿瘤与周围正常组织交错。此类肿瘤没有包膜，与邻近组织之间无明显界限。触诊时，肿瘤固定。手术时，需切除较大范围的周围组织，若切除不彻底，手术后容易复发。这是大多数恶性肿瘤的生长方式。

### （三）外生性生长

位于体表、体腔、胃肠道等处的上皮性肿瘤，常向表面生长，突出于表面，形成乳头状、息肉状、菜花状的肿物，如皮肤乳头状瘤。良性肿瘤和恶性肿瘤都可以呈外生性生长。恶性肿瘤外生性生长时其基底部也往往呈浸润性生长，又由于其生长迅速，中央部血液供应不足，就易发生坏死脱落，形成底部高低不平、边缘隆起的溃疡。

## 三、肿瘤的扩散

恶性肿瘤不仅在原发部位生长，而且通过多种途径向全身其他部位扩散，这是恶性肿瘤最重要的生物学行为特点。肿瘤的扩散途径有下述两种方式。

### （一）直接蔓延

肿瘤不断生长，肿瘤细胞由原发部位不断地沿着组织间隙、局部淋巴管、血管侵入邻近组织或器官并继续生长称直接蔓延（direct spreading）。肿瘤细胞可以产生蛋白水解酶，降解基底膜及间质结缔组织，穿过基底膜，侵入周围间质、淋巴管、血管继续生长。例如，宫颈癌可直接蔓延到直肠和膀胱。

### （二）转移

肿瘤细胞由原发部位被运送到机体的其他部位，并在此处形成同样类型的肿瘤，此过程称为转移（metastasis）。良性肿瘤不转移，只有恶性肿瘤才可能发生转移。恶性肿瘤细胞从原发部位被带到他处继续生长，形成与原发瘤同类型的肿瘤，转移形成的肿瘤称转移瘤或继发瘤。转移是恶性肿瘤的特性之一，也常是恶性肿瘤致死的主要原因之一。常见的转移途径如下。

**1. 淋巴道转移**　肿瘤细胞侵入淋巴管，到达局部淋巴结，使淋巴结肿大。因毛细淋巴管无基底膜，肿瘤细胞的淋巴道转移大多早于血道转移。检查局部淋巴结，可了解肿瘤有无淋巴道转移。

**2. 血道转移**　肿瘤细胞侵入血管随血流转移（图1-1）。肿瘤细胞多经静脉入血。侵入静脉的肿瘤细胞随血流进入腔静脉，经心到肺，在肺内形成转移瘤，之后再经左心入主动脉。侵入门静脉的肿瘤细胞，首先在肝内形成转移瘤，如胃、肠道瘤易侵

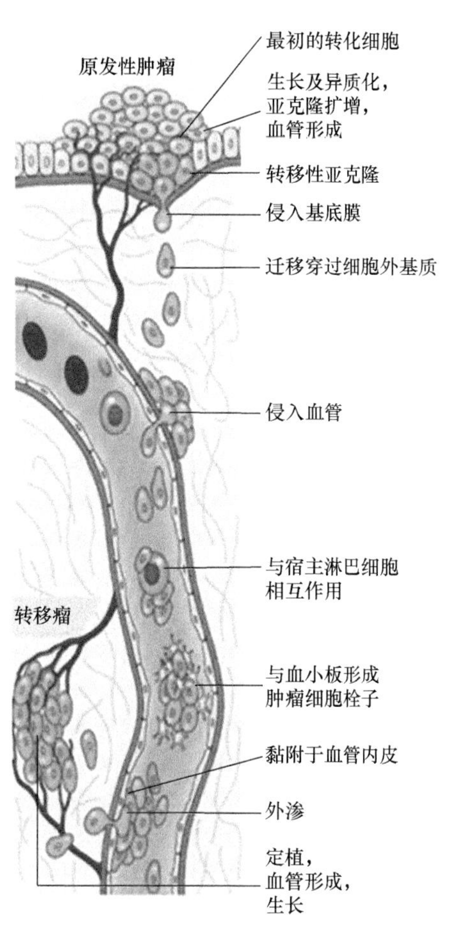


图1-1　肿瘤的血道转移示意图
（Zachary，2017）

入门静脉系统，转移至肝。血管、淋巴管内的肿瘤细胞常与血小板及纤维蛋白共同聚集成团，形成肿瘤细胞栓子。

转移瘤最常见于肺，其次是肝，临床上判断有无血道转移可进行肺部X线检查及肝脏B超检查。

**3. 种植性转移** 浆膜腔内的肿瘤或内脏器官的肿瘤蔓延至器官表面时，肿瘤细胞脱落后像播种一样，种植在体腔和体腔内各器官的表面，继续生长形成转移瘤，称为种植性转移。卵巢腺癌的癌细胞容易散播到腹腔、胸腔脏层、壁层表面，通过种植性转移进行散播。

胸膜、腹膜有肿瘤转移时常伴有积液，这是由于淋巴管、小静脉受阻或浆膜受刺激。此时取积液离心、沉淀，做涂片检查，是诊断恶性肿瘤的重要方法之一。

肿瘤细胞可经呼吸道、泌尿道、胆道等管道进行转移。例如，肾脏肿瘤可沿输尿管转移至膀胱。

## 四、肿瘤转移的机制

肿瘤细胞侵袭、转移的机制是复杂的、多步骤的，涉及肿瘤细胞间黏附性降低、肿瘤细胞与细胞外基质（extracellular matrix，ECM）黏附增加、细胞外基质降解、肿瘤细胞迁移、血管基底膜降解、肿瘤细胞进入血液循环或淋巴循环、肿瘤细胞在循环中运行并逃避免疫系统的识别和攻击、肿瘤细胞离开血液循环和淋巴循环进入远端的组织器官中增殖形成转移灶等多个环节。

### （一）同质型黏附下降

黏附作用主要由细胞表面的细胞黏附分子（cell adhesion molecule，CAM）介导，可分为同质型黏附和异质型黏附。同质型黏附是指相同细胞之间的黏附。同质型黏附下降促使肿瘤细胞从原发肿瘤上分离脱落，这是由于肿瘤细胞间黏附分子减少。钙黏素（cadherin）是一种$Ca^{2+}$依赖性细胞间连接的黏附分子，主要介导同型细胞间的黏附反应，参与建立和维持细胞间连接。目前认为肿瘤细胞同质型黏附力与侵袭和转移能力呈负相关，研究较多的是与肿瘤侵袭、转移最密切的上皮钙黏素（epithelia-cadherin，E-cad）。E-cad主要分布于各种上皮细胞，有E-cad表达的肿瘤细胞间连接紧密，细胞不易脱落。无E-cad表达的肿瘤细胞间黏附作用下降，易于脱离瘤体，意味着肿瘤浸润性生长和转移。

### （二）异质型黏附增加

异质型黏附是指肿瘤细胞与宿主细胞或宿主基质间的黏附。异质型黏附通过受体来实现，癌细胞通常高表达纤连蛋白（fibronectin，FN）、层粘连蛋白（laminin，LN）、胶原蛋白和玻连蛋白受体，识别并结合各种细胞外基质成分，这一过程有利于肿瘤细胞穿过基质、基底膜。整合素（integrin）是一组介导异质型黏附的细胞黏附分子，现已发现20多种整合素。整合素的配体是Ⅰ型胶原、Ⅳ型胶原、纤维蛋白原、LN、FN等。血管内的肿瘤细胞通过其表面的整合素与血管内皮细胞及基底膜黏附，有利于穿过基底膜。白细胞分化抗原44（cluster of differentiation 44，CD44）是细胞膜上的多种细胞外基质成分的受体，能与多种细胞外基质成分结合，介导细胞-细胞、细胞-细胞外基质之间的黏附。已发现多种肿瘤细胞表面的CD44表达量明显增加，CD44的表达量与肿瘤的转移能力有关。

### （三）细胞外基质降解

基底膜及细胞外基质是肿瘤细胞转移的屏障。细胞外基质包括胶原、糖蛋白等成分，以基底膜和间质结缔组织的形式存在。胶原是细胞外基质的主要成分，Ⅰ、Ⅱ、Ⅲ型胶原主要存在于间质结缔组织中，Ⅳ型胶原主要存在于基底膜。肿瘤细胞分泌蛋白水解酶［包括基质金属蛋白酶（matrix metalloproteinase，MMP）、半胱氨酸蛋白酶、丝氨酸蛋白酶、天冬氨酸蛋白酶］，降解基底膜和细胞外基质，形成肿瘤细胞移动通道，促进肿瘤细胞的侵袭和转移。基质金属蛋白酶是降解细胞外基质的重要酶类，包括间质胶原酶（MMP-1）、Ⅳ型胶原酶（MMP-2）及蛋白多糖酶（MMP-3）等。间质胶原酶可降解Ⅰ、Ⅱ、Ⅲ型胶原；Ⅳ型胶原酶可降解Ⅳ、Ⅴ、Ⅶ型胶原；蛋白多糖酶可降解众多细胞外基质成分，包括蛋白多糖、弹力蛋白、FN、LN等。在部分人类及犬、猫的恶性肿瘤中都有发现这类酶。

纤溶酶原激活物分为组织型纤溶酶原激活物（tissue-type plasminogen activator，t-PA）和尿激酶型纤溶酶原激活物（urokinase-type plasminogen activator，u-PA）。t-PA和u-PA都是丝氨酸蛋白酶，可激活纤溶酶原生成纤溶酶。恶性肿瘤表达较高水平的t-PA，通过形成的纤溶酶降解细胞外基质，在肿瘤侵袭和转移中起着重要作用。u-PA在一些类型的肿瘤细胞高表达，可促进肿瘤侵袭和转移，u-PA的高表达可作为判断肿瘤恶性程度的重要依据。另外，肿瘤细胞及周围组织中的纤溶酶原激活物抑制物（plasminogen activator inhibitor，PAI）对t-PA及u-PA活性具有抑制作用，可以阻断肿瘤的转移。

### （四）肿瘤血管生成

肿瘤血管生成是建立肿瘤中血液循环的过程。肿瘤的快速增殖必须有新生血管提供氧气和营养物质，当肿瘤体积不断增大时，若无血管生成，肿瘤就不能进一步增长。另外，新生血管生成对于肿瘤的侵袭、转移也是必需的。肿瘤有诱导血管生成的能力，促进肿瘤血管形成的生长因子有30多种，包括血管内皮生长因子（vascular endothelial growth factor，VEGF）、碱性和酸性成纤维细胞生长因子、肝细胞生长因子、肿瘤坏死因子、白介素8（interleukin-8，IL-8）、CD105等。肿瘤细胞可以合成、分泌VEGF，VEGF是诱导肿瘤血管生成最强的血管内皮生长因子，能促进血管内皮细胞的分裂、增殖，促进新生血管生成。与正常成熟血管相比，肿瘤新生血管具有不成熟性，表现为更弯曲、血管管腔不规则、血管类型不易分辨、血管基底膜薄且不完整、血管通透性增高等特点，肿瘤细胞很容易进入这种血管而转移。肿瘤淋巴管形成与血管形成有很多共同点，淋巴管形成使得肿瘤细胞可以转移到局部淋巴结。研究显示，VEGF表达的增强与肿瘤的生长、侵袭和转移有密切关系。由于肿瘤细胞更新速度快于内皮细胞，导致肿瘤细胞与毛细血管之间的距离增加，距离毛细血管远的肿瘤细胞处于不同程度的低氧、低营养、低pH环境，肿瘤中心部位常常因缺血、缺氧而坏死。

### （五）逃避细胞死亡

进入循环系统的肿瘤细胞绝大多数被杀死，仅有少数可能存活下来。宿主的免疫系统可以识别并清除原发肿瘤区、循环中的及远端转移区的大量肿瘤细胞，肿瘤细胞可通过减少肿瘤抗原表达、诱导免疫细胞凋亡等多种机制来逃避免疫监视。单个肿瘤细胞大多数被消灭，肿瘤细胞可直接激活血小板，与血小板凝集成团，形成不易被消灭的肿瘤细胞栓子。当细胞脱离细胞外基质及与其他细胞失去接触后会诱发失巢凋亡（anoikis），失巢凋亡在维持组织恒定与完整等方面起重要作用。转移的肿瘤细胞要存活需抵抗失巢凋亡。在转移过程中肿瘤细胞通过维持细胞与细胞间或与宿主的血小板、炎性细胞间的接触以抵抗失巢凋亡。

肿瘤细胞进入目标器官中的早期，要在新环境中存活是有相当难度的。继发部位的微环境与原发部位不同，在转移的早期，继发部位的肿瘤细胞似乎容易死亡，有研究显示，转移几小时内的肿瘤细胞数量急剧减少，几天内残存的细胞数量会下降到原来细胞数量的0.1%。转移的发展被认为是从少量细胞开始的，转移的细胞也可能在转移的组织内进行休眠，停止其侵袭性生长。

## 第四节　肿瘤的命名原则

机体任何部位、任何组织、任何器官几乎都可以发生肿瘤，所以肿瘤的种类很多。一般根据发生部位、组织来源及良性、恶性进行命名。

### 一、良性肿瘤的命名

良性肿瘤的命名通常是在来源的组织或细胞的名称之后加一个“瘤”字。例如，脂肪细胞发生的良性肿瘤称为脂肪瘤，纤维细胞发生的良性肿瘤称为纤维瘤，平滑肌细胞发生的良性肿瘤称为平滑肌瘤，腺上皮细胞发生的良性肿瘤称为腺瘤。腺瘤也被用于非腺上皮起源但在镜下呈管状组织学特征的肿瘤，如肾腺瘤。

### 二、恶性肿瘤的命名

#### （一）癌

来源于上皮组织的恶性肿瘤统称为癌（carcinoma）。命名方法是在上皮的名称之后加一个“癌”字。来源于腺上皮的恶性肿瘤称腺癌，来源于鳞状上皮的恶性肿瘤称鳞状细胞癌，来源于表皮的基底细胞的恶性肿瘤称基底细胞癌。同时具有腺上皮、鳞状上皮两种成分的恶性肿瘤，称腺鳞癌。

#### （二）肉瘤

来源于间叶组织的恶性肿瘤称为肉瘤（sarcoma）。间叶肿瘤来源于胚胎中胚层的细胞，命名方法是在间叶组织的名称之后加“肉瘤”二字。例如，来源于纤维细胞的恶性肿瘤称纤维肉瘤，来源于脂肪细胞的恶性肿瘤称脂肪肉瘤，来源于平滑肌细胞的恶性肿瘤称平滑肌肉瘤。同时具有癌和肉瘤两种成分的恶性肿瘤，称癌肉瘤。

有时还结合肿瘤的形态特点进行命名，如皮肤、黏膜上的良性肿瘤，从上皮表面突出向外生长，外形似乳头状，称乳头状瘤；腺瘤呈乳头状生长并有囊腔形成者称乳头状囊腺瘤；形成乳头状及囊状结构的腺癌，称乳头状囊腺癌。

在病理学上，癌指上皮组织的恶性肿瘤。通常所谓的“癌症”，泛指恶性肿瘤。

### 三、其他肿瘤的命名

有少数肿瘤的命名已约定俗成，不完全按上述规则进行命名。有些来源于神经组织及未分化的胚胎组织的恶性肿瘤称为“母细胞瘤”或“成……细胞瘤”，如肾母细胞瘤或成肾细胞瘤、神经母细胞瘤或成神经细胞瘤等。有些肿瘤来源成分复杂，既不能称癌也不能称肉瘤，则在肿瘤的名称前加“恶性”。例如，来源于黑色素细胞的恶性肿瘤称恶性黑色素瘤；来源于淋巴结和结外淋巴组织的恶性肿瘤称恶性淋巴瘤（简称淋巴瘤），又称淋巴肉瘤。一些肿瘤冠以人名，如马立克病（Marek’s disease）、劳斯肉瘤（Rous sarcoma）等。少数肿瘤采用习惯名称，如白血病，指来源于骨髓造血干细胞的恶性肿瘤。未分化癌是指形态或免疫表型可以确定为癌，但缺乏特定上皮分化特征的癌；未分化肉瘤是指形态或免疫表型可以确定为肉瘤，但缺乏特定间叶组织分化特征的肉瘤。

## 第五节 副肿瘤综合征

副肿瘤综合征（paraneoplastic syndrome，PNS）是指发生在肿瘤以外的部位且造成与肿瘤相关的机体结构或功能的改变。PNS常由肿瘤产生的生物活性物质（激素、细胞因子、生长因子等）引起，也可能涉及自身免疫、免疫抑制、免疫复合物形成等多种因素。PNS通常是恶性肿瘤的临床表现，成功治疗原发肿瘤可使PNS消失，肿瘤治疗后PNS复发可作为肿瘤复发的信号。因此，监测PNS也是监测肿瘤发展、消退或复发的手段，了解和监测PNS对早期发现肿瘤有一定意义。常见的副肿瘤综合征及相关肿瘤见表1-1。

**表1-1 常见肿瘤的副肿瘤综合征**

| 副肿瘤综合征 | 相关肿瘤 |
|---|---|
| 贫血 | 淋巴瘤、白血病、多发性骨髓瘤、血管肉瘤等 |
| 血小板减少症 | 淋巴瘤、白血病、多发性骨髓瘤、血管肉瘤、乳腺肿瘤等 |
| 弥散性血管内凝血 | 任何恶性肿瘤 |
| 高黏滞综合征 | 多发性骨髓瘤、淋巴瘤、白血病等 |
| 红细胞增多症 | 肾脏肿瘤、淋巴瘤 |
| 中性粒细胞增多症 | 淋巴瘤、肾移行细胞癌等 |
| 高钙血症 | 淋巴瘤、肛周腺癌、多发性骨髓瘤、白血病、乳腺肿瘤、甲状旁腺瘤等 |
| 低血糖 | 胰岛素瘤、肝细胞癌、平滑肌肉瘤、淋巴瘤、乳腺肿瘤、浆细胞瘤等 |
| 发热 | 淋巴瘤、白血病等 |
| 恶病质 | 淋巴瘤、白血病、任何恶性肿瘤 |
| 神经肌肉病变 | 淋巴瘤、多发性骨髓瘤、平滑肌肉瘤、血管肉瘤、胰岛素瘤、乳腺肿瘤等 |
| 肥大性骨病 | 骨肉瘤、转移性肿瘤 |
| 皮肤病变 | 肥大细胞瘤、嗜铬细胞瘤、血管肉瘤、肾脏囊腺癌、胰腺癌（猫）、淋巴瘤（犬） |
| 胃十二指肠溃疡 | 肥大细胞瘤、胃泌素瘤 |
| 肾脏病变 | 多发性骨髓瘤、淋巴瘤、肛周腺瘤、任何恶性肿瘤 |

## 一、贫血

贫血是最常见的副肿瘤综合征。恶性肿瘤可能发生出血，会引起失血性贫血。恶性肿瘤可引起弥散性血管内凝血（disseminated intravascular coagulation，DIC），继而发生微血管病性溶血性贫血（microangiopathic hemolytic anemia，MAHA），最常见于血管肉瘤。溶血性贫血常见于淋巴瘤。

## 二、发热

感染、炎症常是导致发热的主要原因，多种肿瘤也会引起发热。肿瘤细胞会产生一些细胞因子，如IL-1、肿瘤坏死因子（tumor necrosis factor，TNF）、IL-6、干扰素（interferon，IFN）等，可引起发热。肿瘤代谢产物、坏死分解产物、继发感染等也可引起发热。

## 三、高钙血症

高钙血症是一种常见的副肿瘤综合征，见于多种肿瘤，最常见于淋巴瘤，约有2/3患有高钙血症的犬被诊断出肿瘤。转移至骨骼的肿瘤可引起局部骨溶解。肿瘤产生异位性甲状旁腺素或甲状旁腺相关蛋白，通过作用于骨骼、肾脏和肠道的靶细胞，引起高钙血症。

## 四、弥散性血管内凝血

许多恶性肿瘤的晚期会出现凝血异常，发生弥散性血管内凝血，血栓形成是恶性肿瘤常见的并发症。肿瘤细胞可分泌组织因子（tissue factor，TF）和癌促凝物质（cancer procoagulant，CP），直接激活凝血因子X，促发凝血反应。肿瘤细胞可直接激活血小板，也可与血管内皮细胞、单核巨噬细胞及中性粒细胞相互作用通过多种途径激活凝血系统。

## 五、低血糖

低血糖常见于患有胰岛素瘤的动物，与胰岛素水平较高有关。也可见于胰外肿瘤，如肝细胞癌、血管肉瘤、平滑肌肉瘤等，可能与胰岛素样生长因子的分泌有关，与异位胰岛素及胰岛素受体增加、肿瘤对葡萄糖的利用增加、葡萄糖异生减少等有关。

## 六、血小板减少症

血小板减少是恶性肿瘤患畜常见的血液学变化，最常见于淋巴瘤、白血病，据报道有50%以上淋巴瘤患犬会出现血小板减少症。血小板减少可能与免疫介导性疾病、血小板消耗及血小板生成减少等因素有关。恶性肿瘤患犬化疗后也会出现血小板减少症。

## 七、恶病质

恶病质指动物机体严重消瘦、贫血、厌食和全身衰竭的状态。恶病质的发生与厌食、营养消化吸收障碍、蛋白质及能量消耗等有关。由于营养物质的消耗及食物摄取不足（厌食），以及瘤细胞代谢产物和坏死组织毒性产物的作用，引起机体糖、蛋白质、脂肪代谢改变，造成恶病质。部分患病动物可死于恶病质。

## 八、中性粒细胞增多症

中性粒细胞增多症表现为成熟的中性粒细胞增多。犬的淋巴瘤、肾移行细胞癌、肺癌、转移性纤维肉瘤等都可引起这种变化，可能与肿瘤产生的集落刺激因子有关。

## 九、皮肤病变

恶性肿瘤患畜可能会出现一些皮肤病变。猫胰腺癌可引起脱毛，肥大细胞瘤、嗜铬细胞瘤可能会引起皮肤潮红，犬皮肤型淋巴瘤会出现脱皮、脱毛、潮红、斑块、结节、溃疡等皮肤病变，胰高血糖素瘤（胰岛α细胞瘤）可造成浅表性坏死性皮炎。

## 十、高黏滞综合征

高黏滞综合征常见于多发性骨髓瘤、骨髓外浆细胞瘤、淋巴瘤、淋巴性白血病等肿瘤。肿瘤细胞可产生过多的免疫球蛋白，血清中球蛋白浓度增高，血液黏度增高。

## 十一、肾脏病变

恶性肿瘤可能会引起继发性肾病。多发性骨髓瘤患犬可能由于肿瘤浸润至肾组织、高钙血症、高黏滞综合征、免疫复合物沉积等因素，有1/3至1/2会引起肾脏病变，出现蛋白尿、氮质血症、肾功能衰竭等。肥大细胞瘤会出现肾小球肾炎。另外，在肿瘤治疗过程中，化疗、抗生素应用等医源性因素也可能会引起肾病。

## 十二、胃十二指肠溃疡

胃十二指肠溃疡常见于肥大细胞瘤。肥大细胞瘤好发于真皮和皮下组织，肥大细胞脱颗粒释放炎症介质（组胺、5-羟色胺、白细胞三烯等），血浆中组织胺升高，肿瘤周围组织出现红斑、水肿等。过多的组织胺作用于组胺 $H_2$ 受体，使胃酸分泌过多，引起溃疡，出现呕吐、腹泻等症状，粪便带血或呈黑色。胃泌素瘤较为罕见，也会造成胃十二指肠溃疡。

### 十三、神经肌肉病变

由恶性肿瘤引起的末梢神经病变在人类和动物较为常见。犬和猫的淋巴瘤、多发性骨髓瘤、平滑肌肉瘤、血管肉瘤、胰岛素瘤、乳腺肿瘤等均可引起末梢神经病变，出现脱髓鞘、轴突退化等。犬胸腺瘤会引起重症肌无力。

### 十四、其他副肿瘤综合征

包括肥大性骨病、红细胞增多症、嗜酸性粒细胞增多症、低血钙、高血糖、血小板增多症等，这些副肿瘤综合征较不常见。

## 第六节　肿瘤的发病机制

肿瘤的病因学和发病学至今尚未完全阐明，肿瘤本质上是由DNA突变引起，通常是体细胞基因组发生突变。基因突变可以是自发突变，也可以是诱发突变。原癌基因、癌基因及肿瘤抑制基因的发现使人们对于肿瘤的发病机制有了进一步的了解。肿瘤的形成必须有多个基因发生突变，通过癌基因激活、肿瘤抑制基因灭活、凋亡调节基因功能紊乱和DNA修复基因功能障碍等机制，经过长期的、多阶段的、多种基因突变累积的过程，使细胞发生转化，从而失去控制而异常增殖。

### 一、癌基因活化

现代分子生物学的重大成就之一就是发现了原癌基因（proto-oncogene），原癌基因是细胞中调节细胞生长和分化的正常基因。原癌基因结构和功能发生改变，可使细胞发生恶性转化，突变了的或激活了的原癌基因称为癌基因（oncogene）。在细胞中有细胞癌基因（cellular oncogene，c-onc），在病毒中有病毒癌基因（viral oncogene，v-onc），两者高度同源。目前认为病毒癌基因起源于细胞癌基因，病毒感染细胞后，通过基因重组将细胞癌基因重组至病毒基因组中。

大部分原癌基因参与细胞增殖分化及凋亡的调控，其编码的蛋白质大多是生长因子（表皮生长因子、血管内皮生长因子等）、生长因子受体（表皮生长因子受体、血管内皮生长因子受体等）、蛋白质激酶（酪氨酸激酶、丝氨酸/苏氨酸激酶等）、信号转导蛋白（鸟苷三磷酸酶等）、转录因子等，对促进正常细胞生长增殖具有十分重要的作用。在各种环境或遗传因素作用下原癌基因发生突变，被激活成为癌基因。癌基因编码的蛋白质与原癌基因的正常产物相似，但有质和量的差别，表现为产生具有异常功能的癌蛋白、基因过度表达产生过多的生长因子或生长因子受体、产生与DNA结合的转录因子等，其结果导致细胞生长刺激信号的过度或持续出现，使细胞发生转化。

原癌基因转变为癌基因的机制包括点突变、基因扩增、染色体易位、DNA片段插入或缺失等变化。

### （一）点突变

DNA复制时碱基互相取代导致错误配对造成碱基置换突变，嘌呤与嘌呤之间、嘧啶与嘧啶之间发生的替代称转换，嘌呤与嘧啶之间的互相置换称颠换。转换和颠换导致单个碱基的改变，称为点突变。点突变是原癌基因激活的主要方式。

### （二）基因扩增

基因扩增是另一种常见的原癌基因激活机制，特定基因过度复制，癌基因可扩增几倍、数十倍甚至数百倍，基因编码的蛋白质也过量表达。

### （三）染色体易位

基因组中染色体断片的位置发生改变即染色体易位，可分为染色体内易位和染色体间易位。一条染色体发生三处断裂，形成的两断片相互交换，即染色体内易位。两条非同源染色体同时断裂，断片相互交换，形成两条结构重排的染色体，即染色体间易位。染色体易位时基因随之发生重排，原癌基因就可能过表达而激活。

### （四）DNA片段插入

DNA片段插入在大多数情况下指病毒基因片段插入。一些病毒含有病毒癌基因，病毒基因组可以整合插入到宿主细胞的基因组中并表达，导致细胞转化。一些病毒不含有病毒癌基因，但含有促进基因转录的启动子或增强子，病毒基因组插入到细胞原癌基因邻近区域，引起细胞原癌基因激活或过度表达。禽白血病病毒基因插入激活c-myc基因的表达，使c-myc基因表达增高30～100倍。

### （五）DNA片段缺失

DNA片段缺失可以短到一个碱基的缺失，也可以长到一个染色体的缺失。可能导致碱基缺失部位之后的全部密码子发生改变，结果翻译出的氨基酸序列也发生了相应的改变。若肿瘤抑制基因缺失，无疑会有助于肿瘤的发生。

## 二、肿瘤抑制基因失活

肿瘤抑制基因（tumor suppressor gene）又称抗癌基因（antioncogene），存在于正常细胞内，是调控细胞生长与增殖的基因，包括控制细胞周期、凋亡、DNA修复，抑制信号转导等基本功能的基因。与原癌基因编码的蛋白质促进细胞生长相反，肿瘤抑制基因的产物抑制细胞的生长及增殖。

肿瘤抑制基因发生点突变、缺失、基因重排、甲基化、低表达等变化，就丧失了生长抑制功能，细胞则持续地处于增殖期。肿瘤抑制基因在遗传学上属隐性基因，癌基因是显性基因。肿瘤抑制基因的一对等位基因中的一个基因突变不足以使其功能丧失，两个等位基因都失活或缺失，其抑制细胞增殖的功能才能丧失。但最近证据表明一个等位基因失活就可导致肿瘤的生长。另外，肿瘤抑制基因表达障碍也导致其功能障碍。

p53基因突变或缺失是许多肿瘤发生的机制之一。p53基因是一种肿瘤抑制基因，该基因常因突变而失活。野生型p53蛋白主要在G1/S期交界处发挥细胞周期检查点的功能，当检查发现DNA损伤时，诱导细胞停滞在G1期，阻止DNA合成，诱导DNA修复基因*GADD45*的转录，促进DNA修复。如果DNA修复失败，p53蛋白可介导细胞凋亡。如果p53基因突变或缺失，则突变的DNA无法修复，DNA的异常传递给子代细胞，细胞通过分裂获得突变（图1-2）。

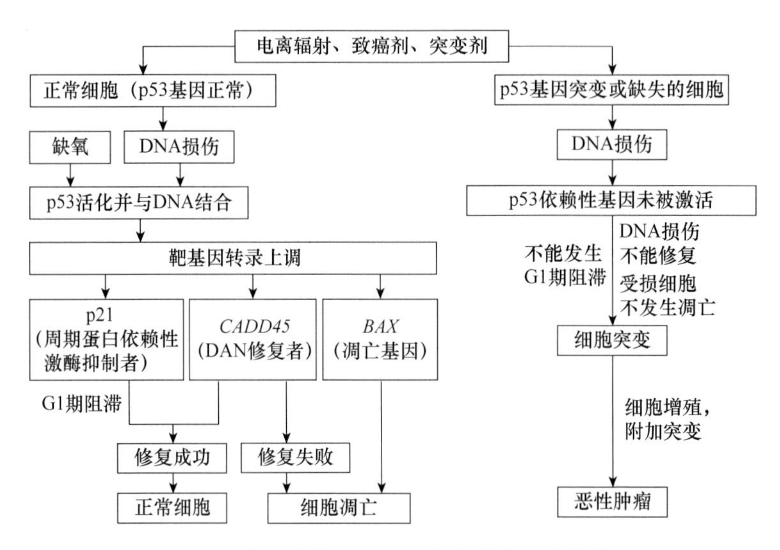


图1-2 p53基因的功能及其突变在肿瘤形成中的作用

## 三、凋亡调节基因功能紊乱

肿瘤形成不仅是肿瘤细胞的过度增生，还存在细胞死亡减少、凋亡机制障碍。调节细胞凋亡的基因在一些肿瘤的发生上也起着重要作用。肿瘤细胞不受生长刺激和抑制因子的约束，逃逸正常细胞分裂的限制，失去了对凋亡信号的敏感性，细胞的产生与死亡之间失衡，以致肿瘤细胞数量的过度积累（图1-3）。

促细胞凋亡基因多数为抗癌基因，抑制细胞凋亡基因多数为原癌基因。*BCL-2*家族包括*BCL-2*、*BAX*、*BAK*、*BCL-XL*等众多成员，这些成员中有抑制细胞凋亡成员（*BCL-2*、*BCL-XL*等），有促细胞凋亡成员（*BAX*、*BAK*等）。*BCL-2*是一种原癌基因，具有抑制细胞凋亡作用，在多种肿瘤中高表达，肿瘤细胞不易凋亡。而*BAX*高表达时则加速细胞凋亡。

如上所述，p53基因是肿瘤抑制基因，对细胞增殖具有抑制作用，对细胞凋亡有促进作用。许多肿瘤中发现有p53基因的缺失或突变，细胞凋亡过程减弱。

端粒酶（telomerase）是一种可使染色体末端的端粒复制和延长的核蛋白酶，胚胎细胞可表达，大多数成熟细胞不表达。细胞每进行一次细胞分裂，细胞的端粒就会缩短一些，人的细胞每次分裂端粒丢失50～200个核苷酸。因此，细胞分裂的次数是有限的，大约经历50～60次分裂后，端粒逐渐缩短到临界长度，细胞就不能再继续分裂了，就会进入不可逆的衰老阶段。端粒酶活化是肿瘤的显著特征，许多肿瘤细胞可重新获得产生端粒酶的能力，从而使端粒进行复制，端粒不会缩短，细胞无限增殖。对大量肿瘤组织端粒酶检测结果表明，端粒酶阳性率与肿瘤发生之间表现出良好的相关性。大多数犬骨肉瘤有端粒酶活化，人类的肝癌、乳腺癌、肺癌、食管癌、胃癌、胰腺癌、膀胱癌端粒酶阳性率为80%～95%，而肿瘤周围组织或良性病变中阳性率仅为4.4%。端粒酶激活使肿瘤细胞的端粒不再进行性缩短，长度得以维持，肿瘤细胞避免了死亡，获得永生化（immortalization）。

## 四、DNA修复基因功能障碍

许多因素可以引起DNA损伤，正常细胞可以通过核苷酸切除修复、DNA错配序列修复等DNA损伤的修复机制予以修复，以维持基因组稳定。

DNA修复基因缺陷是导致突变和基因组不稳定的原因之一。在DNA复制过程中，如果DNA链含有未修复或错误修复的DNA损伤，当该DNA链作为模板合成互补链时，DNA损伤被DNA聚合酶错误读取，错误的碱基将插入新合成的DNA链上，DNA损伤就被复制到子代DNA链上，这个过程被称为突变固定。DNA单链或双链断裂时，DNA单链断裂会导致基因置换，DNA双链断裂常会导致染色体异常，包括基因删除和基因置换。DNA修复失败可导致可遗传的基因突变，突变性DNA损伤逐渐积累，大量的突变导致基因组不稳定，出现非整倍体、染色体数量异常（图1-3）。

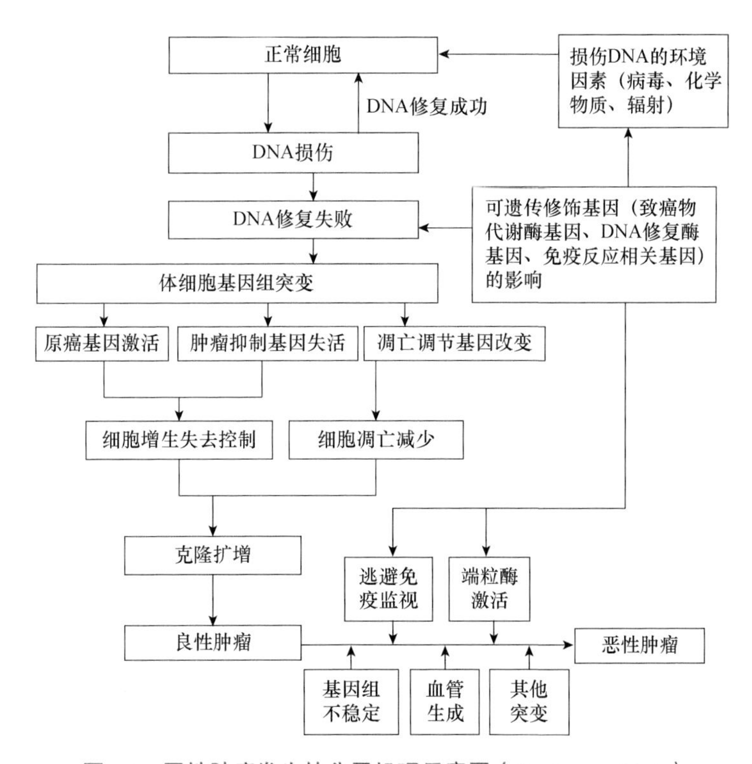


图1-3　恶性肿瘤发生的分子机理示意图（Zachary，2017）

## 五、表观遗传变异

表观遗传变异是指非DNA序列改变而导致的体细胞基因表达的可遗传改变，即基因型不改变而表现型改变的一些变化，主要包括DNA甲基化、组蛋白修饰等。

DNA甲基化是调控基因表达的重要机制，与基因的转录活性呈负相关。基因低甲基化，可导致基因的活化；高甲基化，可导致基因沉默。肿瘤抑制基因高甲基化则表达下降，组织易发生癌变；癌基因低甲基化则过表达。癌基因DNA甲基化水平越低，肿瘤浸润能力越强。许多人类及动物的恶性肿瘤涉及因DNA甲基化而引起特定基因沉默。

组蛋白维护染色质结构，参与基因表达调控。组蛋白的乙酰化、甲基化、磷酸化等修饰形成“组蛋白密码”，影响DNA复制、转录及损伤修复。

微RNA（microRNA，miRNA）是一类非编码小RNA分子，可调节翻译蛋白质的mRNA，影响基因表达。miRNA通过互补序列与其目标mRNA结合，促使目标mRNA降解，阻止mRNA翻译成蛋白质。在肿瘤中，可出现miRNA的表达异常，导致癌基因过表达或肿瘤抑制基因表达降低，细胞增殖、凋亡、基因组的稳定性等发生广泛改变。

## 六、多步骤癌变

研究显示，恶性肿瘤的发生是一个长期的、多因素造成的、分阶段的过程，是许多基因突变积累的过程，发展过程可能非常缓慢，即遗传改变的积累导致肿瘤的形成。

致癌因素引起细胞DNA改变的主要靶基因是原癌基因和肿瘤抑制基因。单个基因的突变不能造成细胞的完全恶性转化，而是需要多基因的改变，包括几个癌基因的激活和多个肿瘤抑制基因的丧失，使一个正常细胞逐渐转变成肿瘤细胞。肿瘤的发生和发展是一个从量变到质变的过程，是许多基因突变的结果。

人结肠直肠癌的发生就是一个很好的例子。从肠上皮增生到癌的发展是一个多步骤的过程，经历了数个原癌基因的突变和肿瘤抑制基因的丢失，最后导致恶性肿瘤的发生，其演变的大致过程见图1-4。

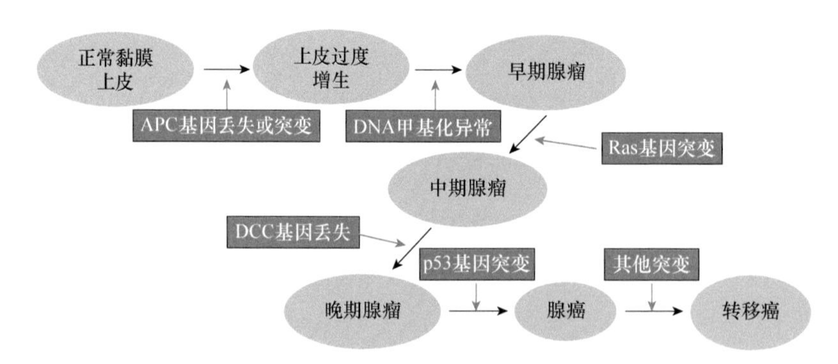


**图1-4　结肠直肠癌的多步骤发生模式（李玉林，2013）**

APC：adenomatous polyposis coli（腺瘤性结肠息肉病基因）；DCC：deleted in colorectal cancer（结直肠癌缺失基因）；Ras：rat sarcoma virus（鼠肉瘤病毒癌基因）

# 第七节　环境致瘤因素

## 一、生物性致瘤因素

生物性致瘤因素主要是病毒。目前已证明几十种肿瘤都是由病毒引起的。例如，鸡马立克病由鸡马立克病病毒引起，禽、牛、猫白血病由白血病病毒引起，猫肉瘤病毒引起猫纤维肉瘤，犬、猫、牛、马、羊的乳头瘤病毒引起乳头状瘤，人类乳头瘤病毒引起鳞状细胞癌、宫颈癌。

导致肿瘤形成的病毒称为肿瘤病毒，分为DNA肿瘤病毒和RNA肿瘤病毒。DNA肿瘤病毒感染后，病毒基因组可整合到宿主DNA中，造成基因突变引起细胞转化。RNA肿瘤病毒可分为急性转化病毒和慢性转化病毒。急性转化病毒含有病毒癌基因，病毒感染细胞后，以病毒RNA为模板在反转录酶催化下合成DNA，然后整合到宿主DNA中并表达，导致细胞转化。慢性转化病毒本身没有癌基因，反转录后插入到宿主细胞DNA的原癌基因附近，引起原癌基因激活或过度表达，使宿主细胞转化。

## 二、化学性致瘤因素

可以导致恶性肿瘤发生的物质统称为致癌物（carcinogen），致癌物起启动作用。本身无致癌性，可以增加致癌物致癌性的物质称为促癌物（promoter），促癌物起促发作用。

化学致癌物广泛存在于环境中，所有动物都暴露于存在于空气、水、食物中的低量致癌物里，偶尔暴露于高量致癌物中。致癌物进入机体起到致癌作用。现已确知对动物有致癌作用的化学致癌物有1000多种。多数化学致癌物只有在体内代谢，活化后才能致癌，称间接致癌物。少数化学致癌物不需在体内代谢转化即可致癌，称直接致癌物。

化学致癌物大多数是诱变剂（mutagen），可引起DNA及RNA损伤、蛋白质及酶损伤，引起细胞的癌变。致癌物、促癌物在代谢过程中生产自由基，自由基可以损伤DNA，导致DNA链断裂、基因突变、易位、缺失、插入及扩增等变化，导致或促进肿瘤的发生和发展。

### （一）多环芳烃

多环芳烃主要通过燃料和有机物燃烧、热分解形成，烟草烟雾、煤烟、汽车废气、石油、煤焦油等中的主要致癌物是多环芳香烃类，包括3,4-苯并芘、1,2:5,6-二苯并蒽、3-甲基胆蒽、9,10-二甲基苯蒽等。这些致癌物小剂量时即能引进实验动物恶性肿瘤。伴侣动物与其饲主共处相同的环境，一些肿瘤有相似的病因学。例如，烟草烟雾中有多种致癌物质，大量吸烟可能导致肺癌。研究显示，猫暴露于家庭的烟草烟雾时罹患淋巴瘤、鳞状细胞癌的风险增加。烟草烟雾暴露也会增加犬罹患淋巴瘤、鼻窦癌的风险。

多环芳烃属于间接致癌物，在体内经代谢激活后转化为环氧化物，与DNA发生共价结合，形成加合物而诱发突变和肿瘤的发生。

### （二）霉菌毒素

具有致癌作用的霉菌毒素种类很多，包括：黄曲霉毒素（aflatoxin）、冰岛青霉毒素、镰刀菌毒素、白地霉菌毒素、红青霉毒素、赭曲霉毒素等。其中最主要的是黄曲霉毒素，黄曲霉毒素是一种强烈的肝脏毒素，可诱发肝癌。

黄曲霉毒素广泛存在于霉变食品中，霉变的花生、玉米、谷类中含量最多。黄曲霉毒素有多种，以黄曲霉毒素$B_1$致癌作用最强，其次是G、$B_2$，主要引起人、猪、鸭、猴子的肝癌，还能引起肾癌、胃肠腺癌、卵巢癌、乳腺癌等。

黄曲霉毒素的致突变和致癌活性需要经体内多功能氧化酶系统代谢激活，转化为环氧化物，环氧化物与DNA发生共价键结合形成加合物而诱发突变和致癌。

#### （三）亚硝胺

亚硝胺（nitrosamine）具有强烈致癌作用，致癌谱广泛，常引起食管癌、肝癌、胃癌等。硝酸盐在自然界广泛存在，硝酸盐受细菌作用可还原为亚硝酸盐，在变质的蔬菜、水果中亚硝酸盐含量较高。在胃内的酸性环境下，亚硝酸盐可和食物中的二级胺合成亚硝胺。用二级胺及亚硝酸钠饲喂大鼠，30min后在胃内可检出亚硝胺。

### 三、物理性致瘤因素

物理性致瘤因素主要是电离辐射，电离辐射包括拥有足够能量的各种辐射，主要为X射线、γ射线、质子、中子、电子及紫外线等。

在动物肿瘤治疗中，用放射线照射以破坏肿瘤细胞DNA分子，造成DNA分子损伤，最终引起肿瘤细胞死亡。在放射线照射治疗过程中正常组织也会受到损伤。随着照射总剂量、分次剂量、照射区域增加，对正常组织的损伤也随之增加。宠物进行放射线照射治疗后，在放射线照射区域内可能诱发肿瘤形成，但放射线诱发肿瘤的几率是相当低的。

电离辐损伤DNA的机制：①直接作用：核酸对电离辐射极为敏感，电离辐射能够破坏DNA分子，造成DNA损伤，包括碱基破坏或脱落、DNA单链断裂或双链断裂，从而引起基因突变、缺失或染色体异常。②间接作用：电离辐射还可激发生物组织中的水分子，水分子吸收辐射能量可导致共价键均裂，产生氢自由基与羟自由基，自由基可引起核酸的破坏、DNA链之间及DNA与蛋白质之间发生交联等变化。

阳光暴晒或紫外线照射被认为是人类及动物发生鳞状细胞癌的原因之一。紫外线辐射可引起鳞状细胞癌、基底细胞癌、恶性黑色素瘤。紫外线引起的DNA损伤主要是形成嘧啶二聚体，即DNA分子同一条链上相邻的两个胸腺嘧啶（T）之间、两个胞嘧啶（C）之间或C与T之间以共价键相结合。最常见的嘧啶二聚体是TT二聚体。

## 第八节 肿 瘤 免 疫

### 一、机体对肿瘤的免疫应答

肿瘤抗原包括肿瘤相关抗原或肿瘤特异性抗原，可引起机体的免疫反应，包括体液免疫和细胞免疫，以细胞免疫为主，细胞毒性T淋巴细胞（cytotoxic T lymphocyte，CTL）、NK细胞（natural killer cell，NK cell）、巨噬细胞都可以杀灭肿瘤细胞。

有效的免疫监视可抑制肿瘤的发展，其能清除发生了肿瘤性转化的细胞。免疫监视功能减弱和丧失是肿瘤发生、发展的重要内在因素。免疫功能抑制的动物，恶性肿瘤的发病率升高。有些病例在没有进行治疗的情况下，肿瘤会自行消退，这可归功于机体的免疫反应。

#### （一）细胞免疫

细胞免疫的主要效应细胞有细胞毒性T淋巴细胞、NK细胞和巨噬细胞等。

细胞毒性T淋巴细胞是获得性免疫应答中的主要效应细胞。大多数细胞毒性T淋巴细胞是$CD8^+$T细胞，诱导细胞凋亡。$CD4^+$T细胞作为辅助性T（Th）细胞，可增强$CD8^+$细胞毒性T细胞和B细胞的功能。

NK细胞具有强大的抗肿瘤作用，可以杀伤各种肿瘤细胞。通过细胞表面的多种受体识别肿瘤细胞表面的相应配体，释放穿孔素等杀伤介质杀伤肿瘤细胞；通过抗体依赖性细胞介导的细胞毒作用（antibody dependent cell-mediated cytotoxicity，ADCC）杀伤肿瘤细胞；通过表达肿瘤坏死因子家族的配体，与肿瘤细胞表达的相应受体结合诱导肿瘤细胞凋亡。

巨噬细胞可通过释放活性氧（reactive oxygen species，ROS）、溶酶体酶、NO、肿瘤坏死因子杀伤肿瘤细胞。巨噬细胞主要分为两种亚型：M1型巨噬细胞和M2型巨噬细胞。在TNF-α、脂多糖（lipopolysaccharide，LPS）和IFN-γ等因子作用下向M1型巨噬细胞分化，在IL-4、IL-10、IL-13、转化生长因子-β（transforming growth factor-β，TGF-β）作用下向M2型巨噬细胞分化。巨噬细胞向M1型或M2型分化的过程被称为极化（polarization）。

M1型巨噬细胞分泌TNF-α、IL-1、IL-12、IL-23、NO、活性氧等，具有促进炎症反应、递呈抗原、清除肿瘤细胞等作用，参与宿主防御功能。M1型巨噬细胞具有显著的抗肿瘤作用，可识别肿瘤细胞，通过释放NO、ROS等因子直接杀死肿瘤细胞，也可以通过抗体依赖性细胞介导的细胞毒作用（ADCC）杀死肿瘤细胞。

M2型巨噬细胞分泌TGF-β、IL-10、血管内皮生长因子（VEGF）和表皮生长因子（epidermal growth factor，EGF）等，具有抑制炎症反应、促进血管生成、免疫抑制作用，参与局部组织损伤修复，具有促进肿瘤生长、侵袭和转移的作用。肿瘤微环境中大量浸润的巨噬细胞主要是M2型巨噬细胞。M2型巨噬细胞可直接促进肿瘤细胞的生长，还可以分泌大量的IL-10抑制细胞毒性T淋巴细胞和NK细胞的激活，降低二者对肿瘤细胞的杀伤作用，间接促进肿瘤细胞的增殖。M2型巨噬细胞通过分泌VEGF和血小板源生长因子（platelet-derived growth factor，PDGF）等细胞因子促进肿瘤新生血管的生成，通过分泌基质金属蛋白酶（matrix metalloproteinase，MMP）、组织蛋白酶和丝氨酸蛋白酶等降解细胞外基质，促进肿瘤细胞的侵袭。

在肿瘤的各阶段，M1型和M2型巨噬细胞均存在，早期的肿瘤组织中以M1型为主，随着肿瘤的发展，M1型逐渐向M2型转化，中晚期肿瘤组织中以M2型为主，M2型巨噬细胞比例增高常提示肿瘤预后不良。M1型巨噬细胞可以极化为M2型巨噬细胞，M2型巨噬细胞可以逆向极化为M1型巨噬细胞。目前利用巨噬细胞的可塑性的特点，通过多种方法诱导M2型巨噬细胞逆向极化为M1型巨噬细胞已成为肿瘤免疫治疗研究和应用的热点之一。

另外，中性粒细胞也具有非特异性细胞免疫作用。研究显示中性粒细胞具有抗肿瘤效应（N1型）和促肿瘤效应（N2型）双重作用。N1型中性粒细胞可抑制、杀伤肿瘤细胞，在肿瘤发生的早期，肿瘤内中性粒细胞表现为N1型，通过产生髓过氧化物酶、活性氧、次氯酸等具有细胞毒性作用的介质直接杀伤肿瘤细胞，发挥抗肿瘤活性。N2型中性粒细胞则可促进肿瘤的转移及肿瘤血管生成，在肿瘤发生的中晚期，中性粒细胞发生表型改变，表现为N2型，通过释放弹性蛋白酶，激活基质金属蛋白酶等促进肿瘤生长及转移。

### （二）体液免疫

B淋巴细胞参与体液免疫应答，浆细胞产生抗瘤抗体，通过ADCC、补体依赖的细胞毒性（complement dependent cytotoxicity，CDC）及调理作用等杀伤肿瘤细胞，抑制肿瘤的生长，对机体十分有用。但在很多情况下，体液抗体会产生相反的结果，抗体遮盖了肿瘤特异膜抗原，使细胞毒性T淋巴细胞不能识别肿瘤细胞，肿瘤才能真正开始生长。

## 二、肿瘤免疫逃逸的机制

正常情况下机体免疫系统能够杀伤、清除肿瘤，但在宿主与肿瘤的相互作用中，肿瘤往往可以逃避宿主的免疫防御和攻击，转移并扩散，表明肿瘤具有免疫逃逸能力。随着研究的不断深入，越来越多的免疫调控机制被发现。肿瘤可通过多种机制逃避机体的免疫监视，肿瘤发生可能是多种逃逸机制综合作用结果。

### （一）源于肿瘤细胞自身的逃逸机制

**1. 肿瘤细胞相关抗原表达异常** 肿瘤通过不表达或低表达其抗原来逃避宿主免疫系统。主要组织相容性复合体（major histocompatibility complex，MHC）表达的改变是肿瘤免疫逃逸的重要机制。多数肿瘤细胞表面常低表达或不表达MHC分子，MHC表达的改变影响MHC-抗原肽-T细胞受体（TCR）三元体复合物的形成，就逃避了CTL的攻击。

肿瘤细胞通过减少或不表达肿瘤抗原，使宿主的免疫系统不易识别肿瘤细胞。在肿瘤形成过程中，抗原性较强的亚克隆被免疫系统清除，抗原性较弱或无抗原性的亚克隆得以保留。多数肿瘤仅表达低水平的肿瘤相关抗原或肿瘤特异性抗原，其免疫原性很弱，不足以刺激机体产生足够强度的免疫应答。肿瘤细胞表面抗原可与多糖蛋白、纤维蛋白甚至抗体结合来躲避宿主的免疫系统。有些肿瘤抗原在正常组织中也存在，这些肿瘤抗原常不引起免疫应答，即免疫耐受。

**2. 肿瘤细胞分泌免疫抑制因子** 肿瘤细胞分泌一系列的免疫抑制性因子，如TGF-β、IL-10等，使免疫系统的功能受到抑制，从而抑制抗肿瘤免疫。

多种肿瘤过度表达TGF-β，TGF-β对细胞毒性T淋巴细胞具有强大抑制功能，能有效抑制CTL的分化。TGF-β可抑制NK细胞抗肿瘤应答。此外，TGF-β还能诱导树突状细胞和巨噬细胞凋亡。

肿瘤细胞可产生IL-10，IL-10是一种多功能免疫抑制因子，可抑制巨噬细胞的递呈抗原功能，抑制Th1细胞的功能，抑制NK细胞活性，抑制肿瘤细胞表面MHC Ⅰ类分子的表达，从而抑制机体的抗肿瘤免疫。

**3. Fas-FasL系统在肿瘤免疫逃逸中的作用** 由自杀相关因子（factor associated suicide，Fas）与其配体（Fas ligand，FasL）构成的Fas-FasL系统在介导细胞凋亡过程中发挥着重要作用。许多肿瘤细胞高表达FasL，下调或不表达Fas。肿瘤细胞Fas表达下调，使淋巴细胞表达的FasL不能与其结合，则淋巴细胞促肿瘤细胞凋亡的作用减弱。肿瘤细胞分泌的FasL与淋巴细胞表达的Fas结合，介导淋巴细胞凋亡，成为肿瘤细胞逃避免疫性杀伤的重要机制之一。

### （二）源于免疫细胞的免疫逃逸机制

当机体的免疫功能被抑制时，肿瘤的发病率增加。先天性免疫缺陷、获得性免疫缺陷的个体肿瘤发病率较高。猫免疫缺陷病毒（feline immunodeficiency virus，FIV）会引起显著的免疫抑制，可能会发生淋巴瘤、骨髓肿瘤、腺癌及肉瘤等肿瘤。

肿瘤可诱发产生抑制性巨噬细胞、抑制性淋巴细胞等。肿瘤微环境中M2型巨噬细胞增多，M2型巨噬细胞分泌高水平的免疫抑制因子（IL-10、TGF-β和VEGF等），形成免疫抑制，并通过产生VEGF、EGF和MMP等促进肿瘤的血管生成、侵袭和转移。

髓源抑制细胞（myeloid-derived suppressor cell，MDSC）是一类具有抑制性的不成熟髓系细胞亚群，在肿瘤局部大量聚集。肿瘤组织分泌的细胞因子可以诱导MDSC的生成，包括粒细胞-巨噬细胞集落刺激因子（granulocyte-macrophage colony-stimulating factor，GM-CSF）、粒细胞集落刺激因子（granulocyte colony-stimulating factor，G-CSF）、IL-6、IL-10、IL-1β等。MDSC主要通过以下几种机制抑制免疫应答：①诱导T细胞的凋亡。②产生大量活性氧自由基，抑制T细胞的功能。③产生IL-10、TGF-β等抑制性分子，抑制NK细胞的功能，促进巨噬细胞向M2型巨噬细胞极化；产生VEGF和MMP促进血管生成和肿瘤侵袭。④诱导调节性T细胞（regulatory T cell，Treg）向肿瘤局部浸润，抑制抗肿瘤免疫。

调节性T细胞是指发挥一定免疫抑制功能的T细胞，肿瘤组织Treg常明显增多。Treg可抑制多种免疫活性细胞，主要通过抑制效应T细胞和NK细胞的活化和增殖发挥抑制肿瘤免疫。

调节性B细胞（regulatory B cell，Breg）是具有调节免疫功能的B细胞亚群，可通过释放抗炎介质（如IL-10）抑制T细胞的抗肿瘤活性，并促进T细胞向Treg转化，在肿瘤的免疫逃逸中也起重要作用。

在肿瘤微环境中树突状细胞（dendritic cell，DC）的功能、活性改变，不成熟树突状细胞数量增多，其抗原递呈能力下降。另外，有些DC成为具有免疫抑制作用的调节性树突状细胞，不能启动T细胞的抗肿瘤效应，而且通过分泌TGF-β和IL-10等免疫抑制因子、诱导Treg增殖、抑制T细胞的免疫功能等方式抑制免疫。

肿瘤细胞即使在氧气充足的情况下仍主要以糖酵解的方式代谢葡萄糖，产生较多的乳酸，形成低氧酸性的免疫抑制性微环境，这种低氧酸性的微环境可以抑制免疫细胞的正常代谢和T细胞功能，促进免疫抑制性细胞（M2型巨噬细胞、MDSC、Treg等）的聚集，导致肿瘤免疫逃逸的发生。

（祁保民）

# 第二章　皮肤及其衍生物肿瘤

## 第一节　上皮性肿瘤

### 一、基底细胞瘤

基底细胞瘤（basal cell neoplasm）是没有表皮或附件分化的上皮肿瘤。肿瘤细胞在形态上与正常的表皮基底细胞相似。先前归类为犬、马和羊的基底细胞瘤和猫基底细胞瘤的梭形细胞型和小梁型变异亚型，现在被重新归类为毛母细胞瘤。在猫中表现出局灶性或多灶性导管分化（管腔形成）的基底细胞瘤现被重新归类为大汗腺导管腺瘤，这是因为管腔周围的细胞在用细胞角蛋白CAM 5.2免疫组织化学染色时呈阳性，表明该细胞由大汗腺分化而来。那些未显示导管分化的基底细胞瘤保留了其基底细胞瘤名称。

基底细胞瘤在猫中常见，1岁大的猫具有患病风险，6～13岁是发病高峰。喜马拉雅猫、波斯猫等家养的长毛猫患基底细胞瘤的风险较高，而家养的短毛猫患基底细胞瘤的风险较低。没有性别偏好。猫的基底细胞瘤最常见于颈部和头部。多中心基底细胞肿瘤罕见，仅占病例的1%。基底细胞瘤不发生转移。它们通常生长缓慢，仅为皮内肿块。治疗方法是手术切除。切除不完全可能会导致肿瘤复发。

**大体病变**　临床上大部分基底细胞瘤表现为界限分明的皮内和皮下肿块。随着肿瘤的扩大，可能会扩散到皮下脂肪组织中。被覆的表皮可出现毛发脱落和溃疡。在切面上许多肿瘤呈棕色或黑色。可见中央囊性病变，在肿瘤中心伴有无定形暗棕色物质积聚。

**组织学病变**　基底细胞瘤通常与被覆表皮有关，甚至在溃疡性肿瘤中也是如此。肿瘤呈多个小叶状，每个小叶被纤维间质分隔。常见肿瘤小叶中央囊性变性，囊肿中央有棕色/黑色坏死碎片堆积，周围有肿瘤细胞。单个肿瘤细胞小，呈圆形至多边形，核为卵圆形，核仁不明显，核分裂象很少，胞质少量。黑色素细胞散布于基底细胞之间，并伴随着黑色素转移至肿瘤细胞。然而，噬黑色素细胞经常出现在小叶间结缔组织间质中。

### 二、基底细胞癌

基底细胞癌（basal cell carcinoma）是与上述基底细胞瘤相对应的低级别恶性肿瘤，特征是表皮或附件没有分化。基底细胞癌在猫中相对常见。3～16岁猫都可患病，其中发病高峰是12～16岁。布偶猫好发。基底细胞癌最常见于头部和颈部，3%的病例出现多发性皮肤肿块。该肿瘤具有局部侵袭性，但很少有病例发生转移。浸润型更容易在手术部位复发，并表现出血管或淋巴管侵袭。

**大体病变**　该肿瘤常表现为表皮溃疡，以及真皮及皮下组织广泛性浸润，质地坚实。

**组织学病变**　基底细胞癌有两种不同亚型。

**1. 浸润型**　常由表皮基底细胞延伸至真皮和皮下，呈索状或片状分布。肿瘤细胞嗜碱性，小，细胞核深染，胞质几乎不可见，细胞核形态较为均一，但核分裂象往往极多（图2-1，图2-2）。在肿瘤细胞团块中央可见坏死区域。肿瘤细胞没有向鳞状上皮或附件结构分化，因此可以与附件肿瘤区分。真皮成纤维细胞有明显的增殖。

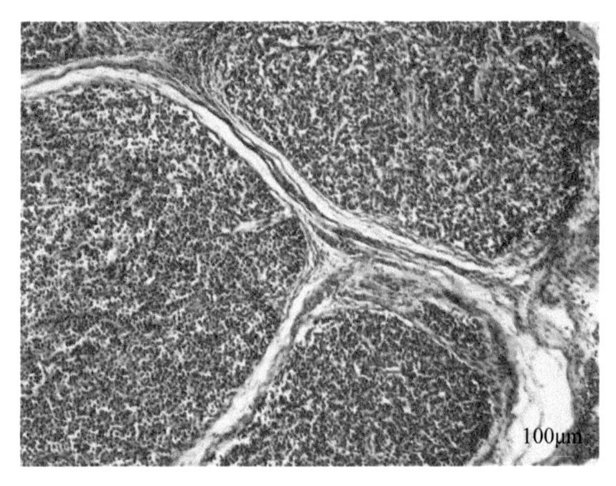


**图2-1　犬浸润型基底细胞癌（1）**
肿瘤细胞呈小岛状排列，嗜碱性蓝染

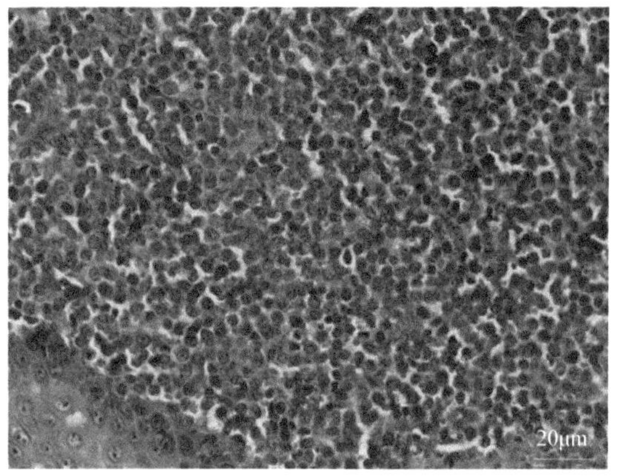


**图2-2　犬浸润型基底细胞癌（2）**
肿瘤细胞呈圆形或卵圆形，核大深染，胞质相对较少，核分裂象多见

**2. 透明细胞型**　具有侵袭性，但可能与表皮缺乏密切联系。肿瘤细胞呈岛状分布于真皮层，常延伸至脂膜和皮下组织。肿瘤细胞具有透明或细颗粒状的胞质（图2-3，图2-4）。细胞核呈卵圆形，相对均一，核仁不明显，核分裂象的数目差异较大。

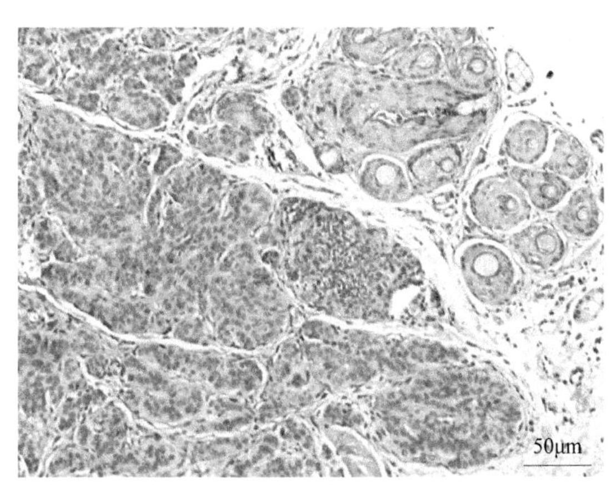


**图2-3　犬透明细胞型基底细胞癌（1）**
肿瘤细胞呈大小不一的小叶状排列

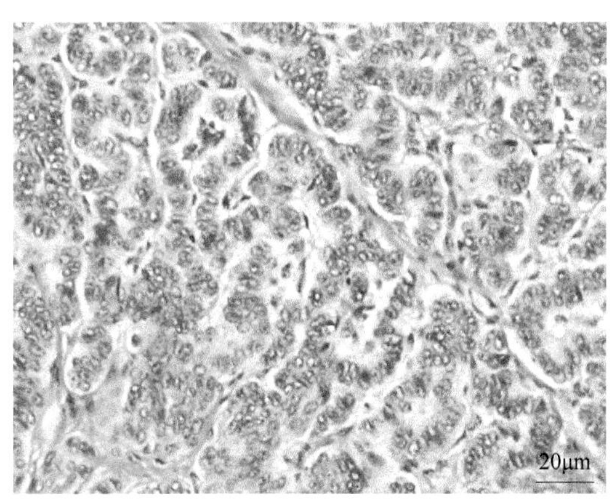


**图2-4　犬透明细胞型基底细胞癌（2）**
肿瘤细胞胞质中具有细颗粒状物质，可见核分裂象

## 三、鳞状乳头状瘤

非病毒性的磷状乳头状瘤（squamous papilloma）在犬中少见，在猫中更为稀少。它们可

能是非肿瘤性的，在病因学上可能是创伤性的。为避免混淆，“纤维乳头瘤”这一术语虽然描述准确，但更适合用于牛乳头瘤病毒（papillomavirus，PV）引起的牛阴茎病变。没有已知的年龄或物种倾向。

**大体病变**　鳞状乳头状瘤是一种细小的、有毛缘的肿块，通常有蒂。这些乳头状瘤通常比病毒性乳头状瘤（viral papilloma）小，它们的直径为1～5mm。病变多见于面部、眼睑、足部和结膜。

**组织学病变**　鳞状乳头状瘤的整体结构与病毒性乳头状瘤相似。形成乳头状突起的上皮中度增生（图2-5，图2-6），分化正常，角化程度较为轻微。指状突起的胶原核心柔和且纤细。炎症通常很少出现或表现轻微。创伤可导致海绵层水肿、溃疡和稍加严重的炎症。表现病毒性细胞病变效应，如巨大的透明质酸颗粒、挖空细胞（角质细胞细胞质清晰、核固缩）、胞质呈蓝灰色或包涵体，表现得并不明显。

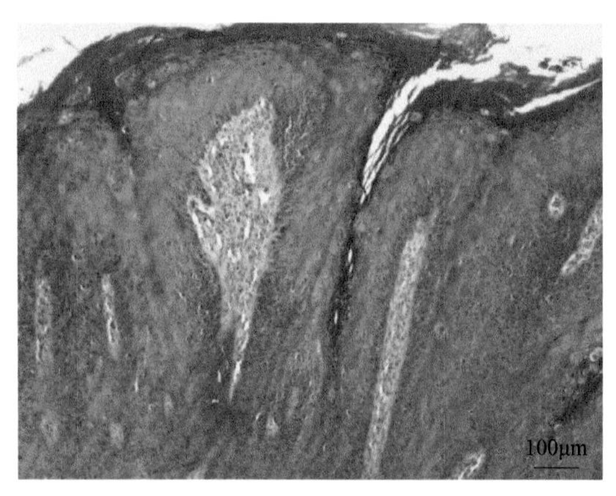


**图2-5　犬鳞状乳头状瘤（1）**
角化层增厚破溃，鳞状上皮呈乳头状增生

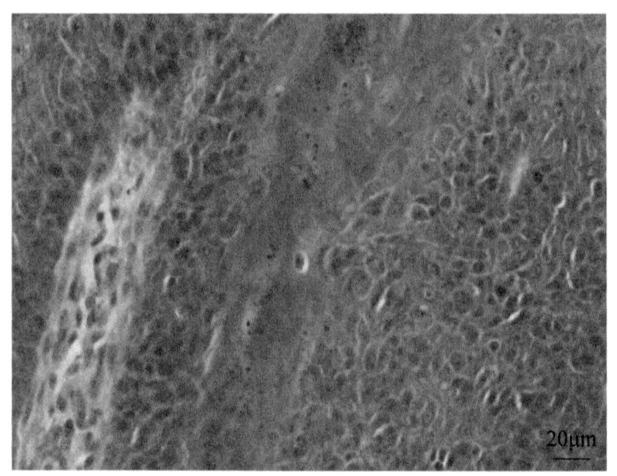


**图2-6　犬鳞状乳头状瘤（2）**
增生的鳞状上皮呈栅栏状排列，细胞呈椭圆形，胞质丰富，胞核清晰，偶见挖空细胞，病毒性细胞病变效应并不明显

**病理诊断**　病毒性乳头状瘤和非病毒性鳞状乳头状瘤之间的区别主要是后者没有细胞病变效应（表2-1）。不确定的病变可以通过免疫组织化学或聚合酶链反应（PCR）来检测乳头瘤病毒。与病毒性乳头状瘤相比，非病毒性鳞状乳头状瘤通常具有较少的上皮增生和角化过度。鳞状乳头状瘤和软垂疣之间的区别是前者以上皮为主而后者以纤维结缔组织为主。然而这种区分可能没有意义，因为实际上鳞状乳头状瘤可能代表了软垂疣的一个极端，上皮与结缔组织之比异常高。

**表2-1　病毒性和鳞状乳头状瘤的鉴别诊断**

| 病毒性乳头状瘤 | 鳞状乳头状瘤 |
|---|---|
| 表皮分化可表现为角化或角化不全 | 表皮分化正常 |
| 透明角质颗粒增大 | 透明角质颗粒大小正常 |
| 有挖空细胞 | 没有挖空细胞 |
| 角质形成细胞表现出病毒性细胞病变效应 | 角化细胞正常 |
| 可能存在核内包涵体 | 没有核内包涵体 |
| 生发层向内生长 | 生发层向外生长 |

## 四、病毒性乳头状瘤

病毒性乳头状瘤又称病毒性疣，是由乳头瘤病毒引起的。乳头瘤病毒是乳头瘤病毒科的双链环状DNA病毒，目前已经鉴定出100多个亚型。乳头瘤病毒可以感染多种动物，每种动物可能被几种不同亚型的乳头瘤病毒感染，它们通常具有种属特异性，对皮肤或黏膜鳞状上皮具有很强的趋向性，每种亚型通常与一个特定的组织有关。表2-2列出了犬乳头瘤病毒（canine papillomavirus，CPV）亚型和相关临床症状。病毒性乳头状瘤主要分为外生性乳头状瘤、内生性乳头状瘤及色素性病毒斑等。

表2-2　犬乳头瘤病毒亚型和临床症状

| 犬乳头瘤病毒亚型 | 临床症状 |
|---|---|
| CPV-1 | 无症状感染，外生性乳头状瘤，内生性乳头状瘤，浸润性鳞状细胞癌 |
| CPV-2 | 外生性乳头状瘤，内生性乳头状瘤，浸润性鳞状细胞癌 |
| CPV-3 | 色素性病毒斑，原位鳞状细胞癌，浸润性鳞状细胞癌 |
| CPV-4 | 色素性病毒斑 |
| CPV-5 | 色素性病毒斑 |
| CPV-6 | 内生性乳头状瘤，外生性乳头状瘤 |
| CPV-7 | 外生性乳头状瘤 |
| CPV-8 | 色素性病毒斑 |
| CPV-9 | 色素性病毒斑 |
| CPV-10 | 色素性病毒斑 |
| CPV-11 | 色素性病毒斑 |
| CPV-12 | 色素性病毒斑 |
| CPV-13 | 口腔黏膜乳头状瘤 |
| CPV-14 | 色素性病毒斑 |
| CPV-16 | 色素性病毒斑 |

### （一）外生性乳头状瘤

外生性乳头状瘤（乳头状瘤病）常见于犬、马和牛，在猫、绵羊和山羊中少见，在猪中更为少见。在大多数物种中，除了山羊，幼小的动物更易被感染。在山羊中，成年母山羊最常受感染。在马或牛中没有已知的乳头状瘤的品种偏好。在山羊中，主要影响白色的泌乳山羊，其中萨能奶山羊主要受影响。在犬中易感品种有法国牛头犬、罗得西亚脊背犬、惠比特犬、维斯拉犬和斗牛獒犬。除了山羊以外，尚无已知的发生外生性乳头状瘤的物种的性别偏好。

在牛中，外生性乳头状瘤最常发生在擦伤处，包括刺花后的耳朵和乳头，病毒可进入表皮并产生皮肤病变。牛的病变通常是多中心的，通常会累及头部和颈部，在公牛的阴茎常见纤维乳头瘤。在马中，病变主要发生在面部，主要是鼻子和嘴唇周围，尤其是年轻的马。在山羊中通常会累及乳房，在绵羊中，病变主要在头部和耳朵。在犬中最常累及头部，虽然累及面部皮肤黏膜很常见，但足部损伤并不累及爪垫。单发性病变也可发生在身体的其他部位。

大部分外生性乳头状瘤可在数周至数月后自行消退，并通过中和抗体可防止再次感染。

外生性乳头状瘤自发性恶性转化极为罕见。

**大体病变** 患病犬的病变可能是单发或多中心的乳头状肿块，无柄或有蒂，也可表现为多部位色素沉着的病毒斑块和结节。病灶的直径通常小于1cm。它们的表面可能由于过度角化而外观像蜡。严重的角化过度可能形成皮角。

**组织学病变** Hamada等将马的外生性乳头状瘤自然发展的病变分为三个阶段：生长期、发展期和退行期。生长期主要表现为基底细胞增生、轻度至中度棘皮症、角化过度和角化不全，以及少量核内包涵体。发展期的特点是严重的棘皮症，伴有细胞肿胀，并有明显的角化过度和角化不全。在上棘层和颗粒层肿胀或变性细胞中存在许多核内包涵体。退行期表现为表皮轻度增生，生发层增厚，成纤维细胞中度增生，表皮-真皮界面胶原蛋白沉积及T淋巴细胞浸润。马的外生性乳头状瘤表现为被累及的皮肤色素减退，这是由于基底层黑色素细胞数量减少，黑色素合成过程中黑色素小体的形成异常，以及黑色素细胞与角质形成细胞之间的异常相互作用所致。表皮的朗格汉斯细胞在发展期数量和大小减小，但在退行期数量增加，功能亢进。电子显微镜显示，由于乳头状瘤中角质形成细胞的增殖和终末分化异常（病毒性细胞病变效应），胞质内张力丝和桥粒-张力丝复合体减少。

在犬中，外生性乳头状瘤与CPV-2、CPV-6和CPV-7相关，根据组织病理学的不同将其分为3种亚型。

**1. 乳头状瘤亚型** 最常见，其特征是由真皮纤维结缔组织支撑的乳头状突起。增生的表皮有增厚的角质层，可能角化或角化不全。没有颗粒层或有明显增大的透明角质颗粒（图2-7，图2-8）。偶尔在上棘层可见挖空细胞（核偏向一侧和有核周晕的细胞）。偶见嗜碱性核内包涵体。在真皮层内可见淋巴浆细胞和中性粒细胞浸润。乳头状瘤外周增生的细胞层向内生长。

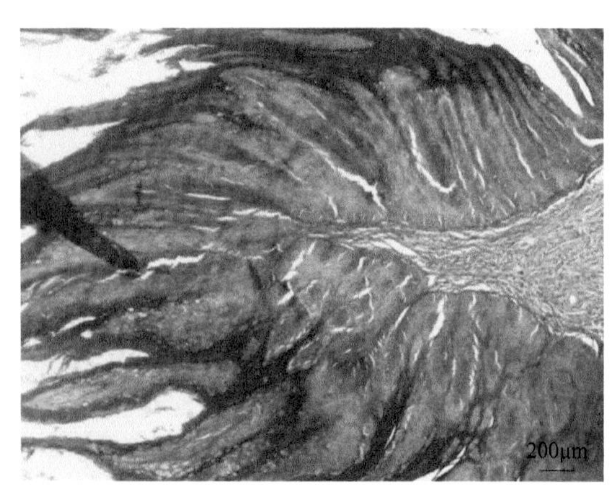


**图2-7 犬乳头状瘤亚型外生性乳头状瘤（1）**
表皮呈手指状向外突出，角质层增厚，与周围界限清晰

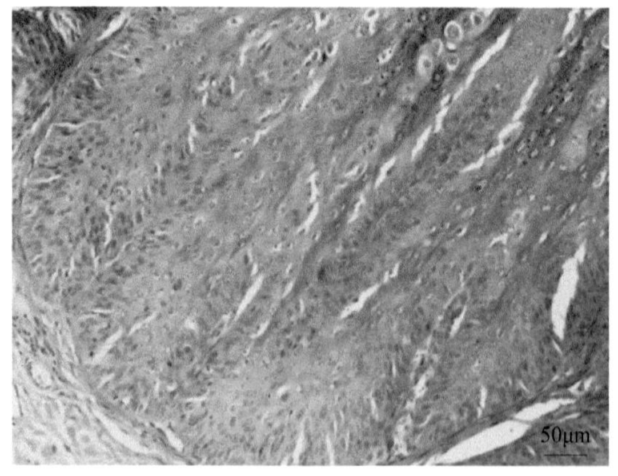


**图2-8 犬乳头状瘤亚型外生性乳头状瘤（2）**
可见大量的挖空细胞、明显增大的透明角质颗粒及核内包涵体

**2. 漏斗状亚型** 临床表现为小结节状真皮病变，只影响毛囊的漏斗部，不影响上覆的表皮。其组织病理学特征是上覆的表皮增生，和表皮内陷形成充满角蛋白的漏斗状滤泡。正常的漏斗状角化细胞突然转变为受感染细胞。病变组织的特征是基底和下棘层增生（图2-9，图2-10），而增生棘层上部的许多细胞具有丰富的灰蓝色胞质（病毒性细胞病变效应）。有大

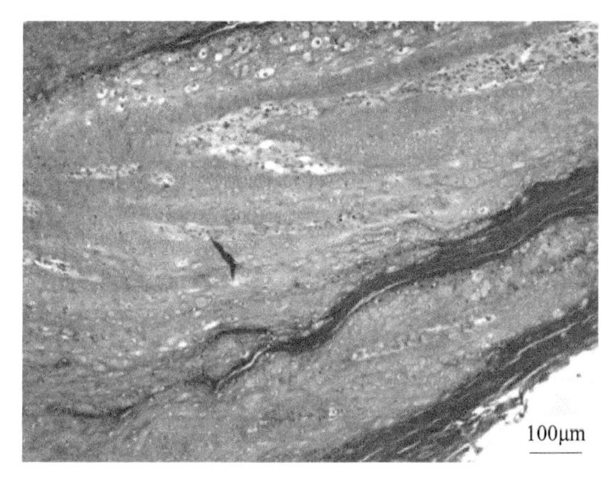


**图2-9　犬漏斗状亚型外生性乳头状瘤（1）**
表皮呈手指状向外突出，角化层过度角化，并有破溃

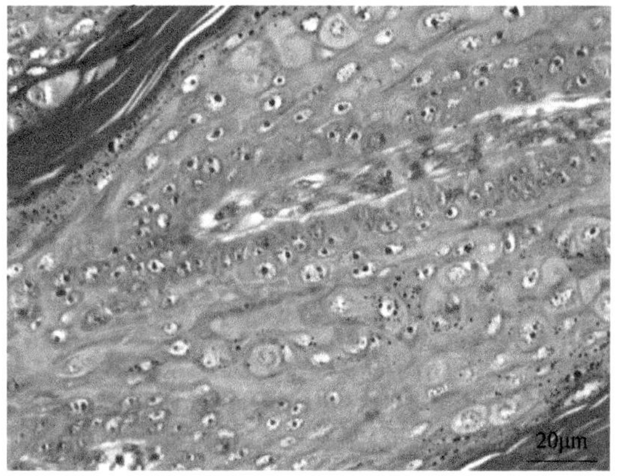


**图2-10　犬漏斗状亚型外生性乳头状瘤（2）**
肿瘤细胞呈椭圆形，胞体较大，可见挖空细胞和增大的透明角质颗粒

量的核内病毒包涵体，通过免疫组织化学可更易观察到病毒包涵体。

**3. The Le Net 亚型**　最初被描述为一种色素沉着的常见病变，但也可能发生非色素沉着、非丘疹性病变。病变可能是外生的，也可能是内生的。该亚型的组织病理学特征是胞质内明亮的嗜酸性纤维状物质（角蛋白）占据细胞的大部分，有外围核和嗜碱性核内包涵体。

**病理诊断**　免疫组织化学可以作为一种诊断和研究工具用于诊断可疑的乳头状瘤。

### （二）内生性乳头状瘤

皮肤内生性乳头状瘤（inverted papilloma）是一种由犬乳头瘤病毒（CPV-1、CPV-2、CPV-6）感染引起的表皮良性、内生性增生。该肿瘤仅在犬中被报道过，但并不常见，且没有已知的年龄、品种或性别偏好。与外生性乳头状瘤不同，内生性病变不会自发消退。肿块生长缓慢，易于手术切除。

**大体病变**　肿物多见于前肢和腹部，为单发病灶，质地坚实，直径1～2cm，位于真皮内，随着病灶的增大逐渐向皮下组织延伸。在切面上，肿块内陷，肿块中心有许多角蛋白聚集的细小丝状突起，边界清晰。

**组织学病变**　其组织学特征与乳头状瘤相同，结缔组织的支撑间质被增生性表皮覆盖，透明角质颗粒增大，胞质呈灰/蓝色（病毒性细胞病变效应）（图2-11，图2-12），在某些情况下还有嗜酸性核内包涵体。

**病理诊断**　内生性乳头状瘤应与外生性乳头状瘤的漏斗状亚型，以及漏斗状角化棘皮瘤相鉴别。外生性乳头状瘤的漏斗状亚型发生于单个滤泡的漏斗部，通常是多中心的，而内生性乳头状瘤是整个表皮的内陷，通常是单独的病变。漏斗状角化棘皮瘤是杯状细胞、角蛋白填充的鳞状上皮肿块，具有小囊肿和组成其上皮壁的角化细胞吻合小梁，且不存在病毒诱导的包涵体和其他病毒性细胞病变，透明角质颗粒小而稀疏。

### （三）色素性病毒斑

色素性病毒斑（pigmented viral plaque）是乳头瘤病毒引起的病变。在犬中，CPV-3、

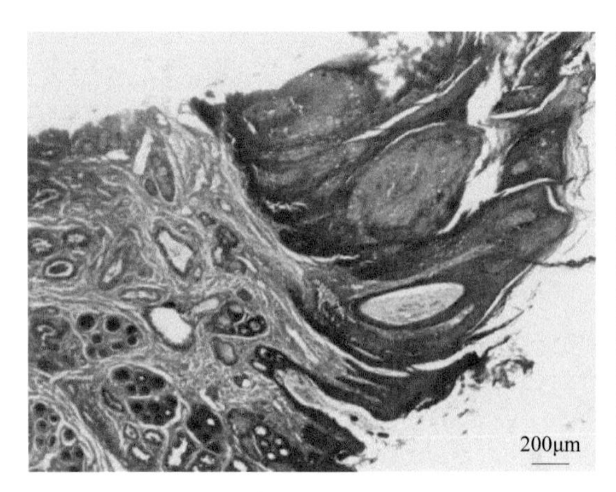


图2-11　内生性乳头状瘤（1）
角质表皮基底层细胞向内增生，形成
大小不等的乳头状或手指样结构

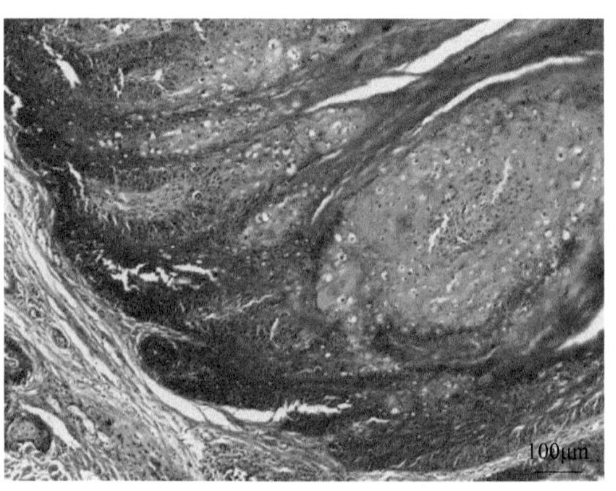


图2-12　内生性乳头状瘤（2）
在颗粒层和棘细胞层可见强嗜碱性的
透明角质颗粒以及挖空细胞

CPV-4、CPV-5、CPV-8、CPV-9、CPV-10、CPV-11、CPV-12、CPV-14和CPV-16与色素性病毒斑形成有关，并伴有局灶性或多灶性表皮增生和色素沉着。猫乳头瘤病毒FdPV-1、FdPV-2感染表皮会导致猫病毒斑块（feline viral plaque，FVP）形成。

犬色素性病毒斑通常为多发性，多见于腹部和四肢。在许多情况下，动物会受到免疫抑制。病变可能发生在任何年龄，发病高峰在6～8岁，易感品种有巴哥狗、意大利灵缇犬、威尔士梗、小型腊肠犬和迷你雪纳瑞犬。没有性别倾向。

猫的病毒斑块可发生于身体的任何部位。免疫抑制（猫类免疫缺陷病毒感染或长期免疫抑制治疗）可能会形成斑块，但大多数猫是具有免疫能力的。在犬、猫中，病变均可发展为原位鳞状细胞癌和浸润性鳞状细胞癌。

**大体病变**　犬色素性病毒斑病变外观呈椭圆形，直径为0.5～3cm，还可见色素斑的多焦点丝状变体。猫的病毒斑块通常表现为多发性、鳞状、扁平、易变的色素性病变。

**组织学病变**　病变与正常表皮有明显界限。乳头状表皮轻度增生，角质形成细胞分化，生发层增厚，角化过度，颗粒层增厚，棘皮增生，表皮各层色素沉着过度，真皮浅层具有噬黑色素细胞。常可见角状、增大的透明角质颗粒、挖空细胞及嗜碱性胞质（病毒性细胞病变效应）。无异型性核。

**病理诊断**　明确的诊断可能需要免疫组织化学来鉴定乳头瘤病毒。免疫组织化学可检测到乳头瘤病毒L1蛋白，该蛋白质仅在病毒复制的晚期和终末分化的角质形成细胞中产生，因此在病毒斑的颗粒层中存在阳性染色。

## 五、鳞状细胞癌

鳞状细胞癌（squamous cell carcinoma，SCC）是一种表皮细胞向角质形成细胞分化的恶性肿瘤。它是所有家畜，以及鸡在内，最常见的恶性皮肤肿瘤之一。SCC的发生与多个因素有关，如长时间暴露在紫外线下，发生部位的表皮缺乏色素或者缺少毛发。因此，地理位置、气候（紫外线照射）和解剖位置（结膜、外阴、会阴）对发病率产生很大影响。研究发现，乳头瘤病毒与SCC在个别物种中存在一定联系。

SCC常见于马、牛、猫和犬，在绵羊中相对少见，在山羊和猪中更为少见，是最常见的猫皮肤恶性肿瘤，是仅次于肥大细胞瘤的第二常见的犬恶性肿瘤。在所有物种中，SCC均可发生于幼龄动物，但发病率随年龄增长而增加。猫SCC的发病高峰期在9～14岁，犬在6～13岁，马在13～21岁。当长期生活在太阳辐射较强和较高海拔的区域时，眼周围及皮肤黏膜缺乏色素沉着的动物获病风险更高，高风险的牛品种有赫里福德牛和西门塔尔牛，高风险的马品种有比利时马、克莱兹代尔马、夏尔马、美国漆马和阿帕卢萨马，高风险犬种是多种猎犬、巨型雪纳瑞犬、荷兰毛狮犬、凯利蓝梗和斗牛獒犬。未发现性别偏好。

在马和牛中，SCC主要发生在皮肤黏膜交界处，尤其是眼睑、结膜、外阴和会阴。在猫中，最常见的部位是耳廓、眼睑和鼻部平面，白猫耳尖的SCC具有典型的表现。在犬中，肿瘤最常发生在头部、腹部、前肢、后肢、会阴和足趾。长时间暴露在户外活动的白色或花斑的短毛犬也有较高的皮肤SCC发病率，往往发生在腹部和头部，偶尔也会发生在由鳞状上皮组成的肛门囊壁。在绵羊中，耳朵易受到影响。但是，在任何物种中，这种肿瘤都可能出现在任何部位。

在犬中，有报道在先前接种乳头瘤病毒疫苗的部位发现了皮下组织内侵袭性SCC的病例。这些病例的潜伏期为11～34个月。除了位置罕见外，肿瘤没有表现出与其他SCC病例不同的特征。在免疫抑制或免疫功能低下的动物中，乳头瘤病毒感染可能发展为侵袭性SCC。猫的SCC也与乳头瘤病毒有关，约一半的猫鼻平面SCC具有乳头瘤病毒DNA，这表明乳头瘤病毒也是一个致病因素。

SCC通常生长缓慢。大多数肿瘤，虽然有侵袭性，但是并没有扩散至局部淋巴结；在低分化肿瘤或肿瘤存在很长时间的病例中，局部淋巴结转移较常见。总之，与口腔SCC相比，皮肤SCC转移到局部淋巴结和其他器官是罕见的。在人类中，SCC转移最重要的组织学预测因素是肿瘤深度。根据几项回顾性研究，厚度小于2mm的病灶不会转移，而厚度大于5mm的病灶，或者侵犯肌肉、软骨或骨骼的病灶平均转移潜力为20%。与慢性炎性或退行性皮肤病相关的肿瘤，如烧伤瘢痕及免疫功能低下的患者，转移的发生率很高。其他预后因素包括组织学分级、组织学亚型和嗜神经侵袭。当SCC和基底细胞癌中存在嗜神经侵袭时，患病动物五年生存率从86%下降至50%。

**大体病变**　SCC以斑块状、漏斗状、乳头状或真菌状肿块形式存在，直径从几毫米到几厘米不等。病变可能是单个或多个。SCC早期称为日光性皮肤病（光化性角化病），它是皮肤黏膜交界处或毛发稀疏且缺乏色素的皮肤上常发生的病变。红斑、水肿和脱屑后，表皮结皮和增厚，继而溃疡。当肿瘤侵入真皮时，肿物质地更加坚实。随着时间的延长，溃疡病灶的大小和深度会增加，继发性细菌感染会导致肿块表面出现脓性渗出物。眼睑SCC通常与化脓性结膜炎有关，而鼻出血、打喷嚏、溃疡或肿胀是鼻平面SCC的临床表现。

**组织学病变**　SCC的组织学表现差异很大，根据这些特征可对肿瘤进行分级（Broder分级系统）。

分化良好的SCC（1级）的特征：肿瘤细胞具有丰富的嗜酸性胞质、细胞间桥和同心层状角蛋白，即角化珠或癌珠（图2-13，图2-14）。细胞核多形性，有丝分裂活性极小。侵入真皮和皮下组织，并伴有纤维结缔组织的增生。

中度分化的SCC（2级和3级）的特征：嗜酸性胞质少，细胞间桥可能难以识别，角化珠较少。细胞核多形性、深染，核分裂象多（图2-15，图2-16）。与分化良好的SCC相比，肿瘤细胞侵袭性更为明显，以更小的岛状结构分布。

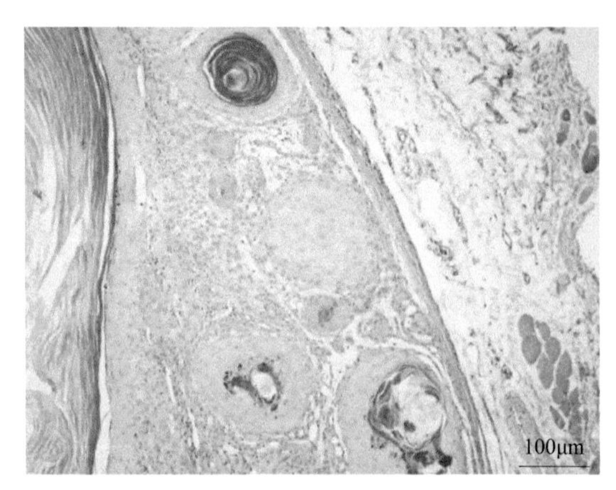


**图2-13 分化良好的鳞状细胞癌（1）**
肿瘤细胞由表皮的基底细胞层向真皮层延伸，形成大小不等、形态不同的癌珠

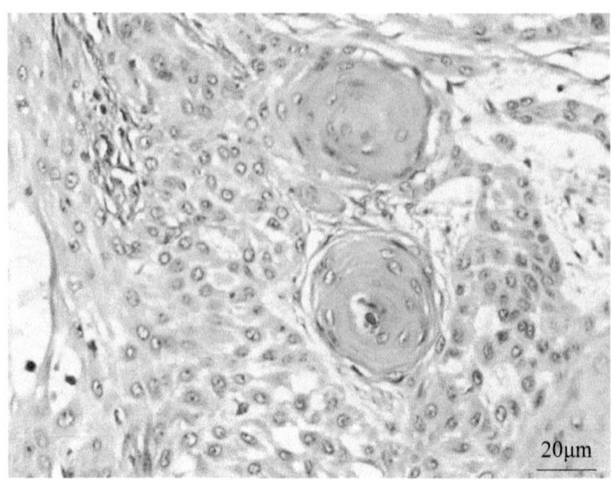


**图2-14 分化良好的鳞状细胞癌（2）**
肿瘤细胞较大，椭圆形或圆形，胞质较丰富，嗜酸性粉染，可见细胞间桥

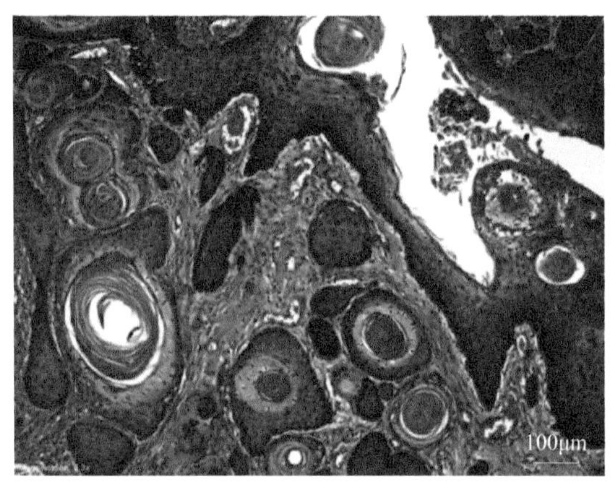


**图2-15 中度分化的鳞状细胞癌（1）**
肿瘤细胞以小岛状分布，形成大小不同的角化珠，血管周围的结缔组织增生

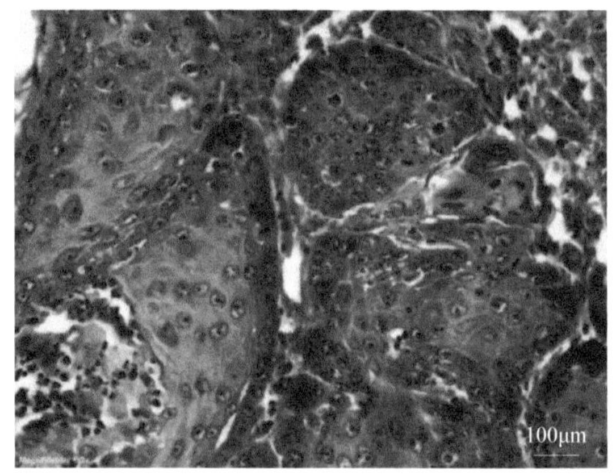


**图2-16 中度分化的鳞状细胞癌（2）**
肿瘤细胞异型性大，核分裂象较明显，界限不清，淋巴细胞浸润

低分化的SCC（4级）的特征：可能很少有鳞状上皮分化。胞质呈双嗜性，细胞核多形性极强，深染，有丝分裂活跃（图2-17，图2-18）。肿瘤细胞具有很强的侵袭性，常以单细胞或小群细胞的形式出现在结缔组织基质中。

SCC存在几种罕见的变异亚型。梭形细胞亚型通常很难与周围的基质细胞区分，然而在免疫组织化学检测中，肿瘤细胞可被抗角蛋白抗体染色呈阳性。皮肤棘层松解型SCC的特征是肿瘤细胞明显脱落，形成假腺样（基底肿瘤细胞仍附着在基底层上），但是形成肿瘤鳞状细胞岛中心的赘生性角化细胞存在个体化，并且通常会发生角化异常。

**病理诊断** 分化良好的SCC很容易诊断，但是早期或癌前病变可能较难辨认。早期肿瘤病变表现为表皮增生、角化过度、角化不全、棘皮症、生发层增厚及角质形成细胞增生。受影响的角质形成细胞大多位于基底层和棘层，表现为极性丧失、核增大、核深染、核仁增大且突出，基底层和基底上层角质形成细胞可见核分裂象。由于该病变是紫外线长时间照射引起的，一些病例可能表现出弹性纤维变性，并伴有真皮浅部的弹性纤维和胶原纤维变性、

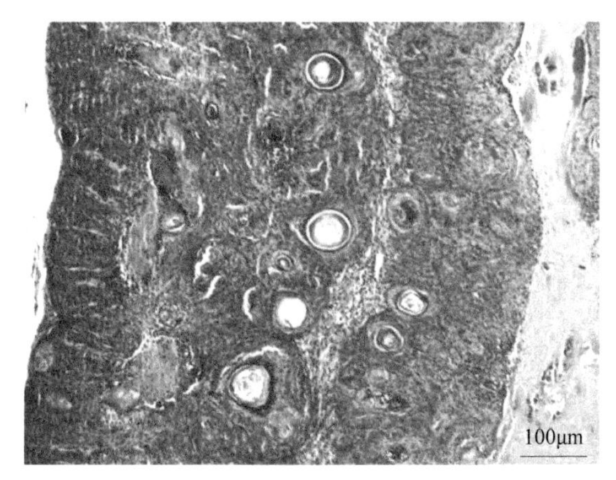


**图 2-17　低分化的鳞状细胞癌（1）**
肿瘤细胞向皮下侵袭性生长，被结缔组织分隔成小岛状结构

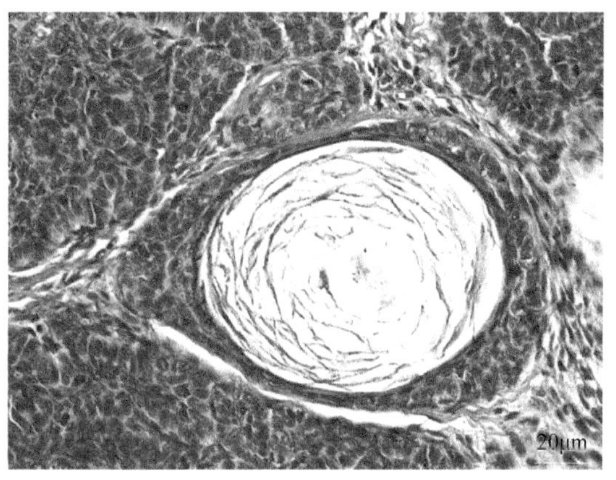


**图 2-18　低分化的鳞状细胞癌（2）**
肿瘤细胞主要为鳞状细胞，细胞核呈多形性，强嗜碱性蓝染，可见核分裂象

碎裂，以及嗜碱性纤维状物质增厚、沉积，用范吉森（Van Gieson）染色可呈阳性。在这个阶段，发育不良的角质形成细胞没有侵入基底膜。

SCC与覆盖的表皮有联系，但在显微镜下不一定能发现。肿瘤鳞状细胞呈岛状、索状和小梁状分布，可侵入真皮和皮下组织。肿瘤细胞产生的角蛋白可视为胞质内嗜酸性纤维物质（角蛋白张力丝），其数量不定。当存在广泛的角化时，可能是角化正位性或角化不全性，并且在分化良好的肿瘤中会形成明显的角化珠。在低分化肿瘤中，少数细胞胞质内可能有嗜酸性角蛋白张力丝。肿瘤细胞细胞核大，呈卵圆形，常为泡状核，核仁位于中央、明显，胞质丰富，从淡染到明亮嗜酸性，细胞边界明显。在分化程度较高的肿瘤中，可见细胞间桥，特别是在细胞间水肿的区域。核分裂象数量可变，但在分化较差的肿瘤中更常见。侵犯真皮和皮下组织可引起促结缔组织增生性反应。肿瘤的鳞状上皮中常有中性粒细胞浸润，肿瘤上皮周围的结缔组织间质中可见浆细胞和其他淋巴细胞。肿瘤的浸润性边缘可表现为嗜神经性，也可表现为真皮和皮下淋巴管浸润。

## 第二节　黑色素细胞肿瘤

黑色素母细胞起源于神经外胚层，在胎儿发育过程中黑色素母细胞迁移到皮肤和毛球。成熟的色素产生细胞称为黑色素细胞。E-钙黏着蛋白分子存在于黑色素细胞和角质形成细胞的表面，参与两种细胞之间的黏附。黑色素细胞产生的黑色素储存在黑素体中，通过细胞分泌转移到角质形成细胞。黑色素聚集在角质形成细胞的胞质中，可保护皮肤免受紫外线辐射伤害。无法到达表皮的黑色素母细胞会发育成皮内黑色素细胞。真皮中可能存在另一种含有黑色素的细胞，称为噬黑色素细胞，黑色素由于表皮或毛囊黑色素细胞的渗漏或破坏而进入真皮，这些细胞能吞噬黑色素。

痣细胞是一种变异的黑色素细胞，该术语被广泛用于描述人类皮肤病和皮肤病中的色素性病变。为了避免与人类相似的家畜色素病变混淆，在兽医皮肤病理学中不使用这个术语。从人类色素病变病理学中借鉴的三个术语用于描述动物黑色素细胞肿瘤：①连接型

（junctional）：指增殖的肿瘤性黑色素细胞通常呈小巢状，见于表皮内、真皮、滤泡上皮或真皮交界处。②复合型（compound）：肿瘤同时有表皮和真皮成分。③真皮型（dermal）：肿瘤仅在真皮内，没有表皮成分。

## 一、黑色素细胞瘤

黑色素细胞瘤（melanocytoma）为良性肿瘤，起源于表皮、真皮或附属器（主要来自毛囊的外根鞘）中的黑色素细胞。黑色素细胞瘤常见于犬、马和某些品种的猪，在猫和牛以及绵羊和山羊中较少见。

1岁以下的犬偶尔会出现黑色素细胞瘤，但很难确定是否为先天性病变。犬的发病高峰在7～12岁。患病风险增加的品种有维斯拉犬、迷你雪纳瑞犬、爱尔兰水猎犬、标准雪纳瑞犬、澳大利亚小猎犬、杜宾犬、金毛寻回犬、拉布拉多寻回犬、可卡犬。无性别偏好。

马偶尔会发生先天性黑色素细胞瘤。先天性和获得性黑色素细胞瘤在2岁以下的马（各种品种和不同皮毛颜色的马）中相对常见。大多数病例发生在10岁左右。雌性马更容易受到影响。

某些品种的猪包括辛克莱猪、荷美猪、杜洛克猪和利别霍夫小型猪的发病率很高。这些品种的肿瘤是先天性的，可能经常在屠宰的动物中发现。这些猪种的黑色素细胞瘤被用作人类黑色素细胞瘤的动物模型，以确定导致肿瘤消退的分子机制。目前尚不清楚如何对这些肿瘤进行分类，因为在某些情况下它们会自发消退，而在其他情况下它们具有恶性生物学行为而不能消退，并转移到局部淋巴结、腹部器官和骨骼。

猫的黑色素细胞瘤发病率很低。4～13岁的猫发病率较高，家养短毛猫患病风险最大。牛不常发生黑色素细胞瘤，但有幼牛发生先天性和获得性黑色素细胞瘤的报道。安格斯牛可能比其他品种的牛具有更大的患病风险。

黑色素细胞瘤最常见于头部，尤其是犬的眼睑，青年马的腿和躯干，年老灰马的会阴部和尾巴，以及猫的头部。猪的先天性黑色素细胞瘤可能是多中心的，也可能出现在杜洛克猪的侧面区域。犬的大多数黑色素细胞瘤生长缓慢，易于手术切除。一般来说，着色较深的肿瘤是良性的。据报道，大约90%患有皮肤黑色素细胞瘤（MC＜3/HPF）的犬至少能存活2年（MC：mitotic count，有丝分裂计数；HPF：high power field，高倍视野）。然而，50%患有皮肤恶性黑色素细胞瘤（MC＞3/HPF）的犬最多存活7个月。大多数灰马的黑色素细胞瘤即使肿物很多或很大，但很少转移。然而，尽管极少数病例的组织学变化显示肿瘤细胞分化良好，但肿瘤细胞出现更广泛的转移。

**大体病变** 黑色素细胞瘤的外观差异很大，这可能与它们出现的时间长短有关。病变大小不等（从很小的色素斑疹到直径5cm或更大的肿物）。肿瘤的颜色取决于细胞内黑色素的数量，从黑色到深浅不一的棕色再到灰色和红色。大多数黑色素细胞瘤是对称的，边界分明，但无清晰的包膜。在切面上，表皮通常是完整的，并且经常可见脱毛。表皮可能有色素沉着，大部分真皮常被肿瘤所取代，较大的肿瘤中会延伸到皮下组织。色素沉着区和非色素沉着区混杂在一起可能使肿瘤外观表现为多色。

一些黑色素细胞瘤由于体积大而发生溃烂，因此更容易受到创伤。尚未有证据表明溃疡和预后之间存在相关性，但溃疡可能使肿瘤生长得更快。

肿瘤的位置至关重要，尤其是对犬而言。一般来说，来自毛发皮肤的肿瘤是良性的，而来自皮肤黏膜交界处的肿瘤是恶性的。评估皮肤黏膜交界处（主要是眼睑、嘴唇和会阴）附近出现的肿瘤时，必须谨慎评估，以确保肿瘤位于皮肤（即与表皮和附属器相关）而不是黏膜。

虽然位置有助于确定皮肤黑色素细胞肿瘤是良性还是恶性，但最终的诊断总是需要组织学检查。黑色素沉积严重的肿瘤应漂白以去除黑色素，使细胞、核形态和核分裂象更容易被观察。特别是位于黏膜附近或足趾的肿瘤，建议切片漂白后观察。

**组织学病变**　大多数黑色素细胞瘤由于黑色素的存在而易于诊断，若黑色素大量存在，则可通过肉眼或低倍镜进行观察。较小的犬皮肤黑色素细胞瘤往往同时具有表皮和真皮成分（复合型），而较大的肿瘤通常缺乏表皮成分，是真皮或皮下肿物。目前尚不清楚表皮成分的缺失是否标志着肿瘤的成熟，类似于人体痣的成熟。

黑色素细胞瘤的表皮内成分由新生的肿瘤黑色素细胞组成，这些黑色素细胞以单细胞形式出现在基底层，或以黑色素细胞组成的巢（小簇）状形式出现在表皮下或毛囊的外根鞘中。许多肿瘤细胞呈圆形，胞质内含有大量的黑色素，使细胞核形态模糊。在漂白的切片中，细胞核轻度染色，很少有异型性，核分裂象少见。体积较小的肿瘤的皮内成分与表皮相似。肿瘤细胞被纤维血管基质分隔成小的团块状，或大量肿瘤细胞聚集排列成岛状。

大多数真皮黑色素细胞瘤的细胞可能呈圆形、上皮样、多角形或梭形，少数病例的肿瘤细胞可能呈树突状或球囊状。黑色素细胞是神经外胚层细胞，因此，真皮黑色素细胞瘤的细胞在向肿瘤基部成熟时可能表现为神经细胞样分化，色素丢失，肿瘤细胞呈梭形，排列成束状，周围有细纤维血管间质。

在一些情况下，很难在肿瘤细胞的胞质中鉴别出黑色素颗粒。有些肿瘤细胞的胞质呈灰蒙蒙的浅棕色，但并不是胞质内黑色素颗粒。在这种疑似黑色素细胞瘤的情况下，免疫组织化学染色或丰塔纳-马森（Fontana-Masson）二氏染液进行黑色素染色将有助于确定这些肿瘤是否为黑色素细胞瘤。肿瘤细胞的不同形态学亚型如下。

**1. 肿瘤细胞呈圆形**　细胞通常呈宽片状排列，常被高度着色（图2-19，图2-20）。需要漂白后评估细胞核形态。核质比高，细胞核通常很小，轻度染色，小核仁通常偏于一侧。偶见双核或多核细胞。胞质丰富，细胞界限清晰。由于这些肿瘤通常高度着色，因此，在手术切除时很容易辨认肿瘤的边缘，边缘有正常的真皮或皮下组织。

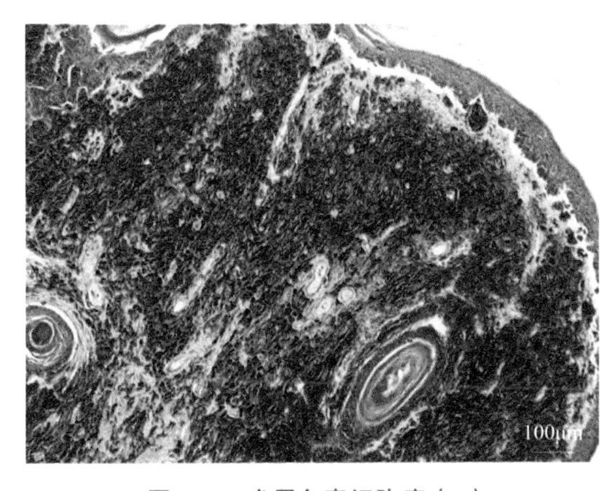


**图2-19　犬黑色素细胞瘤（1）**
表皮和真皮层可见大量肿瘤细胞呈片状分布，分泌黑色或棕褐色的颗粒状物质

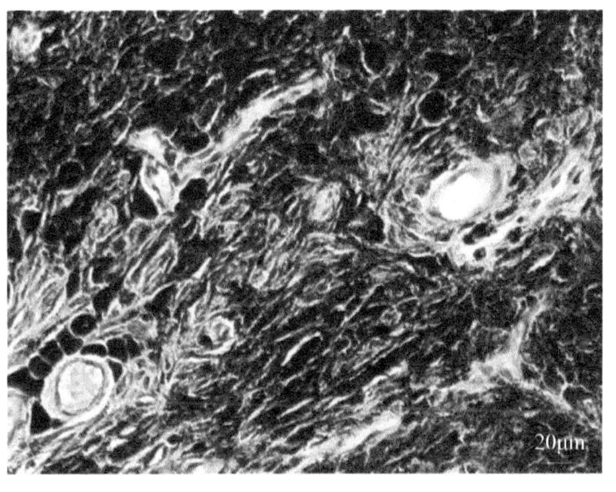


**图2-20　犬黑色素细胞瘤（2）**
肿瘤细胞被大量棕色或黑色的颗粒物所覆盖，未被黑色素颗粒覆盖的细胞可见胞核呈圆形、椭圆形或梭形

**2. 肿瘤细胞呈梭形** 细胞具有梭形至细长波浪状核，单个不明显的核仁和数量不等的胞质。肿瘤细胞间常有胶原基质。一些梭形肿瘤细胞呈神经细胞样，形成小巢状、螺旋状和束状的结构（图2-21，图2-22）。除非这些梭形肿瘤细胞保留着合成黑色素的能力，否则很难将其与真皮纤维瘤或良性神经鞘肿瘤进行区分。

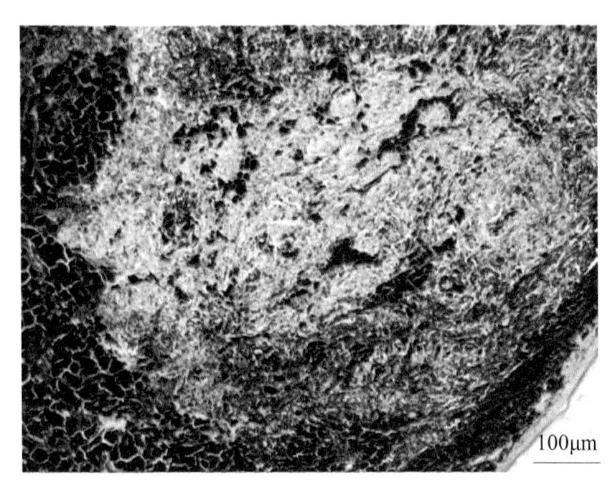


**图2-21 犬眼睑部黑色素细胞瘤（1）**
增生的肿瘤细胞呈巢状、束状或螺旋状排列，黑色素分布不均

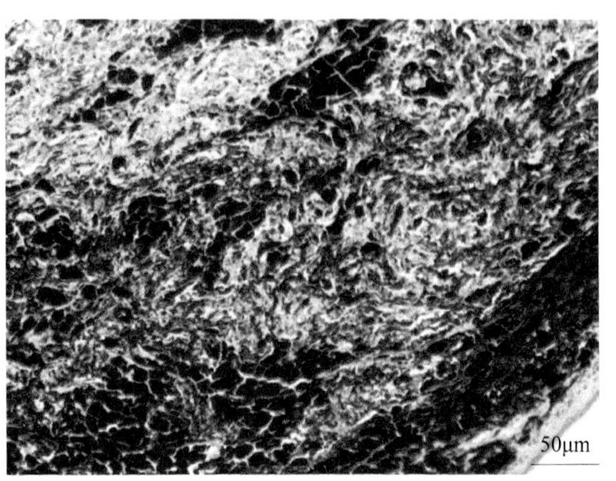


**图2-22 犬眼睑部黑色素细胞瘤（2）**
可见大部分增生的细胞被黑色素颗粒所覆盖，细胞界限不清，细胞体积较大，呈多角形、长梭形

**3. 肿瘤细胞呈上皮样或多角形** 大量肿瘤细胞被纤维间质分隔成小叶状。细胞的胞质丰富，胞质内含有数量不等的黑色素。细胞核常为泡状，核仁小，核膜上染色质分散。

以上三种亚型是黑色素细胞瘤的主要形态学亚型，但许多肿瘤具有混合形态，肿瘤细胞呈上皮样、多边形或梭形。目前尚未有证据表明黑色素细胞瘤的细胞形态与生物学行为有关。此外，有的肿瘤细胞呈树突状或气球样。树突状肿瘤细胞胞质突起延长，气球样肿瘤细胞大而圆，胞质具有丰富的嗜酸性颗粒。

大多数真皮黑色素细胞瘤很少表现出核多形性，即它们是分化良好的黑色素细胞，并具有以下特征：①小的胞核；②单个位于细胞中央的核仁；③染色质少聚集；④可能有密集的染色质从核仁延伸至核膜；⑤染色质沿着核膜的内表面聚集；⑥缺少核仁的细胞在核周围有细小且均匀分布的染色质。核分裂象的数目通常很低。肿瘤的有丝分裂活性区域通常位于肿物的基底边缘，但应对整个切片进行评估。核分裂象必须与成纤维细胞或其他细胞核进行区分。

**病理诊断** 绝大多数起源于毛发皮肤的肿瘤，每10个连续高倍视野（high power field，HPF）中核分裂象少于3个应被认为是良性的，而每10个连续HPF中核分裂象超过3个应被认为是恶性的。

用常规苏木素-伊红（hematoxylin-eosin，HE）染色评估肿瘤，但未发现黑色素时，才需要免疫组织化学。常用的抗体有黑色素瘤抗原（melanoma antigen，Melan-A）、可溶性蛋白100（soluble protein-100，S100）、酪氨酸酶相关蛋白1（tyrosinase related protein 1，TRP1）、TRP2和抗黑色素瘤抗体PNL2。然而，免疫组织化学在有丝分裂活性增多的病例中是必要的，在这些病例中，区分黑色素细胞瘤与恶性黑色素瘤及其他肉瘤将影响预后和治疗。

## 二、黑色素棘皮瘤

黑色素棘皮瘤（melanoacanthoma）具有复合型黑色素细胞瘤和良性上皮肿瘤的特征。这种罕见的肿瘤仅发生在犬。大多数病例发生在7～13岁，通常出现在头部，没有性别倾向。这些肿物通常与周围的皮肤和皮下组织分界明显，易于手术切除。

**组织学病变**　病灶与周围组织边界清晰，为无包膜的真皮结节。肿瘤滤泡上皮和周围的胶原基质中都有排列成巢状或簇状的肿瘤黑色素细胞。肿瘤黑色素细胞通常是上皮样或多边形。上皮成分含有小角质细胞交织形成的小梁状结构以及含有无规则形态或层状的角蛋白的小囊肿。囊肿角质化，没有颗粒层（图2-23，图2-24）。大的囊肿显示漏斗状角化。

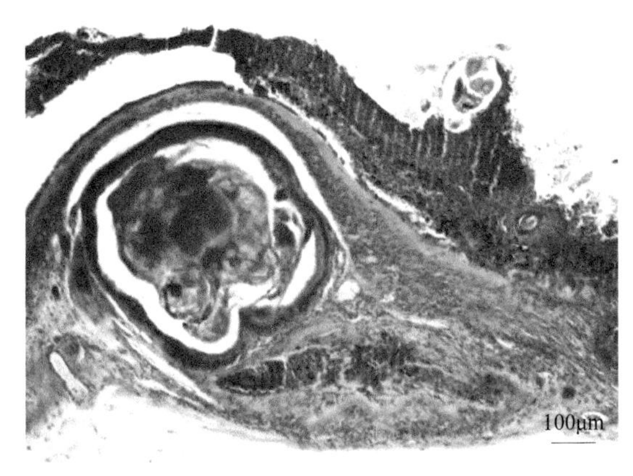


**图2-23　犬黑色素棘皮瘤（1）**
肿瘤细胞呈片状分布或被纤维结缔组织分割为成岛状结构，可见大小不等的含有不规则形状的角蛋白的囊肿样结构，局部可见黑色素颗粒沉积

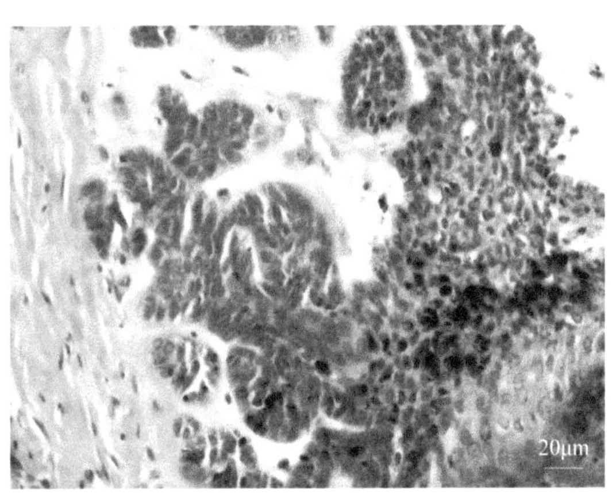


**图2-24　犬黑色素棘皮瘤（2）**
肿瘤细胞呈上皮样，呈巢状生长，为圆形或椭圆形，胞核深染，核仁较大，部分细胞含有数量不等的黑色素

## 三、恶性黑色素瘤

恶性黑色素瘤（malignant melanoma）是黑色素细胞的恶性肿瘤。恶性黑色素瘤常见于犬，在其他家畜中不常见。然而，在猪的病例中，高达10%～15%的选择性繁殖的辛克莱小型猪患有先天性黑色素瘤，表现为恶性行为，肿瘤细胞转移到局部淋巴结和肺，其他85%～90%的肿瘤在细胞介导的免疫反应下自发消退，没有复发。

恶性黑色素瘤常见于6～15岁的犬，发病高峰在10～13岁。患病风险增加的品种有标准雪纳瑞犬、迷你雪纳瑞犬、巨型雪纳瑞犬、松狮犬、沙皮犬、苏格兰梗、杜宾犬、金毛寻回犬、拉布拉多寻回犬和可卡犬。没有性别偏好。

灰马会阴部的黑色素瘤较常见，虽然有些会转移，但大多数病例通常不是恶性的。非灰色马的黑色素瘤有更大的恶性趋势。恶性黑色素瘤不常见于猫，主要发生在年长的猫，没有性别倾向。

大多数病例的犬恶性黑色素瘤累及口腔和嘴唇的黏膜与皮肤交界处。约10%的恶性黑色素瘤发生在犬的毛发皮肤（常见于头部和阴囊）。猫的恶性黑色素瘤出现在皮肤的比例比黏膜高，主要发生在头部（嘴唇和鼻子）和背部。

恶性黑色素瘤通常生长迅速，可能是致命的。局部浸润到皮下组织，但也可观察到表皮内扩散（类似于人类黑色素瘤的水平生长阶段）。因此，手术边缘，特别是表皮边缘，应该仔细评估肿瘤黑色素细胞的存在。建议至少评估1mm的未累及组织的侧缘和深缘。用烧灼或激光切除的肿物往往会在边缘造成组织变形，使得精确评估这些边缘变得困难。这一特征应在病理报告中注明。

肿瘤细胞经淋巴管转移至局部淋巴结和肺。恶性黑色素瘤扩散到身体其他部位很常见，包括不寻常的部位，如大脑、心脏和脾脏。在进行局部淋巴结转移的细胞学和组织学评估时，必须注意区分噬黑色素细胞和肿瘤黑色素细胞。噬黑色素细胞常见于髓窦（慢性皮炎患者的表皮基底或毛囊被破坏时，黑色素从皮肤被引流到髓窦淋巴结）。漂白切片应评估肿瘤细胞的有丝分裂活性、核多形性和明显的核仁。肿瘤黑色素细胞倾向于在皮质和髓质中排列成小巢状，而不是散在分布的单细胞形态。这些巢状结构越大，色素细胞越有可能转移。噬黑色素细胞中的色素比黑色素细胞中的更粗糙。

**图2-25 马恶性黑色素瘤**

肌肉组织内散布许多黑色肿块，外无包膜

**大体病变** 肉眼检查无法鉴别恶性黑色素瘤与良性黑色素细胞瘤。肿瘤可能是高度色素沉着或缺乏色素。肿瘤的大小和色素沉着的程度不是判定这些黑色素细胞肿瘤良、恶性的可靠指标。然而，如果肿瘤深入到皮下组织并沿着筋膜层侵犯，则应被视为恶性肿瘤并经组织病理学证实（图2-25）。

**组织学病变** 皮肤的恶性黑色素瘤的组织学特征与良性黑色素细胞瘤相似，可能表现连接型。肿瘤细胞以单细胞或小巢状形式出现在表皮基底部。然而，肿瘤细胞也可能以单细胞或小群细胞的形式出现在表皮的上层（图2-26，图2-27），这是良性黑色素细胞瘤没有的

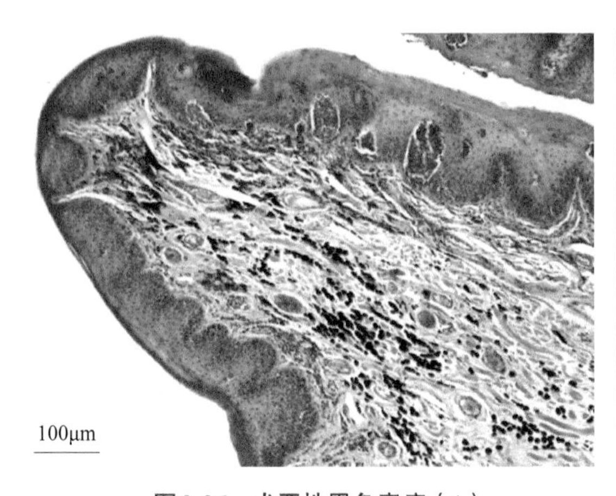


**图2-26 犬恶性黑色素瘤（1）**

表皮内可见肿瘤细胞排列呈大小不等的巢状结构，皮下的肿瘤细胞呈片状或散在分布，黑色素颗粒沉积明显

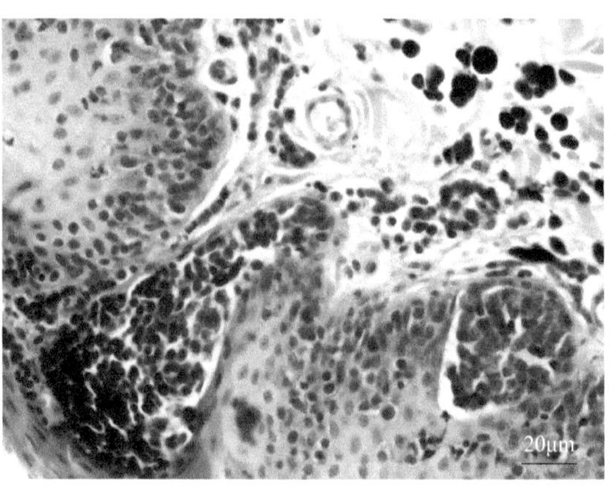


**图2-27 犬恶性黑色素瘤（2）**

肿瘤细胞界限不清晰，呈卵圆形或多角形，细胞核大，圆形或卵圆形，核仁清晰

特征。与良性黑色素细胞瘤相比，表皮内的肿瘤细胞通常有更大的细胞核和更明显的核仁，核分裂象更常见。当表皮内出现排列成巢状的肿瘤细胞时，对恶性黑色素瘤的诊断是一个非常有用的特征，特别是在真皮成分中未见黑色素时。

真皮成分通常由更多间变性和多形性的黑色素细胞组成，肿瘤细胞呈上皮样（或多边形）或梭形（纺锤状或纤维瘤状），或者在某些病例中出现两种细胞类型的混合。细胞含有数量不等的胞质内黑色素。上皮样或多边形细胞常形成巢状结构，周围环绕着纤维血管间质。梭形细胞通常具有类似纤维肉瘤的交织状结构。梭形细胞具有类似于恶性神经鞘瘤或血管外皮细胞瘤的神经样形态。

偶尔可见肿瘤内出现软骨或骨样化生病灶，但这也是一些恶性神经鞘瘤的特征。若肿瘤细胞含有黑色素颗粒，需要与以上梭形细胞间质肿瘤进行区分。如果HE染色未见黑色素，并且Fontana-Masson组织化学染色显示为阴性，则应进行免疫组织化学检测以确认肿瘤为恶性黑色素瘤。大多数皮肤恶性黑色素瘤分化不良（非典型性），具有以下核特征：①形状不规则的大核仁，位于细胞核内；②通常有多个核仁；③在某些情况下，多个核仁聚集在核膜下，形成一个粗糙的空泡状核。核非典型性是一种非常主观的评价，具有观察者之间的可变性，必须谨慎使用。一般来说，核非典型性是病理学家用来辅助肿瘤病变（即良性和恶性）分类的特征。

**病理诊断**　来源于毛发皮肤的肿瘤，每10个连续HPF有3个以上的核分裂象，应被认定为恶性肿瘤。组织学上的细胞类型在评估犬恶性黑色素瘤时没有预后意义。然而，猫的上皮样恶性黑色素瘤可能表现出更强的侵袭性和恶性。可使用有丝分裂计数、核异型性和Ki67增殖指数帮助预测犬黑色素细胞肿瘤的生物学行为。

大多数黑色素细胞肿瘤由于存在多少不等的黑色素而容易被辨别。肿瘤内的色素含量变化很大，有时需要仔细寻找才能找到足够多的黑色素细胞。然而，无色素肿瘤和变异梭形细胞色素很少的肿瘤是难以诊断的，可能需要组织化学染色（Fontana-Masson）或一个或多个免疫组织化学染色。Melan-A、PNL2、TRP1和TRP2对诊断犬口腔无黑色素黑色素瘤和最有可能为皮肤无黑色素黑色素瘤具有高度敏感性和100%特异性。良性黑色素细胞瘤对环氧合酶-2（cyclooxygenase-2，COX-2）无免疫反应，但55%皮肤恶性黑色素瘤表现出对COX-2的免疫反应性。

## 第三节　皮肤附属器肿瘤

### 一、毛囊肿瘤

正常的毛囊背侧分为三部分：漏斗部，由表皮延伸至皮脂腺开口部的结构；峡部，皮脂腺开口处至立毛肌的附着处的结构；下半部，从立毛肌到球部的结构。外根鞘（external root sheath，ERS）连接表皮，在漏斗区的外根鞘不能与表皮进行区分。在毛囊的峡部和下半部，ERS的厚度不同，由含有浅色的嗜酸性细胞质的细胞组成，随着细胞向表皮表面成熟，嗜酸性胞质增多。ERS这部分称为毛鞘。内根鞘（internal root sheath，IRS）位于ERS和毛干之间，细胞中含有大量嗜酸性透明毛质颗粒。围绕真皮乳头的毛球部细胞有大的嗜碱性核、少量的细胞质和数量不等的黑色素。这些是有丝分裂活性细胞。

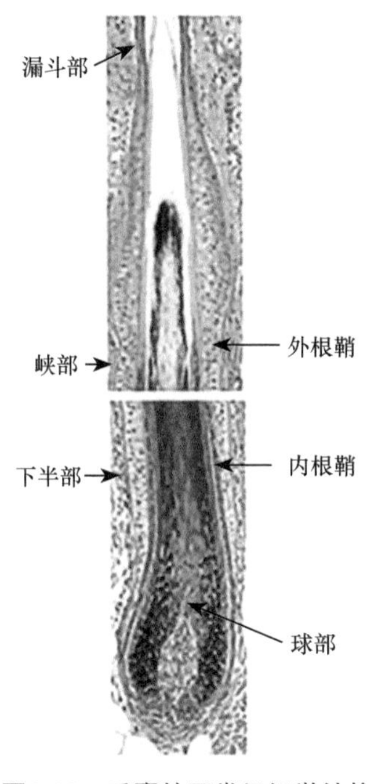


图2-28 毛囊的正常组织学结构

上述解剖结构是将皮肤附属器肿瘤分为不同实体的基础，因为它们分化于或起源于毛囊漏斗部、峡部或下半部区域（图2-28）。

一般来说，几乎所有的毛囊肿瘤都是良性的，完全手术切除可以治愈。恶性毛发上皮瘤和恶性毛母质瘤是可转移的罕见肿瘤。然而，在进行组织学诊断之前，切除肿瘤的生物学行为是未知的。这些可能是动物中更具侵袭性的皮肤肿瘤，因此需要准确的组织学评估。

### （一）漏斗状角化棘皮瘤

漏斗状角化棘皮瘤（infundibular keratinizing acanthoma，IKA）是一种良性肿瘤，显示峡部和漏斗部的鳞状上皮分化。此肿瘤以前被称为皮内角化上皮瘤、先天性角化上皮瘤、角化棘皮瘤和鳞状乳头状瘤。这种肿瘤仅见于犬且在犬中很常见，4～10岁犬发病率最高，13%的病例发生于4岁以下的犬。患病风险增加的品种有挪威猎鹿犬、西藏梗、凯利蓝梗和北京犬。挪威猎鹿犬是肿瘤高发犬种之一，而且常出现多发性肿瘤。无性别偏好。

IKA通常发生在背部、颈部、尾部和四肢。多发性肿瘤出现在同一只犬（特别是挪威猎鹿犬、德国牧羊犬、拉萨阿普索犬和荷兰毛狮犬）上是常见的。

这些肿瘤在完全手术切除后不会复发。对于单发性肿物或只有少数肿物的病例，建议手术切除。对于患有多发性肿物的犬，使用合成类维生素A治疗是有帮助的，但这些药物已不再使用。

**大体病变** 肿瘤位于真皮和皮下，直径0.3 ～ 5cm不等。许多肿瘤有一个中央孔，延伸至皮肤表面，替代原有的毛囊漏斗部，肿瘤从其基底开始生长。孔隙内可充满密集的角化物质。轻轻按压肿物可能导致灰白色角化物质从毛孔排出到皮肤表面。那些没有表皮连接的肿瘤表现为被包裹在皮内的肿块。在切面上，肿块中心有角蛋白的堆积，周围的肿瘤细胞形成了一个红棕色的细胞区，其厚度不均一。肿物与周围的真皮及皮下组织界限分明。肿物壁的任何裂口都会使角蛋白释放到邻近的真皮和皮下组织，引起严重的炎症反应。

**组织学病变** 孔内排列着分层的鳞状角化上皮，细胞质内有明显的透明角质颗粒。肿瘤从孔的底部向真皮和皮下延伸。中心有角蛋白聚集，常形成同心片层状（图2-29）。在角蛋白下面，肿瘤壁由大的、浅色的角质形成细胞组成，可能含有小的嗜碱性透明角质颗粒（图2-30）。这些细胞有正常染色质的细胞核，细胞边界非常清晰，未见细胞桥粒。从中央腔的内膜细胞向外延伸的是上皮细胞索，约两个细胞厚。这些细胞索也形成肿瘤细胞的外周带，它们会在囊肿腔内吻合并形成小角状囊肿，囊肿腔内有同心片层状聚集的角蛋白（图2-29）。这些细胞的中央核比腔内细胞的核颜色更深，胞质中有适量嗜酸性物质，细胞边界清晰。细胞和核的多形性和有丝分裂活性极小。肿瘤周围有纤维血管间质。间质可能是黏液性的。

**病理诊断** 某些病例会出现软骨样结构或骨化生，混合型大汗腺瘤也有此特征，必须通过角质形成细胞的病理学来区分IKA，其嗜酸性细胞质丰富。IKA内缺乏腺组织，间质中偶尔可见淋巴细胞和浆细胞。孔内物质压迫周围真皮胶原而形成假包膜。

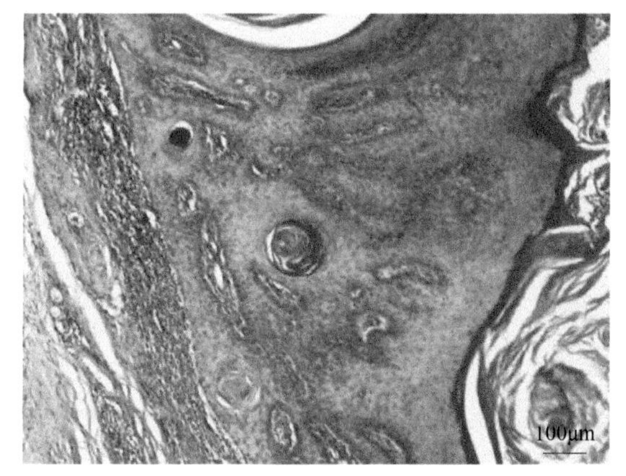


图2-29　犬漏斗状角化棘皮瘤（1）
肿物内可见大小不等的囊腔，腔内出现大量同心排列的层状、丝状角化物，肿瘤细胞围绕囊腔紧密排列，纤维血管基质延伸进入肿物内部

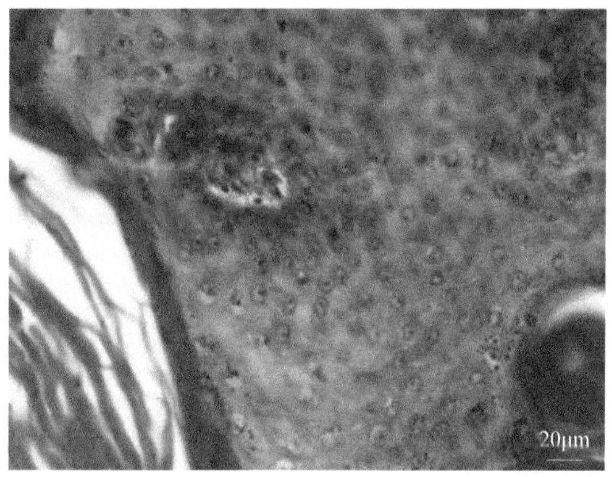


图2-30　犬漏斗状角化棘皮瘤（2）
肿瘤细胞体积较大，排列紧密，界限不清，细胞间桥不明显，胞核清亮，有一个位于中央的明显核仁，胞质呈弱嗜酸性，内有嗜碱性颗粒物

当肿瘤壁破裂，角蛋白释放到周围的真皮和皮下组织时，会引起脓性肉芽肿和肉芽肿炎症反应。畜主或兽医工作者可能指出肿物体积迅速增大，这可能提示肿瘤壁的破裂和由游离角蛋白引起的炎症成分浸润，而不是肿瘤的实际生长。

### （二）外毛根鞘瘤

外毛根鞘瘤（tricholemmoma）是一种良性肿瘤，表现出与毛囊外根鞘峡部或下半部的分化。这种肿瘤在犬中并不常见，在其他物种中也很罕见或未被描述。

### （三）毛母细胞瘤

毛母细胞瘤（trichoblastoma）是一种良性肿瘤，来源于或分化于正在发育的毛囊的毛胚。其中一些肿瘤以前被归为基底细胞瘤。毛母细胞瘤是一种在犬和猫中常见的肿瘤。在马中不常见，在其他物种中也很罕见。在犬的发病高峰在4～10岁。风险增加的品种有凯利蓝梗、柯利牧羊犬、卷毛比雄犬、喜乐蒂牧羊犬和贝灵顿梗。有轻微的雄性性别倾向。毛母细胞瘤常发生在头部和颈部。大多数毛母细胞瘤生长缓慢。只有在不完全手术切除后才会复发。

**大体病变**　肿瘤通常表现为外生性肿物，直径从0.5cm到18cm不等。大多数肿瘤从表皮与真皮界面延伸至真皮和皮下。与周围组织界限分明。上覆表皮无毛发，可能有继发性溃疡。

在切面上，肿块常被结缔组织分割成多个大小不一的小叶状结构。一些肿瘤呈黑色，其他则表现为局灶性或多灶性囊性变性。

**组织学病变**　毛母细胞瘤有几种组织学亚型，包括缎带型、水母型、实体型、颗粒细胞型、小梁型和梭形细胞型。

**1．缎带型**　缎带型毛母细胞瘤由排列成分枝状和交织成索状的细胞组成。细胞通常排列成串珠样，细胞核明显，细胞质很少。细胞核深染，核仁不明显。细胞内有少量的嗜酸性胞质，细胞界限不清（图2-31，图2-32）。核分裂象的数目多少不等，一些肿瘤表现出明显的有丝分裂活性。这种亚型最常见于犬。

**2．水母型**　水母型毛母细胞瘤与缎带型相似。然而，细胞索从细胞的中央聚集处向外延伸（图2-33，图2-34）。细胞内有大量嗜酸性细胞质。这种亚型最常见于犬。

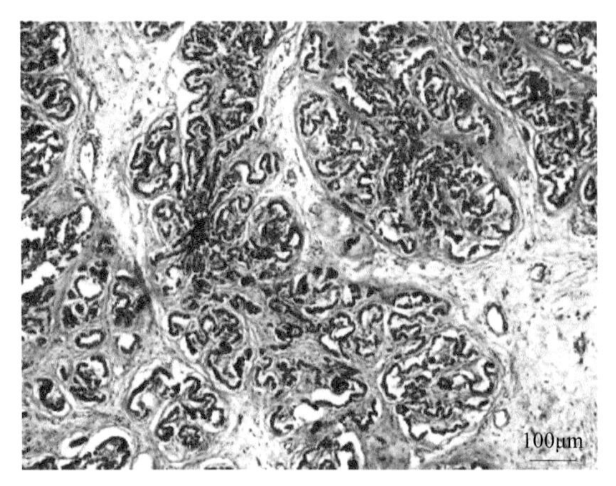


图2-31 犬缎带型毛母细胞瘤（1）
肿瘤细胞成分较单一，肿瘤细胞排列成串珠样、缎带样或团块样结构，周围有多少不等的胶原基质

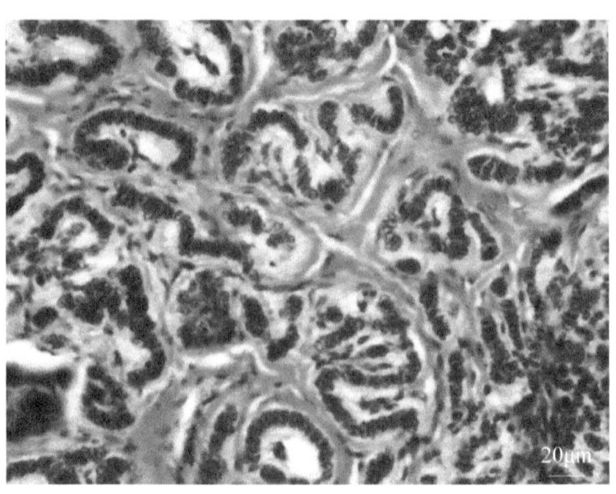


图2-32 犬缎带型毛母细胞瘤（2）
肿瘤细胞排列成串珠样结构，肿瘤细胞排列2～3层。细胞间界限不清晰

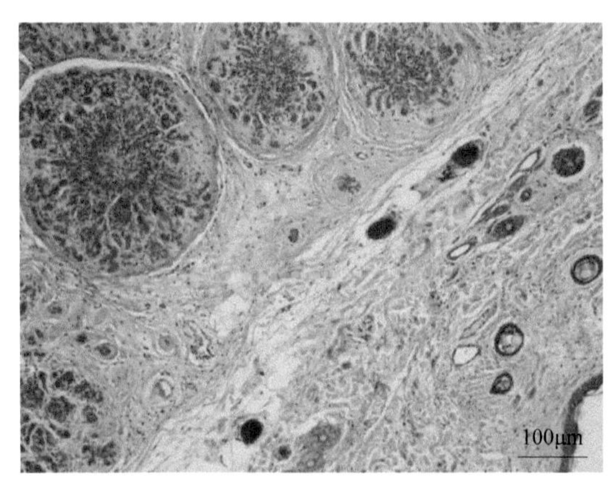


图2-33 犬水母型毛母细胞瘤（1）
肿瘤细胞被结缔组织分隔成菊花样或水母样结构

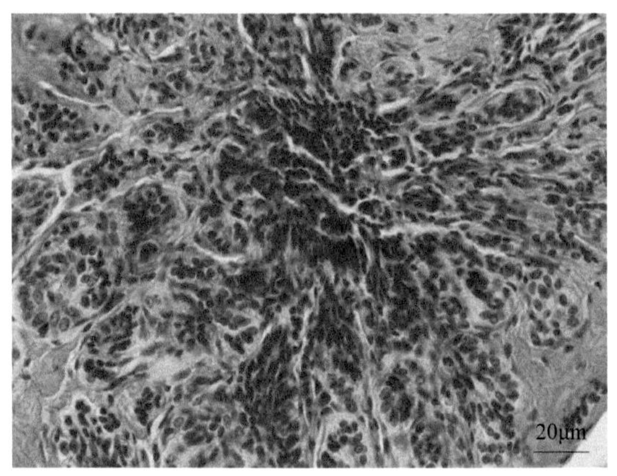


图2-34 犬水母型毛母细胞瘤（2）
肿瘤细胞分化良好，呈多层环状排列或缎带状排列，细胞形态较一致，胞核深染

**3. 实体型** 细胞围绕形成大小不一的岛状结构，周围环绕中度至广泛的结缔组织间质（图2-35，图2-36）。细胞核呈正常染色或深染，核仁不明显。细胞质轻度嗜酸性，细胞界限不清。

**4. 颗粒细胞型** 由排列成岛状和片状的肿瘤细胞组成，肿瘤细胞具有丰富的嗜酸性颗粒状胞质，细胞界限清晰。细胞核小，深染，很少有核分裂象。胶原基质的数量多少不等。这种亚型最常见于犬。

**5. 小梁型** 肿瘤细胞增生形成多个小叶状结构，小叶间结构有胶原基质。小叶周围的细胞排列成明显的栅栏状，而小叶中心的细胞有呈卵圆形到细长的胞核和丰富的嗜酸性胞质。这种亚型最常见于猫。

**6. 梭形细胞型** 梭形细胞型毛母细胞瘤可能与上覆的表皮有关。肿瘤为多分叶，有小叶间质。肿瘤细胞的形态变化取决于细胞被纵向切割（细胞呈梭形）还是横向切割（细胞呈卵圆形）。梭形细胞通常相互交织呈网状（图2-37，图2-38）。这种肿瘤的细胞和噬黑色素细胞可能含有黑色素。这种亚型最常见于猫。

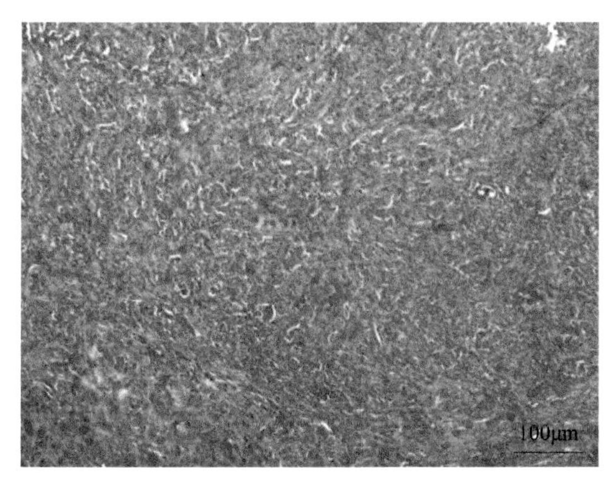


**图2-35　犬实体型毛母细胞瘤（1）**
肿瘤排列致密，呈实性片状分布，肿瘤细胞间有多少不等的纤维基质

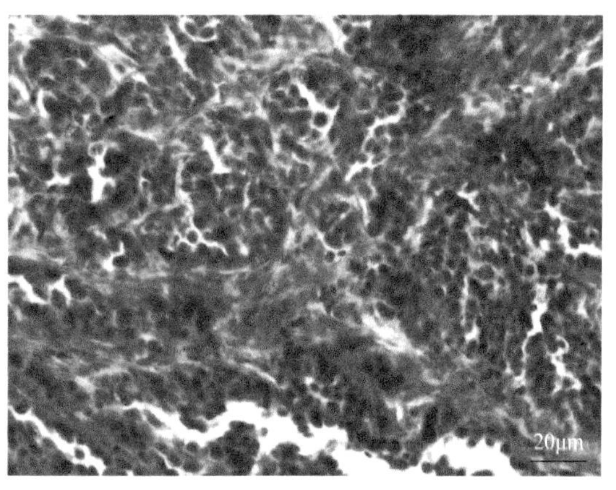


**图2-36　犬实体型毛母细胞瘤（2）**
肿瘤细胞成团状或片状排列，含轻度嗜酸性胞质，强嗜碱性胞核

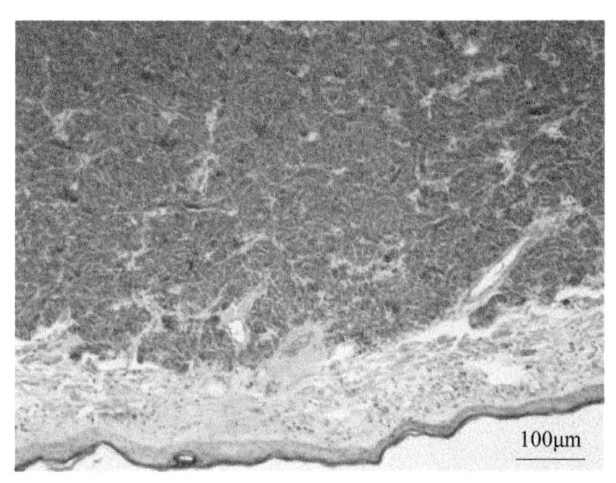


**图2-37　猫梭形细胞型毛母细胞瘤（1）**
真皮层被大量染色较深的细胞团块占据，肿瘤细胞排列成岛状或团状

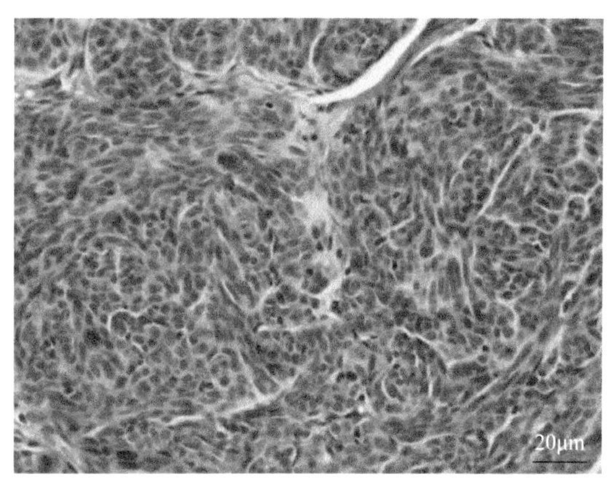


**图2-38　猫梭形细胞型毛母细胞瘤（2）**
增生的细胞主要呈圆形、卵圆形或梭形。细胞呈漩涡状或螺旋状排列

**病理诊断**　虽然毛母细胞瘤有几种不同的组织学亚型，然而，由于这些肿瘤都是良性的，因此，组织学评价上的显著差异并不影响其预后。

### （四）毛囊瘤

毛囊瘤（trichofolliculoma）是一种很少见的肿瘤，类似于毛囊样结构。大多数病例发生于猫。尚未确定年龄、品种、性别偏好或好发部位。毛囊瘤生长缓慢，易于手术切除。

**组织学病变**　病变累及真皮和皮下组织，纤维结缔组织将肿瘤细胞分隔成多个小叶状结构。每个结节周围由大量分化良好的毛囊（生长期Ⅰ期和Ⅱ期）组成，囊腔内含有角蛋白碎片和毛发。在初生毛囊附近有数目不等的成熟皮脂腺。

### （五）毛发上皮瘤

毛发上皮瘤（trichoepithelioma）是良性肿瘤，毛囊的三个部分都分化，可能存在发育不完全或正在形成的毛发。毛发上皮瘤常见于犬，不常见于猫。毛发上皮瘤发生于1～15岁的犬，发病高峰在5～11岁。患病风险较高的犬种有巴吉度猎犬、斗牛獒犬、软毛惠顿梗和金毛寻回犬。猫的发病高峰主要在4～11岁，没有品种偏好。绝育的雌性犬有更高的患病风险。毛发上皮瘤主要见于背部、胸部、颈部和尾部，但约7.5%的病例（尤其是巴吉度猎犬）表现为多中心肿瘤。毛发上皮瘤生长相对缓慢。大部分病例经完全手术切除可治愈，复发只出现在未完全切除的肿瘤。然而，一些品种，特别是巴吉度猎犬，容易发展为多中心肿瘤。

**大体病变**　肿瘤位于真皮内，并延伸至皮下组织。大多数肿瘤在直径0.5～5cm时被切除。可出现表皮溃疡、肿块周围皮肤脱毛和继发性感染。在切面上通常有多个直径1～2mm的灰白色病灶，并有纤维血管结缔组织的脉间带。尽管有些毛发上皮瘤可以侵入更深的组织，但大多数肿瘤有明显的边缘。

**组织学病变**　根据毛囊三个部分的分化程度，组织学外观有差异。大多数肿瘤由排列成岛状的上皮细胞组成，周围有基质胶原纤维或黏液样物质（图2-39）。这些岛状结构中心有角蛋白和影子细胞的聚集，提示基质分化。外层上皮细胞常为异质性细胞群，包括细胞核深染、细胞质少的小细胞（类似于毛球的未分化细胞）（图2-40），或胞质微嗜酸性、泡状胞核的细胞（类似于外根鞘下部），或胞质内有透明毛质颗粒的细胞（类似于毛囊的内根鞘）。

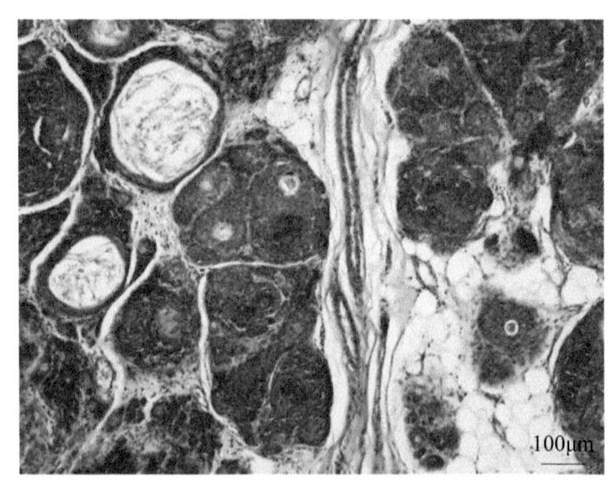


**图2-39　犬毛发上皮瘤（1）**
肿瘤细胞大量增生，被纤维结缔组织分隔，形成大小不一的岛状细胞团

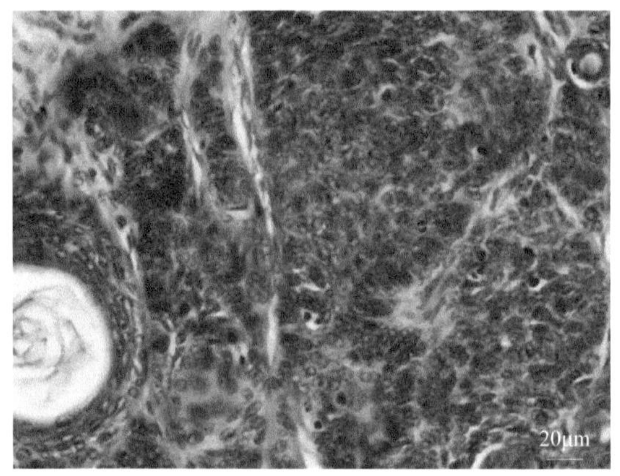


**图2-40　犬毛发上皮瘤（2）**
增生的细胞主要为毛囊上皮样细胞，中等大小，胞核圆形或卵圆形，细胞界限不清，呈团状生长，可见核分裂象

囊性毛发上皮瘤可能含有一个大的囊肿或几个较小的囊肿，囊肿内充满角化的碎片。外周常可见增厚的嗜酸性基底层，内有单层栅栏状细胞，这些细胞向囊肿中心不规则地排列，细胞核染色较少，细胞内有适量的嗜酸性细胞质。囊肿的管腔内有影子细胞、角化物质和胆固醇结晶。可见较小的囊肿从较大的中央囊肿延伸到周围组织。

### （六）毛母质瘤

毛母质瘤（pilomatricoma）是良性的毛囊肿瘤，仅表现为基质分化。这种肿瘤以前被称为坏死性钙化上皮瘤或毛母细胞瘤。这种肿瘤最常见于犬，很少见于猫和其他家畜。大多数肿瘤发生在2～7岁犬，风险增加的品种是凯利蓝梗、软毛惠顿梗、标准贵宾犬和英国古代牧羊犬，无性别偏好。凯利蓝梗是所有犬皮肤肿瘤患病风险最高的品种。大多数毛母质瘤出现在背部、颈部、胸部和尾部。毛母质瘤很容易通过手术切除。复发是不常见的，未报道转移。

**大体病变**　肿瘤质地坚硬，伴有皮肤脱毛，含有骨的肿瘤很难横切。在切面上，肿瘤由一个或几个较大的灰白色小叶状结构组成，偶见黑色素沉积。肿瘤边缘清晰可见。

**组织学病变**　小叶的周围是嗜碱性细胞区，细胞核小而深染，细胞质很少（图2-41，图2-42）。嗜碱性细胞可能表现出大量有丝分裂活性，但肿瘤是良性的。当嗜碱性细胞向小叶中心分化时，细胞因嗜酸性细胞质的增多而增大。进一步的分化导致细胞核的嗜碱性外观消失，但仍可见丰富的嗜酸性胞质和清晰的细胞边界包围的圆形空腔。这些细胞被称为"影子细胞"（图2-41，图2-43）。

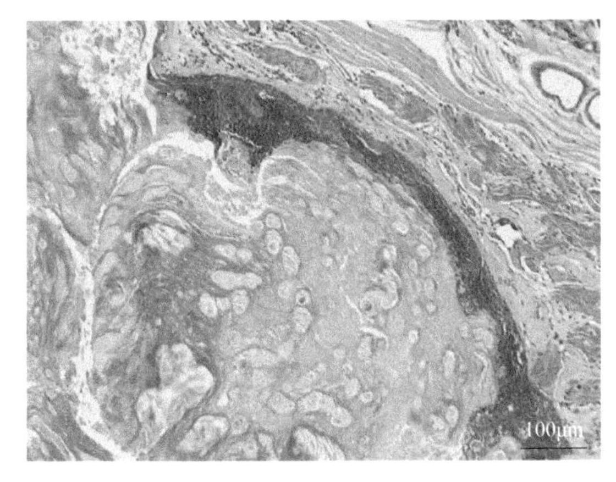


**图2-41　犬毛母质瘤（1）**
肿瘤细胞形成小叶状结构，小叶内有大小不等的毛囊样囊腔和富含嗜酸性胞质的影子细胞，小叶外周是强嗜碱性细胞区域，向管腔内呈乳头状突起

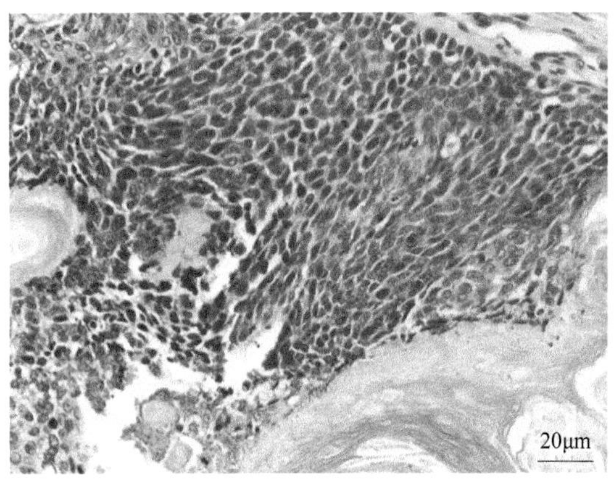


**图2-42　犬毛母质瘤（2）**
小叶外周由嗜碱性较强的毛根鞘细胞围绕，细胞呈多形性，胞核蓝染，核呈椭圆形或不规则形

小叶中央的影子细胞聚集并退化。在退行性细胞内可发现营养不良钙化灶和板层骨形成。伴随着多核巨细胞和成纤维细胞的浸润。尚不清楚成纤维细胞浸润到肿块中是否引起了营养不良矿化，或成纤维细胞和巨细胞浸润是否是继发性的。小叶中央也可发现淀粉样蛋白。肿瘤细胞的胞质中可发现黑色素。

较长时间的毛母质瘤外围有一层薄薄的嗜碱性细胞，在小叶中心有明显的影子细胞聚集。

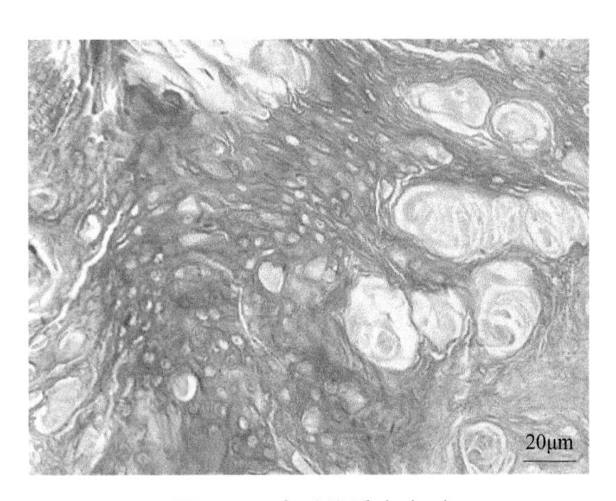


**图2-43　犬毛母质瘤（3）**
囊腔深部为胞质丰富、细胞核消失的影子细胞，胞质呈嗜酸性，细胞边界清晰，核消失不见。管腔内还可见多少不等的粉染角化蛋白

## 二、皮脂腺及特化皮脂腺肿瘤

皮脂腺和睑板腺有两种成分，即腺体部和导管。腺体部含腺组织外围的未分化细胞和位于腺体中心的成熟皮脂腺细胞。导管进入毛囊漏斗部，并由一层波状、扁平的角质化上皮细

胞排列成管状结构。起源于皮脂腺的肿瘤有：皮脂腺腺瘤、皮脂腺导管腺瘤、皮脂腺上皮瘤和皮脂腺癌。起源于眼睑内侧的特化皮脂腺肿瘤称为睑板腺瘤、睑板腺导管腺瘤、睑板腺上皮瘤、睑板腺癌。此外，本节详细介绍了特化的皮脂腺肿瘤如肝样腺肿瘤。表2-3总结了皮脂腺/睑板腺肿瘤的组织学特征。

表2-3　皮脂腺/睑板腺肿瘤的组织学特征

| 肿物 | 镜下特征 |
| --- | --- |
| 增生 | 围绕中央管的腺体小叶；位于真皮浅层 |
| 腺瘤 | 多叶的；大部分细胞为皮脂腺细胞；储备细胞和导管少 |
| 导管腺瘤 | 大部分组织由导管组成；皮脂腺细胞和储备细胞少 |
| 上皮瘤 | 细胞多为储备细胞，核分裂象多，多形性少；皮脂腺细胞和导管少 |
| 恶性上皮肿瘤 | 多叶的；多数细胞为多形性皮脂腺细胞；储备细胞和导管少 |

### （一）皮脂腺腺瘤

皮脂腺腺瘤（sebaceous adenoma）有较多的皮脂细胞，但基底样储备细胞和导管较少（<50%）。

皮脂腺腺瘤常见于犬，不常见于猫，也很少见于其他家养动物。犬的发病高峰在8～13岁。风险增加的品种有可卡犬、西伯利亚雪橇犬、萨摩耶犬和阿拉斯加雪橇犬。没有性别偏好。猫的发病高峰在7～13岁，波斯猫易患这种肿瘤。犬的皮脂腺腺瘤多见于头部，而猫常见于背部、尾巴和头部，肿瘤可能表现为多中心病变。皮脂腺腺瘤通常生长缓慢，完全手术切除可治愈。

**大体病变**　大部分肿物向外部生长，但也少数病例呈侵入性生长，可能累及皮下组织。隆起的结节状皮肤团块可能出现脱毛、色素沉着和溃疡并继发感染。皮脂腺腺瘤切面呈浅黄色至白色，常被细小结缔组织小梁分成小叶。偶见犬和猫的肛门囊颈部皮脂腺腺瘤。

**组织学病变**　皮脂腺腺瘤从表皮-真皮界面延伸至真皮，也可累及皮下组织。肿瘤细胞被结缔组织小梁和残留的真皮胶原束分隔成多个小叶。小叶周围是一圈小的嗜碱性细胞，细胞核深染，细胞质很少（图2-44，图2-45）。这些细胞很少或没有多形性，但偶见核分裂

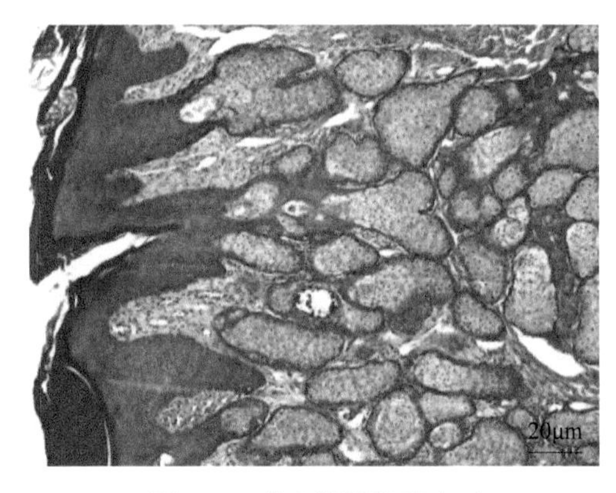


**图2-44　犬皮脂腺腺瘤（1）**

皮下可见多个较大的皮脂腺小叶。皮脂腺发育成熟，细胞分化良好，形态正常

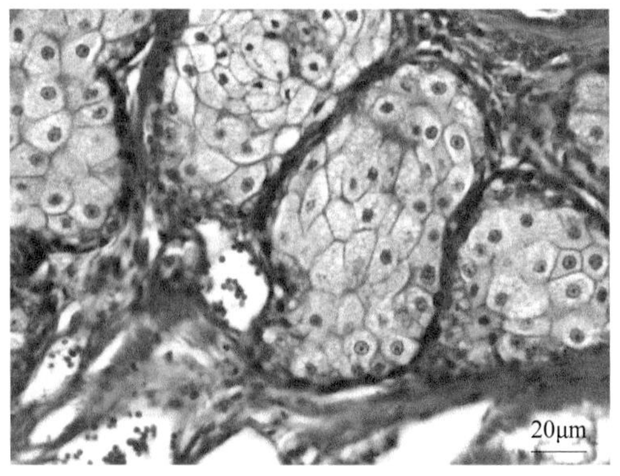


**图2-45　犬皮脂腺腺瘤（2）**

成熟的皮脂细胞胞质较透亮，核仁清晰。发生凋亡的皮脂细胞胞核固缩，溶解。管腔壁为薄层细胞

象。基底样储备细胞的厚度不一（一层到几层细胞不等）。储备细胞分化为成熟的皮脂细胞，具有丰富的淡染的嗜酸性空泡状胞质和位于中央的小的深染胞核（图2-45）。皮脂腺细胞不表现有丝分裂活性。肿瘤内的导管排列不规则，其外层细胞呈卵圆形，胞核为水泡状，中度嗜酸性胞质，细胞边界清晰，但缺乏细胞间桥粒。这些细胞向管腔方向变平，管腔由波纹状、明亮的嗜酸性鳞状上皮排列而成。皮脂腺细胞是皮脂腺腺瘤的主要细胞类型。

**病理诊断**　区分皮脂腺腺瘤和皮脂腺增生是很重要的，犬和猫的皮脂腺增生通常是多中心肿瘤样病变，提示衰老的变化。皮脂腺增生的病变包括成熟皮脂腺的增生性小叶分布在大的皮脂腺导管周围，皮脂腺导管常与毛囊漏斗部相通。皮脂腺增生占据真皮的表面和深层，但不延伸到毛球以下位置。单个大导管的存在，病变的整体大小（小）和毛球上方的增生限制是区分增生和腺瘤的最佳特征。

### （二）皮脂腺导管腺瘤

皮脂腺导管腺瘤（sebaceous ductal adenoma）以导管成分为主，皮脂腺细胞和基底样储备细胞较少。

皮脂腺导管腺瘤不常见于犬，8～12岁犬较常见。患病风险增加的品种有凯利蓝梗、爱斯基摩犬、边境牧羊犬、迷你腊肠犬和可卡犬。没有性别偏好。皮脂腺导管腺瘤多发于犬的头部和颈部。皮脂腺导管腺瘤可经完全手术切除治愈。

**大体病变**　肿瘤可能表现为外生性生长，具有真皮成分，可累及皮下组织。皮脂腺导管可能扩张并充满角蛋白。一些肿瘤可能由于肿瘤内的黑色素细胞而呈现棕色或黑色。

**组织学病变**　皮脂腺导管腺瘤的特点是含有大量大小不等的导管（＞50%），其中含有角蛋白和一些皮脂。肿瘤的基底样储备细胞和皮脂腺细胞较少。这些增生导管的直径差异很大。

### （三）皮脂腺上皮瘤

皮脂腺上皮瘤（sebaceous epithelioma）为低级别恶性肿瘤，有大量的基底样储备细胞，少数细胞向皮脂腺细胞和导管分化。这种肿瘤常见于犬。犬的发病高峰在10～15岁。患病风险增加的品种有爱尔兰水猎犬、可卡犬和爱斯基摩犬。没有性别偏好。皮脂腺上皮瘤常发于犬的头部。皮脂腺上皮瘤常表现出局部浸润，因此，不完全切除的肿瘤可复发，但很少发生转移。在转移的病例中，原发肿瘤多发生在头部，并通过淋巴管转移到下颌淋巴结。

**大体病变**　许多肿瘤是浅表性的，但也有侵袭性成分，肿瘤延伸到真皮层并可能累及皮下组织。由于肿瘤内的黑色素细胞，一些肿瘤可能呈现棕色或黑色。

**组织学病变**　皮脂腺上皮瘤以嗜碱性小细胞为主，皮脂腺细胞和导管较少（图2-46）。储备细胞可能表现出明显的有丝分裂活性（图2-47）。在某些病例中，可能需要寻找显示皮脂腺分化的单细胞群。黑色素细胞的树突在肿瘤细胞之间交错，储备细胞的细胞质和小叶间基质中的巨噬细胞中可能存在黑色素颗粒。

### （四）皮脂腺癌

皮脂腺癌（sebaceous carcinoma）为恶性肿瘤，细胞显示皮脂腺分化。皮脂腺癌在犬和猫以及其他物种中不常见。犬的发病高峰在10～13岁。风险增加的品种是骑士查理王猎犬、可卡犬、西伯利亚雪橇犬、萨摩耶犬和西高地白梗。无性别偏好。猫的发病高峰在8～15岁。

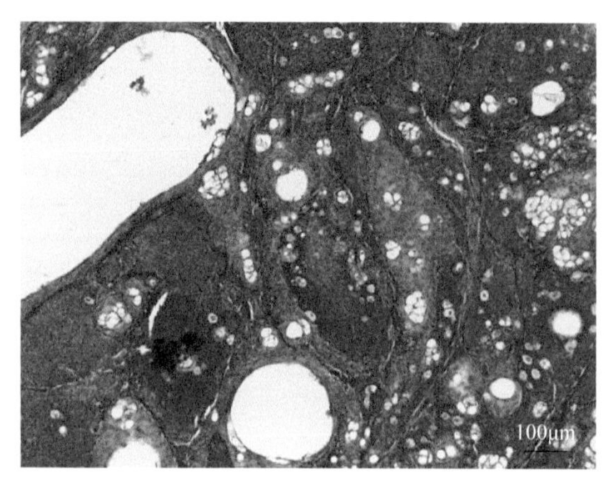


图2-46　犬皮脂腺上皮瘤（1）
结缔组织将肿瘤细胞分割成大小不等的岛状或团块状结构，其间可见多少不等的成熟的皮脂腺细胞

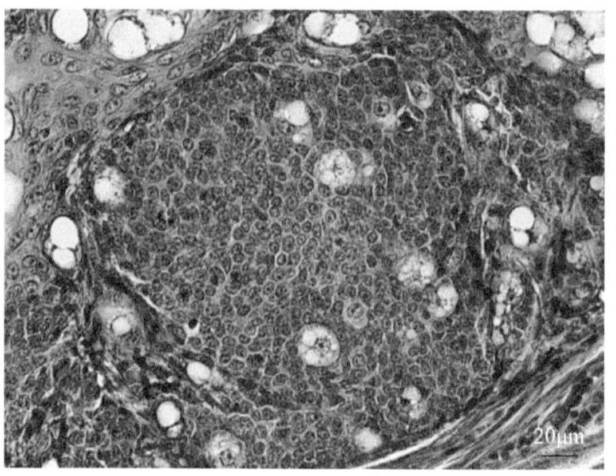


图2-47　犬皮脂腺上皮瘤（2）
较幼稚的肿瘤细胞排列致密，呈圆形或椭圆形，较成熟的肿瘤细胞胞体较大，胞质透亮，形成大小不等的空泡状结构

无品种或性别偏好。皮脂腺癌主要发生在犬的头部和颈部，猫的胸部和会阴。皮脂腺癌常见局部浸润，经淋巴管转移到局部淋巴结是罕见的，更广泛的转移是极其罕见的。

**大体病变**　大体检查和切面观察与皮脂腺腺瘤和皮脂腺上皮瘤相似。分叶状的皮内肿块最常见。

**组织学病变**　纤维血管结缔组织小梁将肿瘤划分为大小不一的小叶状结构。肿瘤细胞的胞质有脂质空泡，但脂化程度各不相同（图2-48）。细胞核大而染色，核仁明显，呈中度多形性。核分裂象的数目是可变的，但也可发现非典型的核分裂象。不同形态的皮脂腺细胞和基底样储备细胞会出现核分裂象（图2-49），而在皮脂腺腺瘤中，只有储备细胞显示出有丝分裂活性。皮脂腺癌呈多叶状，可与脂肪肉瘤区分。与皮脂腺腺瘤的区分是基于细胞和核的多形性，以及皮脂腺细胞的核分裂象，皮脂腺癌少数情况下周围淋巴管浸润。

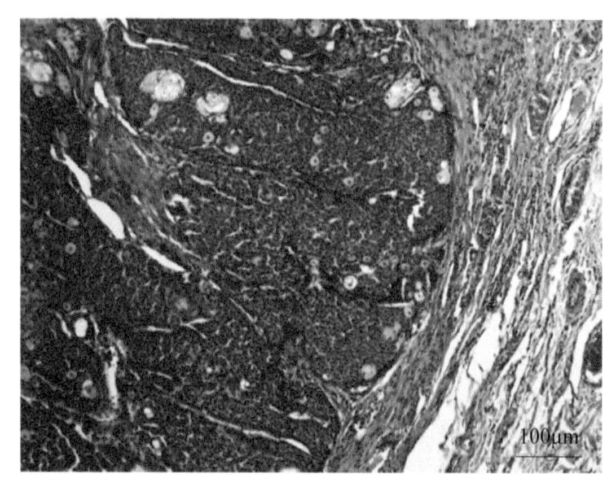


图2-48　犬皮脂腺癌（1）
肿物细胞被结缔组织分隔成大小不一的小叶状结构，肿物小叶内部可见透明的脂质空泡

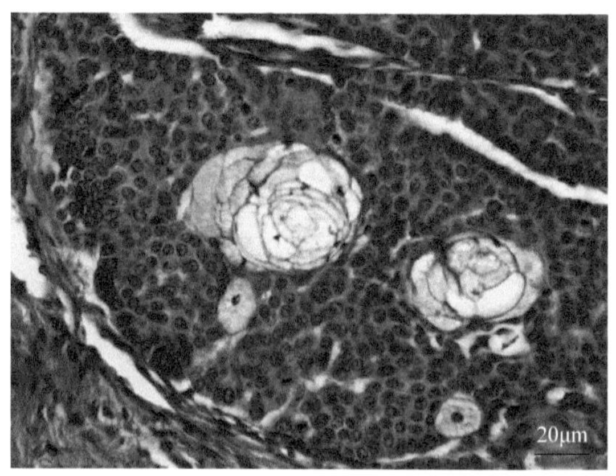


图2-49　犬皮脂腺癌（2）
增生的细胞细胞核多呈椭圆形或圆形、嗜碱性深染，有胞质不丰富的基底样储备细胞。也可见体积较大的皮脂腺细胞。基底样储备细胞核分裂象显著

## （五）睑板腺瘤

睑板腺瘤（meibomian adenoma）起源于眼睑内侧的睑板腺。睑板腺是特化的皮脂腺。皮脂腺肿瘤的分类标准也适用于睑板腺肿瘤。睑板腺瘤在犬中很常见，在其他物种中很少见。3～15岁的犬受影响，发病高峰在7～12岁。风险较高的品种有法老王猎犬、爱斯基摩犬、萨摩耶犬、戈登塞特犬和挪威猎鹿犬。没有性别偏好。肿瘤通常生长缓慢，由于其位置和对眼睛的刺激，通常在其发育早期被发现并切除。完全手术切除可治愈，但不完全的切除，尤其是较大的肿物，会使肿瘤在手术部位复发。进一步的切除可能会更加困难。

**大体病变**　肿瘤位于眼睑内侧，外观可能为棕色、黑色或淡红色。肿物与周围组织分界清晰。肿瘤表面可能有一个小的乳头状瘤样的外生组织，但大部分肿物位于深层组织。

**组织学病变**　组织学特征如上述的皮脂腺腺瘤。然而，许多睑板腺瘤含有大量的黑色素，皮脂腺细胞分化良好（图2-50，图2-51）。漂白切片上的细胞形态使它们很容易与眼睑上常见的黑色素细胞瘤进行区分。

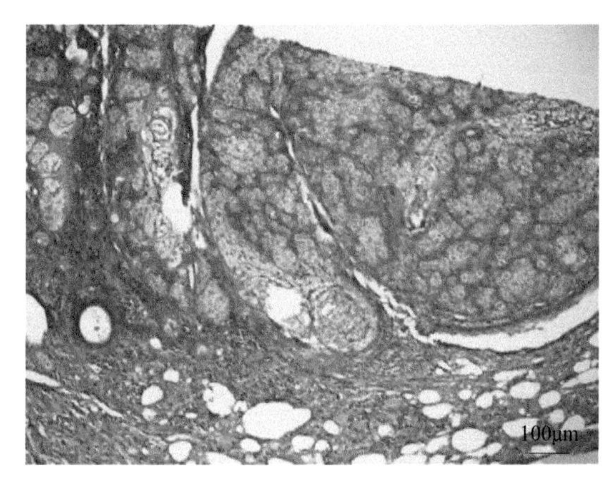


**图2-50　犬睑板腺瘤（1）**
大量腺体增生，破坏周围正常眼睑结构。腺体间结构不清晰

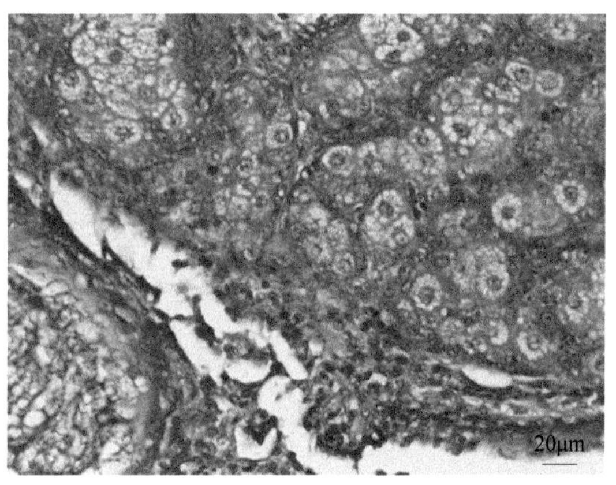


**图2-51　犬睑板腺瘤（2）**
可见基底样细胞排列成团块状，基底样细胞体积较小，成熟皮脂腺细胞体积较大，胞质内可见明显空泡

## （六）睑板腺导管腺瘤

与睑板腺瘤相比，犬的睑板腺导管腺瘤（meibomian ductal adenoma）并不常见，在其他物种中也很少见。4～14岁的犬受影响，7～10岁是犬的发病高峰。风险较高的品种有意大利灵缇犬、切萨皮克湾寻回犬、怀亚铁利亚犬、秋田犬和万能梗。无性别偏好。肿瘤通常生长缓慢，由于其所在位置刺激眼睛，通常在发展早期就被发现并切除。完全手术切除可治愈。

**大体病变**　该肿瘤的大体病变与其他睑板腺肿瘤相似。

**组织学病变**　组织学特征如上文所述的皮脂腺导管腺瘤。

## （七）睑板腺上皮瘤

睑板腺上皮瘤（meibomian epithelioma）在犬中很常见，在其他家畜中很少见。5～15岁的犬受影响，发病高峰在8～12岁。风险较高的品种有软毛惠顿梗、西施犬、拉布拉多寻回犬和标准贵宾犬。雄性更容易受到影响。完全手术切除可治愈，但不完全切除，尤其是较大肿瘤的不完全切除，会使肿瘤复发。

**大体病变** 该肿瘤的大体病变与其他睑板腺肿瘤相似。

**组织学病变** 组织学特征如上文所述的皮脂腺上皮瘤。肿瘤细胞以上皮样细胞为主，嗜碱性蓝染（图2-52，图2-53）。

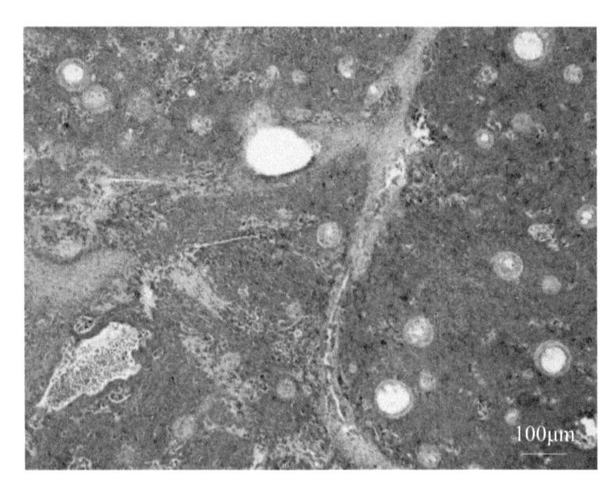


**图2-52 犬睑板腺上皮瘤（1）**

肿瘤细胞呈巢状或岛屿状分布于结缔组织基质中，细胞呈嗜碱性蓝染，排列致密。局部可见棕褐色的黑色素弥散分布于组织间；局部可见淋巴样细胞浸润

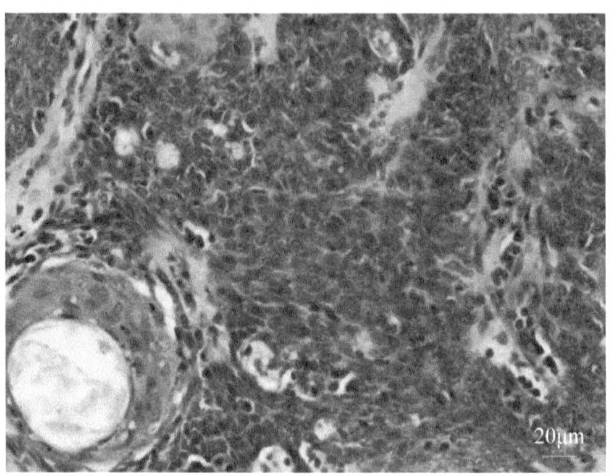


**图2-53 犬睑板腺上皮瘤（2）**

肿瘤细胞大量胞核呈椭圆形、嗜碱性，核仁清晰，有界限不清的基底样细胞，局部可见皮脂腺导管由角化的鳞状上皮围绕而成

## （八）睑板腺癌

睑板腺癌（meibomian adenocarcinoma）是睑板腺的恶性肿瘤，在所有物种中均非常罕见。肉眼无法将这种肿瘤与眼睑上的良性肿瘤进行区分。睑板腺癌的组织学特征与上述的皮脂腺癌相似，肿瘤细胞异型性较大，上皮样细胞和皮脂腺细胞均表现有丝分裂活性（图2-54，图2-55）。据报道，睑板腺癌具有局部侵袭性和破坏性。

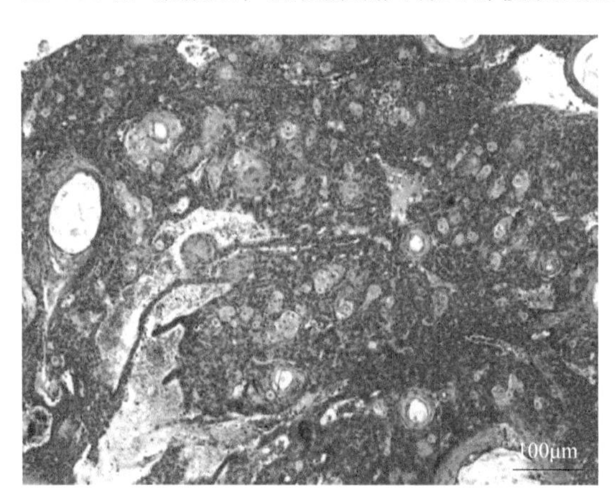


**图2-54 犬睑板腺癌（1）**

肿瘤细胞成分主要为淡染的皮脂腺细胞和深染的基底样细胞，局部区域可见炎性细胞浸润

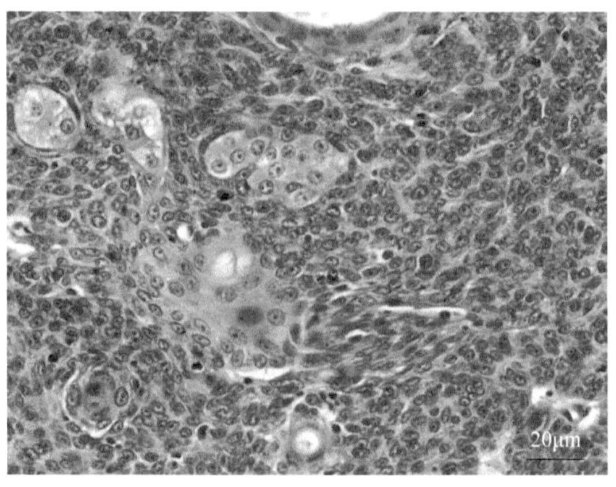


**图2-55 犬睑板腺癌（2）**

成熟的肿瘤细胞为胞质丰富，呈透明空泡状，胞核嗜碱性深染的睑板腺细胞；相对幼稚的睑板腺细胞呈椭圆形，胞核嗜碱性、核仁清晰，胞质相对较少，可见核分裂象

### （九）肝样腺肿瘤

肝样腺肿瘤（hepatoid gland neoplasm）是犬非常常见的肿瘤，起源于肛周腺，肛周腺是特化的皮脂腺。这些无导管腺体仅在犬中出现，由于细胞形态类似于肝细胞，被称为肝样腺体。腺体位于肛周区。偶见其他部位的肝样腺肿瘤。肛周腺肿瘤的分类与皮脂腺肿瘤相似，但不存在导管腺瘤。

**1. 肛周腺瘤**　肛周腺瘤（circumanal adenoma）是一种以肝样细胞为主，基底样储备细胞较少的良性肿瘤。这是犬会阴部最常见的肿瘤。可发生于年幼的犬（2岁以下）和年长的犬，但发病高峰在8～13岁。风险增加的品种有西伯利亚雪橇犬、萨摩耶犬和德国硬毛波音达犬。有明显的性别倾向，未绝育雄性犬（约44%的病例）患病风险增加，未绝育雌性犬（约7%的病例）风险降低。去势可能使肿瘤体积减小或消退。大多数肿瘤发生在肛周，它们可能是单一的或多个外生性或内生性的皮内肿物。

肛周腺瘤通常生长缓慢，雄激素会刺激其生长。建议在手术切除肿瘤时进行绝育，如果在切除前绝育，可能会减少肿物的体积。肿瘤切除后复发不常见。一些被认为是复发性肿瘤的病例是在邻近组织中新生的肿瘤。常可在肿瘤旁发现肛周腺增生，这些增生的肛周腺很可能在先前手术区域附近发展为新的肿瘤。

**大体病变**　肿瘤直径从0.5～5cm不等，经常发生溃疡。未发生溃疡的肿瘤表皮很薄，当肿瘤延伸到周围的毛发皮肤时，可观察到脱毛。其他部位的肿瘤也可能存在向外生长或向内生长，但很少发生溃疡。除肛周区域外，最常见的部位是尾巴的背侧和腹侧及肛旁区。肛周腺瘤切面呈浅棕色至棕褐色，常呈多分叶状。常见出血区域，可能是局灶性或多灶性的，并累及大面积的肿瘤。肛周腺瘤可能比肛周腺上皮瘤具有更好的包膜。

**组织学病变**　肛周腺瘤有包膜，表现为多分叶，皮内和皮下肿块。在肿瘤内，细胞排列成索状、岛状和小梁状（图2-56）。对这些分化良好的肿瘤进行细胞学诊断可能与组织学一样准确，但需要有肿物的背景信息。细胞呈多面体，中心位置大，卵球形，囊泡状，等色核，中心有小核仁，有丰富的嗜酸性细胞质（图2-57），细胞分裂象明显。小叶的外周是基底细胞，通常只有一层厚，细胞核小而深染，细胞质很少。

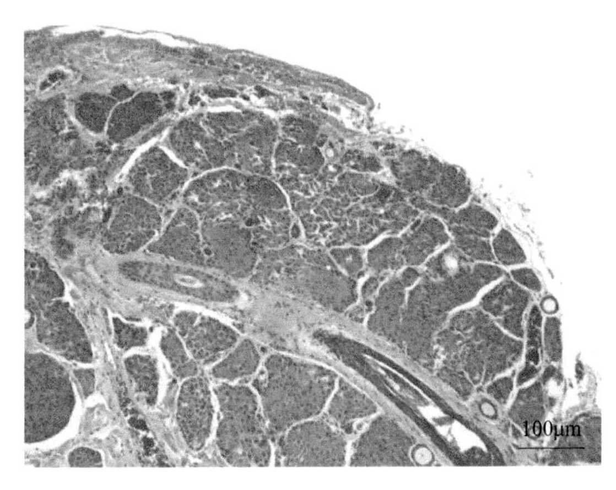


**图2-56　犬肛周腺瘤（1）**
肿瘤细胞呈小岛状分布，或大片增生被纤维结缔组织分割呈小叶状

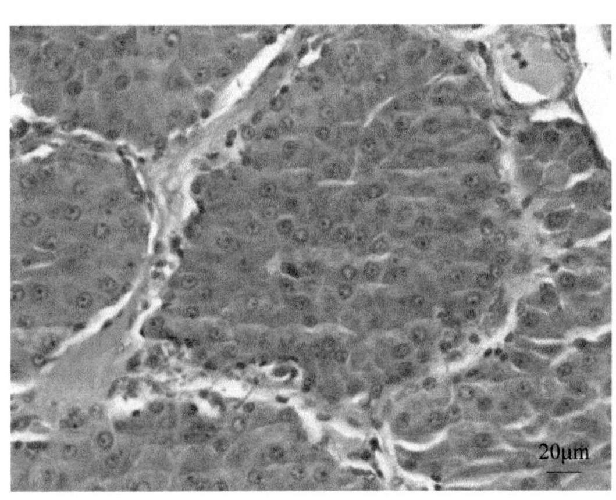


**图2-57　犬肛周腺瘤（2）**
肿物由胞核圆而透亮、胞质嗜酸性、细胞多角形的肛周腺细胞组成，肛周腺细胞外围为胞质少、核深染的基底样储备细胞

小叶间质富含血管，可能含有炎症细胞，遍布肿瘤及其周围并形成包膜。在某些病例中，小叶间质内的血管极度扩张，并可导致周围肿瘤组织出血。罕见核分裂象，如果观察到核分裂象，则局限于储备细胞。小而圆的层状结构，表现为导管分化灶，可能散在分布于肿瘤各处。

**病理诊断**　一些肿瘤细胞胞质内可见空泡，提示皮脂腺分化。雄犬肛周腺瘤的细胞呈吻合小梁状排列，雌性犬肛周腺瘤的细胞常排列成小岛状结构，周围有小叶间质。在主肿物附近可发现小岛状的腺组织。结缔组织中常有回缩伪影（retraction artifact），使细胞似乎占据淋巴管的管腔，但并不提示肿瘤细胞侵犯淋巴管。

**2. 肛周腺上皮瘤**　肛周腺上皮瘤（hepatoid gland epithelioma）是一种低级别恶性肿瘤。肿瘤细胞以基底样储备细胞为主，肝样细胞较少，比肛周腺瘤少见。犬的发病高峰在9～13岁。风险较高的品种有澳大利亚黄牛犬、萨摩耶犬、爱斯基摩犬、西伯利亚雪橇犬和松狮犬。有性别偏好，未绝育雄性犬（约41%的病例）和绝育的雄性犬（约33%的病例）风险增加，而未绝育雌性犬（约3%的病例）风险降低。大多数肿瘤（95%）发生于肛周区域，呈单发或多发性皮内肿块。对于未绝育的雄犬，建议在手术切除肿瘤时进行绝育。手术切除肿物后复发更常见，但也有可能是邻近组织中新生的肿瘤。转移非常罕见。

**大体病变**　肿瘤有近期增大的趋势。非溃疡性肿瘤的表皮层通常很薄。肿瘤通常是内生的。肉眼不能对肛周腺上皮瘤和其他肛周腺肿瘤进行区分，尽管有些肛周腺上皮瘤病例的包膜不如肛周腺瘤完整。

**组织学病变**　肛周腺上皮瘤的特征是有大量的基底样储备细胞，较少的肝样细胞，这些肿瘤通常生长紊乱，不形成明显的小叶。基底样储备细胞有丝分裂活性明显，核多形性小（图2-58，图2-59）。有丝分裂活性局限于储备细胞。肿瘤细胞可能侵袭包膜，但很少延伸到包膜以外的邻近组织。

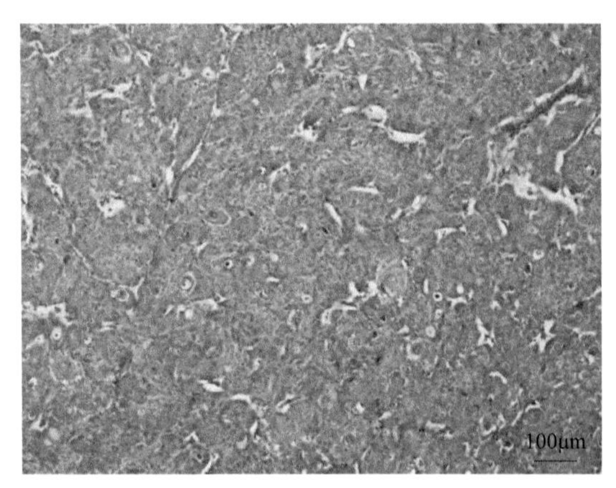


**图2-58　犬肛周腺上皮瘤（1）**
大量增生的肛周腺上皮基底样储备细胞呈片状、团块状、岛状排列，细胞排列紧密

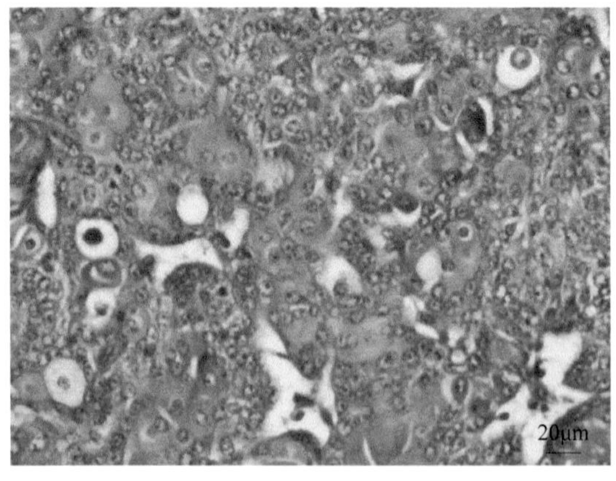


**图2-59　犬肛周腺上皮瘤（2）**
增生的基底样储备细胞大小、形态较均一，细胞界限清晰。局部可见体积较大，胞质呈空泡状的成熟肛周腺上皮细胞

**3. 肛周腺癌**　肛周腺癌（hepatoid gland carcinoma）是一种罕见的恶性肿瘤，表现为肛周腺上皮分化。6～15岁的犬会受到影响，发病高峰在9～13岁。风险增加的品种有蓝蜱猎犬、比利时牧羊犬、西伯利亚雪橇犬、萨摩耶犬和阿拉斯加雪橇犬。未绝育雄性犬（约55%

的病例）风险增加，未绝育雌性犬（约4%的病例）和绝育的雌性犬（约15%的病例）风险降低。

肛周腺癌的生长速度是可变的。其转移并不常见，转移可能发生在附近淋巴结区域，但远处转移极其罕见。肿瘤可经淋巴管转移至骶骨和髂内淋巴结，随后转移至肺和其他器官，但这是非常罕见的。虽然组织学诊断相当普遍，但还缺乏准确预测肝样肿瘤转移的标准。

**大体病变**　肛周腺癌的原发部位为肛周（83%）、肛旁（6%）和尾部（4%）皮肤。根据部位或大体检查不能与良性肿瘤进行区分。

**组织学病变**　肛周腺癌没有很好地形成清晰的小叶状和小梁状结构（图2-60）。肿瘤可能只有一种细胞类型，这些细胞分化差，细胞核深染，核仁明显，细胞质很少。只有小叶和小叶中的单细胞群才能向肝样细胞分化。其他肿瘤可能由储备细胞和肝样细胞组成，这些储备细胞有丝分裂活性增强。恶性肝样细胞有丰富的嗜酸性细胞质和大的核，有几个突出的核仁，核分裂象数目多少不等（图2-61）。

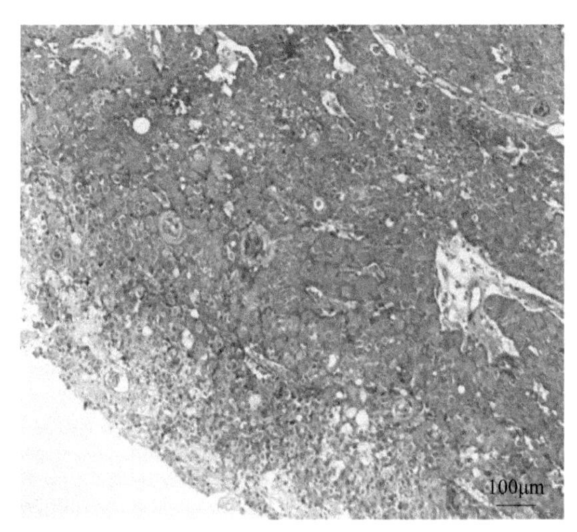


**图2-60　犬肛周腺癌（1）**
增生的肿瘤细胞呈片状分布，排列紊乱。局部可见含有角化物质的管状结构

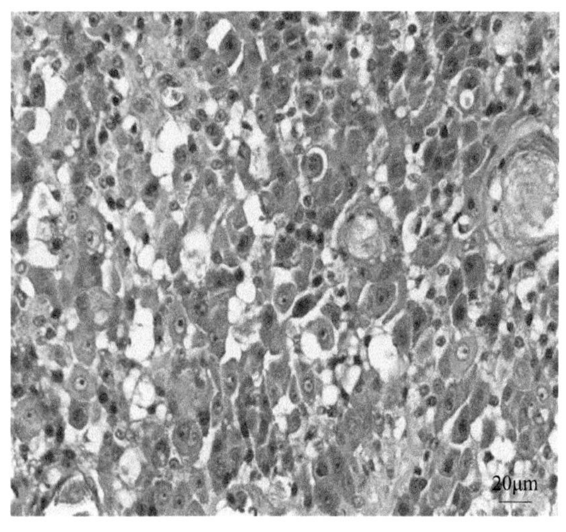


**图2-61　犬肛周腺癌（2）**
肿瘤细胞成分以肝样细胞为主，细胞体积较大，形态不规则，胞质丰富，嗜酸性粉红染。胞核呈圆形或椭圆形，弱嗜碱性，核仁明显。局部可见管状结构含粉染的角化物质

**病理诊断**　组织学上最重要的特征是分化的肝样细胞核分裂象或肿瘤细胞侵入肿瘤周围结缔组织和淋巴管，这是恶性肿瘤的标志。由于肿瘤组织从周围的间质中收缩，必须小心区分真正的淋巴浸润和肿瘤组织收缩迹象（如回缩伪影）。这种现象在会阴结缔组织中很常见。

## 三、大汗腺和特化大汗腺肿瘤

大汗腺和特化大汗腺（耵聍腺和肛囊腺）都有分泌腺和导管成分，两者均可形成肿瘤。分泌细胞呈柱状，细胞核位于基底，胞质丰富，呈嗜酸性。大汗腺导管进入毛囊漏斗部，由双层上皮细胞排列。围绕腺上皮和导管上皮的是肌上皮细胞，肌上皮细胞的外层是基层。肿

瘤可能表现出以上所有成分的分化。

### （一）大汗腺瘤

大汗腺瘤（apocrine adenoma）是良性肿瘤，向大汗腺分泌上皮分化。犬大汗腺瘤很常见，猫大汗腺瘤较少见，在其他物种中很少见。犬的发病高峰在8～12岁。高危品种有拉萨阿普索犬、英国古代牧羊犬、阿拉斯加雪橇犬和松狮犬。没有性别偏好。猫的发病高峰在6～13岁，没有品种或性别偏好。大汗腺瘤在犬的头部和颈部以及猫的头部多发。大汗腺瘤生长缓慢，完全手术切除后不复发。

**大体病变**　肿瘤位于真皮和皮下，质地柔软，常在周围皮肤上隆起。切面上，一些肿瘤呈多叶状和囊性，充满透明液体，小叶间隔有细小的结缔组织。在其他肿瘤中，囊肿较小，结缔组织小梁更明显。

**组织学病变**　大汗腺瘤由单层立方上皮组成，上皮细胞内有丰富的颗粒状嗜酸性胞质和位于基部的小细胞核。分化良好的肿瘤与正常的大汗腺相似，腺腔内嗜酸性分泌物聚积，通常与巨噬细胞、红细胞和胆固醇结晶混合。支持间质由纤维血管结缔组织组成，其间有不同数量的浆细胞和富含色素的巨噬细胞浸润。肿瘤小叶管腔内分泌物的积累可导致内膜上皮细胞的明显减少。乳头状增生的肿瘤显示上皮细胞和间质内陷进入肿瘤腔内。在管腔上皮和基板之间很少出现扁平的肌上皮细胞。

### （二）大汗腺导管腺瘤

大汗腺导管腺瘤（apocrine ductal adenoma）是良性肿瘤，向大汗腺导管上皮分化。一些以前被归类为猫基底细胞肿瘤的肿瘤现在被重新归类为大汗腺导管腺瘤。大汗腺导管腺瘤在犬和猫中很常见。犬的发病高峰在7～10岁。高危品种有西藏梗、英国古代牧羊犬、比利牛斯山地犬、伯尔尼山地犬和金毛寻回犬。没有性别偏好。大汗腺导管腺瘤可发生于1岁的猫，6～13岁是猫的发病高峰。喜马拉雅猫和波斯猫的风险增加。没有性别偏好。大汗腺导管腺瘤多发于犬的头部、胸部和四肢，而猫的大汗腺导管腺瘤多发生在头部和颈部。肿瘤生长缓慢，可手术切除。

**大体病变**　肿瘤位于真皮和皮下深部，边界清楚。肿瘤呈多分叶状，肿物内含有大小不一的囊肿。猫的该肿瘤多呈棕色或黑色，伴有中央囊性变性，囊肿中心有无定形的深棕色物质堆积。

**组织学病变**　大汗腺导管腺瘤的特征是排列在管腔内的双层上皮细胞，其直径和形状各异。管腔上皮细胞小，位于基部，细胞核染色，有少量淡染的嗜酸性细胞质。基底细胞多呈梭形，胞质少，核呈中性染色。细胞核几乎没有多形性或核分裂象。鳞状分化灶（在犬中较常见）通常出现在大汗腺导管和漏斗部上皮的交界处。鳞状分化灶有颗粒层，细胞腔表面有少量角蛋白堆积。小叶间质数量多少不等，可被少量炎性细胞浸润。

猫的一种肿瘤变体通常与表皮有关，即使是在溃疡性肿瘤中。肿瘤常为多分叶状，单个小叶被纤维间质分隔，细胞小，呈圆形至多边形，核卵圆形，核仁不明显，胞质少量，核分裂象少。黑色素细胞散布在肿瘤细胞之间，并将黑色素转移到肿瘤细胞，噬黑色素细胞常存在于小叶间结缔组织间质中。小细胞形成的岛状结构内可见一个或几个小的管腔，衬有大细胞，胞质嗜酸性较强，细胞核呈圆形。大的细胞在免疫组织化学细胞角蛋白CAM 5.2染色中呈阳性（CK7/8），提示大汗腺分化。

### （三）复合型和混合型大汗腺瘤

复合型大汗腺瘤（complex apocrine adenoma）有腺细胞和肌上皮细胞，混合型大汗腺瘤（mixed apocrine adenoma）表现为肌上皮细胞向软骨和骨的化生性改变，类似于乳腺肿瘤。复合型和混合型大汗腺瘤在犬中并不常见，在其他物种中也很少见。犬的发病高峰是8～13岁。风险较高的品种是万能梗、拉萨阿普索犬、腊肠犬和可卡犬。无性别偏好。复合型和混合型大汗腺瘤多发于犬的头部和颈部。该肿瘤生长缓慢，完全手术切除后不复发。发生在胸腹部和腹部的肿瘤必须与复合型和混合型的乳腺肿瘤鉴别，后者周围有正常或增生性乳腺组织。

**大体病变**　肿瘤位于真皮和皮下，质地坚硬，与周围组织界限分明。含有骨的肿瘤可能很难横切。

**组织学病变**　复合型大汗腺瘤表现为小岛状腺上皮增生，伴有肌上皮细胞的局灶性或多局灶性增生。肌上皮细胞呈梭形至星状，细胞核呈中性染色，胞质呈轻度嗜酸性，细胞间可见淡染的嗜碱性黏液基质。细胞表现出很少的多形性或有丝分裂活性。

当肌上皮细胞发生骨化生而表现为肌上皮细胞和软骨样细胞的混合时，使用“混合型大汗腺瘤”一词。少数病例出现骨化生。

### （四）大汗腺癌

大汗腺癌（apocrine carcinoma）为恶性肿瘤，分化为大汗腺分泌上皮。大汗腺癌在犬中较常见，在猫中较少见，在其他物种中也不常见。犬的发病高峰为8～13岁。风险较高的品种有挪威猎鹿犬、松狮犬、纽芬兰犬、西施犬和英国古代牧羊犬。猫的发病高峰在5～15岁，暹罗猫的发病风险更高。没有性别偏好。大汗腺癌最常发生于犬和猫的头部、腹股沟和腋窝，猫的口周区域多发。该肿瘤的生长速度变化很大。炎性癌通常生长迅速，并转移到局部淋巴结和肺。结节性病变，特别是位于口周区域的猫大汗腺癌，可能是缓慢生长和缓慢转移。炎症性大汗腺癌在影像学上可表现为间质型，而与大汗腺癌的结节型和其他大部分转移性癌或肉芽肿性疾病不同。

**大体病变**　该肿瘤有多种临床表现，包括大小不等的结节性皮内和皮下肿块或弥漫性、糜烂性或溃疡性皮炎。结节的大小不等（直径小于1cm或大到几厘米）。炎症的形式是从溃疡中心向外扩散的膨胀性皮肤病变。真皮淋巴管浸润并扩展到局部淋巴结，传入和传出淋巴管受阻，可在受累区域产生严重的真皮和皮下水肿。切面上结节性肿块可能有中央变性和坏死。肿瘤常被结缔组织小梁分成多个小叶。囊肿少见。侵袭性肿瘤常见肿物周围纤维化。

**组织学病变**　大汗腺癌组织学上可表现为实性、管状或囊性肿瘤，囊肿可显示内膜上皮细胞内陷形成乳头状排列的上皮细胞（图2-62）。肿物被纤维小梁分隔为小叶状结构。肿瘤细胞通常有大量的嗜酸性细胞质，很少表现出大汗腺上皮细胞的特征。细胞核圆形至卵圆形，染色正常至深染，核仁明显（图2-63）。细胞边界清晰。核分裂象数目不等，通常每个400倍镜下视野有1～4个核分裂象。未分化肿瘤通常有丰富的嗜酸性胞质，但细胞核深染和多形性，核分裂象很常见。这些未分化肿瘤细胞浸润真皮深层和皮下组织时，会引起宿主的促结缔组织增生反应。应仔细检查肿瘤细胞是否有淋巴管浸润。

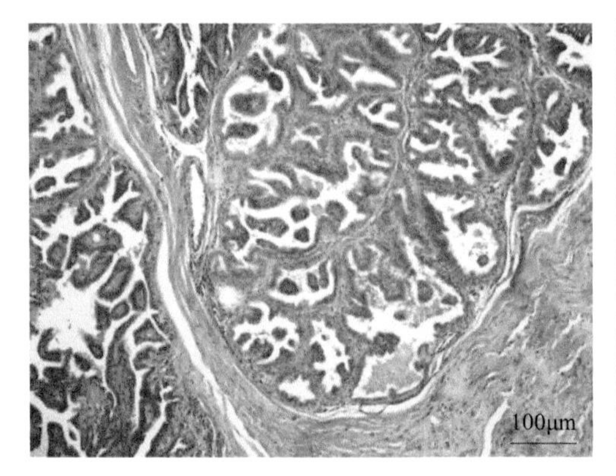


图2-62　犬大汗腺癌（1）
可见瘤体被结缔组织分割成小叶。周围有结缔组织增生。腺上皮细胞增生，内陷进入管腔内形成乳头状

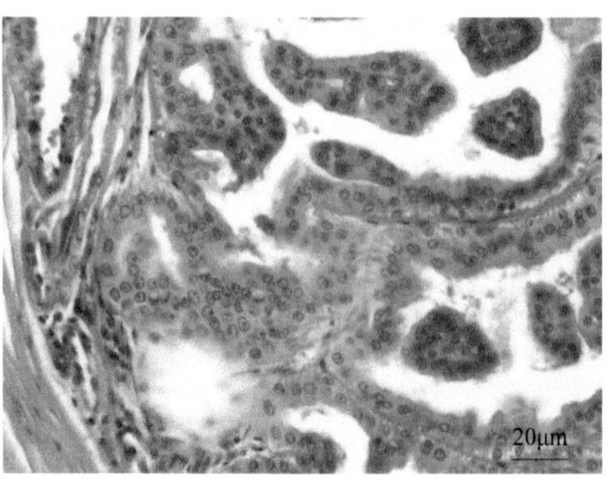


图2-63　犬大汗腺癌（2）
单层腺上皮细胞深入管腔，形成乳头状。肿瘤细胞内含有大量嗜酸性细胞质，细胞核呈圆形至卵圆形，核仁明显。可见核分裂象

### （五）大汗腺导管腺癌

大汗腺导管腺癌（apocrine ductal carcinoma）是向大汗腺导管上皮分化的恶性肿瘤。这种肿瘤不常见，仅在犬和猫中有报道。犬的发病高峰是6～13岁。患病风险较高的品种是英国古代牧羊犬和澳大利亚牧羊犬。没有性别偏好。大汗腺导管腺癌生长相对较慢，大多数都可以通过外科手术切除。转移非常罕见。

**大体病变**　该肿瘤与大汗腺导管腺瘤有许多共同的特征，但侵袭性更强，界限不清，缺乏大汗腺导管腺瘤明显的多小叶状外观。肿瘤边缘常见溃疡和浸润，最常见于头部和四肢。

**组织学病变**　组成肿瘤的小管由双层上皮细胞排列，可能含有嗜酸性分泌物，与大汗腺导管腺瘤相比，上皮细胞通常是多层的，有细胞核和细胞的多形性，有丝分裂中度活跃，大汗腺癌的广泛多形性少见。鳞状分化灶散在肿瘤各处。可见外周浸润，但很少观察到淋巴管浸润。

### （六）复合型和混合型大汗腺癌

复合型大汗腺癌（complex apocrine carcinoma）表现为恶性腺上皮细胞和肌上皮细胞的增生。在混合型大汗腺癌（mixed apocrine carcinoma）中，肌上皮细胞表现为软骨样或骨化。

复合型和混合型大汗腺癌在所有物种中都很罕见。在复合型大汗腺癌中，肿瘤细胞表现多形性和有丝分裂活性，并伴有腺周的肌上皮细胞增生。混合型大汗腺癌表现为肌上皮细胞的软骨样改变，偶尔可见骨化生。

### （七）耵聍腺瘤

耵聍腺瘤（ceruminous adenoma）为良性肿瘤，分化为耵聍分泌上皮。良性耵聍腺瘤常见于4～13岁的犬和猫，7～10岁是发病高峰。患病风险增加的犬种是可卡犬、西施犬、拉萨阿普索犬和巴哥犬。没有性别偏好。耵聍腺瘤表现为耳道内（包括垂直耳道内）的肿物。该肿瘤的生长速度通常很慢。然而，很难对肿物进行完全手术切除，因此手术切除耳朵可能是必要的。

**大体病变** 常见溃疡和继发感染（特别是对于犬）。良性肿瘤往往是外生性的。通常很难区分良性肿瘤和重度增生性息肉样外耳炎，尤其是在可卡犬。有些肿瘤呈深褐色，肿瘤腺体管腔内可能继发凝结耳垢滞留。猫的耵聍腺瘤必须与外耳的炎性息肉区分，后者起源于中耳，通过鼓膜延伸到外耳，炎性息肉通常发生于年幼的猫。

**组织学病变** 耵聍腺瘤在组织学上类似于大汗腺瘤。增生的肿瘤细胞围绕形成大小不一、形状各异的管状结构，肿瘤细胞有丰富的嗜酸性胞质（图2-64，图2-65）。然而，在腺腔内经常可见棕色物质，在肿瘤的腺上皮胞质内可见棕色球状颗粒。许多肿瘤的间质中聚集着富含色素的巨噬细胞，腺腔中聚集着中性粒细胞，腺周基质中聚集着浆细胞。偶见肿瘤细胞侵入腺体的表皮内导管部分（顶端汗管），表皮内有肿瘤细胞巢。

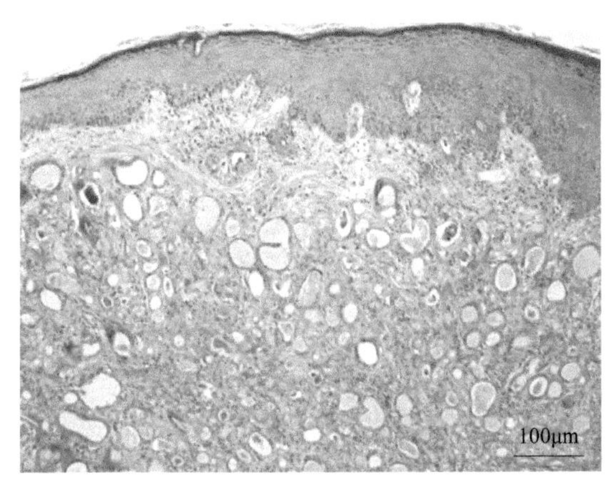


**图2-64 犬耵聍腺瘤（1）**
可见大量增生的管腔样腺体结构，腺管大小形状不一，部分区域可见腺管扩张，腺管被挤压成扁平状

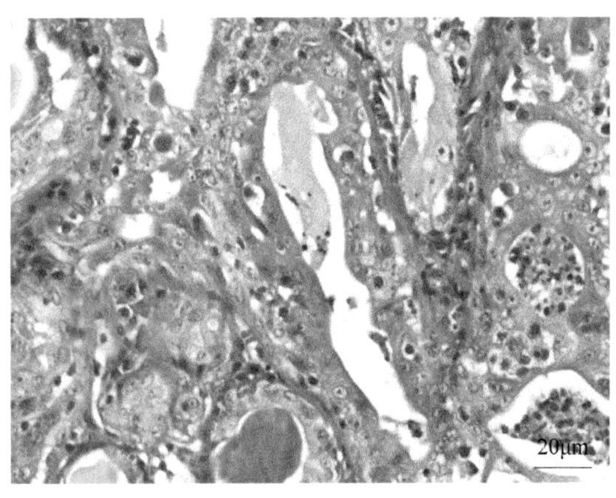


**图2-65 犬耵聍腺瘤（2）**
大小不一的腺管，排列不规则，管腔形状不规则，管内有脱落的细胞或嗜酸性红染的分泌物。腺管上皮细胞呈单层或多层排列

**病理诊断** 由于肿瘤细胞的多形性更强，细胞核的颜色更深，混合炎症使区分良性和恶性耵聍腺瘤变得困难。但是，耵聍腺瘤中没有核仁明显的深染大核，并浸润到基底板区。外耳道增生性病变较为弥漫性，表皮增生明显，皮脂腺、耵聍腺增生，耵聍腺和间质结缔组织具有严重慢性活动性炎症。猫的炎性息肉起源于中耳，表面通常有纤毛细胞或鳞状细胞和耵聍腺的亚上皮细胞，大量结缔组织间质有淋巴细胞和浆细胞浸润，常伴有初生毛囊形成。

### （八）复合型和混合型耵聍腺瘤

复合型耵聍腺瘤（complex ceruminous adenoma）含腺细胞和肌上皮细胞。混合型耵聍腺瘤（mixed ceruminous adenoma）表现为肌上皮向软骨和骨的化生性改变，类似于起源于皮肤或乳腺的大汗腺肿瘤。复合型和混合型耵聍腺瘤在犬中不常见，在其他物种也很罕见。犬的发病高峰在7～12岁。患病风险增加的品种是可卡犬。没有性别偏好。

肉眼无法将复合型和混合型耵聍腺瘤与其他耵聍腺肿瘤进行区分。该肿瘤组织学特征与大汗腺肿瘤和乳腺肿瘤相似，但肿瘤位于耳道内。

### （九）耵聍腺癌

耵聍腺癌（ceruminous adenocarcinoma）为恶性肿瘤，向耵聍腺腺上皮细胞分化。猫的耵聍腺癌比耵聍腺瘤更常见，发病高峰在7～13岁。家养短毛猫易发生耵聍腺癌。耵聍腺癌在犬中较少见，5～12岁多发，10～12岁是发病高峰。风险增加的品种是英国斗牛梗、比利时马里诺斯犬、西施犬和可卡犬。没有性别倾向。肿瘤虽然有浸润性，但很少侵袭或破坏耳道软骨。但也有真皮和淋巴管的侵袭并扩散到腮腺淋巴结。区域淋巴结以外的转移是罕见的。手术切除通常需要全耳切除。

**大体病变**　耵聍腺癌通常呈浸润性、糜烂性或溃疡性生长。继发性感染很常见。

**组织学病变**　耵聍腺癌具有许多耵聍腺瘤的特征。然而，肿瘤细胞的细胞核更大，更有多形性（图2-66，图2-67），通常有一个大核仁。常见核分裂象。大多数细胞具有丰富的嗜酸性胞质。表皮内肿瘤细胞浸润至顶端汗管。其与耵聍腺瘤的鉴别基于浸润邻近的非肿瘤区域、细胞核多形性、核仁更明显和较多的核分裂象。

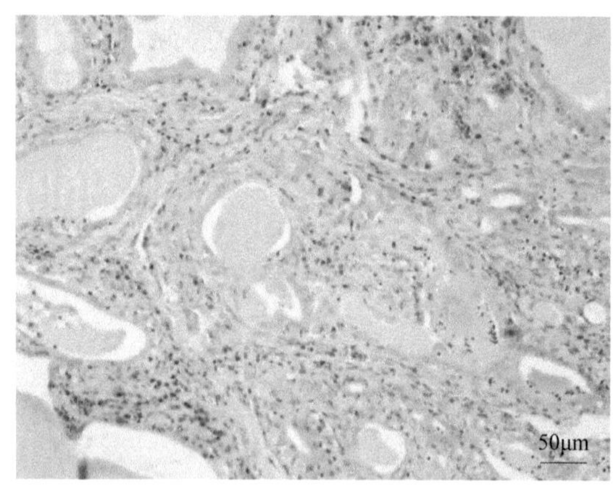


**图2-66　犬耵聍腺癌（1）**

肿瘤细胞形成大小不等、形态各异的管状结构，管腔内有粉染分泌物。部分肿瘤细胞密集排列在管状结构周围

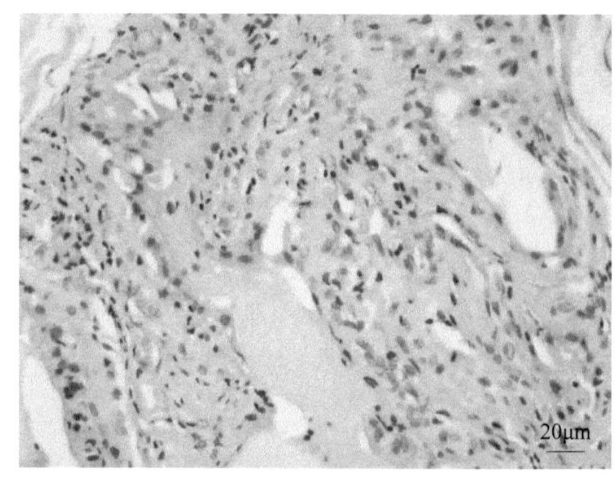


**图2-67　犬耵聍腺癌（2）**

肿瘤细胞主要为耵聍腺腺上皮细胞，围绕形成管腔样，或多层生长或杂乱生长不形成管腔结构，腺上皮细胞异型性较大

### （十）复合型和混合型耵聍癌

复合型耵聍腺癌（complex ceruminous carcinoma）表现为腺上皮和肌上皮细胞的恶性增生（图2-68，图2-69）。混合型耵聍腺癌（mixed ceruminous carcinoma）有肌上皮的软骨样或骨化灶。复合型和混合型耵聍癌在犬和其他物种中罕见。

复合型和混合型耵聍腺癌的组织学特征与其他癌的病理特征相同。恶性的判定基于侵袭性，以及细胞和核的多形性。

### （十一）肛门囊腺瘤

肛门囊腺瘤（anal sac gland adenoma）起源于肛门囊壁的大汗腺分泌上皮。这种肿瘤在犬和猫中都很罕见。肿瘤仅发生在肛门囊区域，但不能与肛门囊腺癌进行鉴别。这是一种罕

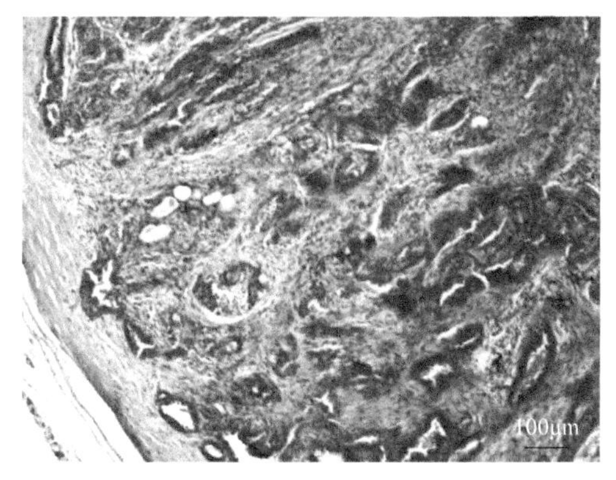


图2-68　犬复合型耵聍腺癌（1）

可见许多大小不等，形状不规则的管腔样结构。梭形细胞围绕在管腔周围，部分区域见管腔扩张。间质呈片状或条索状分布

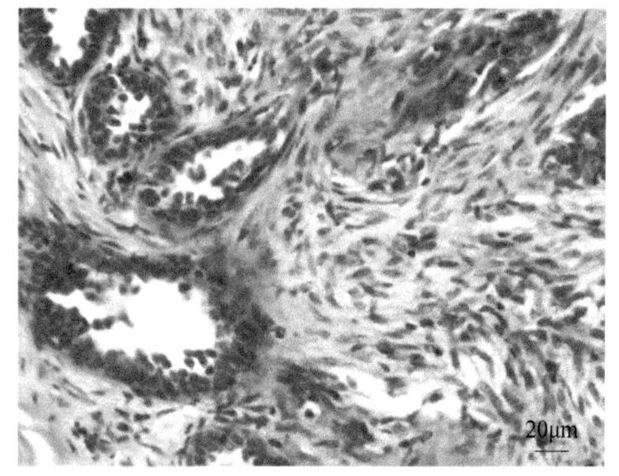


图2-69　犬复合型耵聍腺癌（2）

增生的腺上皮细胞排列形成不规则的管状，排列成单层或双层，细胞呈圆形或椭圆形；增生的肌上皮细胞排列不规则，细胞呈长梭形

见的肿瘤，目前人们对其生长速度知之甚少。

**组织学病变**　在肛门囊壁有增生成岛屿状的腺上皮。排列在单个腺体上的细胞呈立方形到柱状，细胞核位于基底，细胞核多形性和有丝分裂活性少见。细胞具有丰富的嗜酸性细胞质。腺体周围是纤维血管结缔组织间质。

### （十二）肛门囊腺癌

肛门囊腺癌（anal sac gland carcinoma）为恶性肿瘤，起源于肛门囊壁的大汗腺分泌上皮。肛门囊腺癌在犬中比较常见，在猫中比较少见。肛门囊腺癌是犬会阴区域最常见的恶性肿瘤。5～15岁的犬多发，发病高峰在8～12岁。风险增加的品种有英国可卡犬、丹迪丁蒙梗、德国牧羊犬、英国史宾格猎犬和荷兰毛狮犬。最初报道了雌性偏好，但对更多数据评估显示仅有绝育雄性犬（约42%的病例）的风险增加。这种肿瘤也见于猫。患病猫的年龄为6～17岁，平均年龄为12岁，暹罗猫多发。患病的雌性猫比雄性猫多。

肿瘤起源于位于肛门囊的大汗腺，因此在转移前仅在会阴或骨盆穹窿处发现。犬的肛门囊腺癌生长速度多变，一般生长缓慢，但多数发生转移，可高达90%。最常见的远端转移部位是肺脏、脾脏和肝脏。较小的肿瘤可以通过手术切除。然而，较大会阴肿物可能伴有高钙血症的症状，肿瘤细胞通常浸润周围软组织和肛周肌肉，并伴有硬膜增生反应，并转移到局部淋巴结。高钙血症和低磷血症可在手术切除后恢复正常，当又出现高钙血症和低磷血症时，提示肿瘤复发或转移，预后较差。约有16%的猫肛门囊腺癌出现疑似转移，包括结节下淋巴结、腹部、胸部。然而，只有1只猫的局部淋巴结转移经组织学证实。在相关研究中，猫的术后平均存活时间是3个月，只有19%的猫存活超过1年，没有猫存活到2年。

大多数猫的临床症状是会阴区域有肿物，或过度舔会阴区域，阻塞肛门囊或引发肛门囊炎。猫没有表现出与高钙血症有关的临床症状。

**大体病变**　肛门囊腺癌位于肛门的腹外侧，是皮内和皮下的肿块，经常侵入直肠周围组织。大约一半的肿瘤表现为外生性肿物，肉眼容易发现，另一半肿瘤只有在机体检查或直肠触诊时才发现。而肛周腺肿瘤通常以外生性形式生长，很容易发现肿物。大体检查发现肛门囊壁上有大小不等的肿物，直径0.5～10cm，这个原发肿物很可能会穿过骨盆穹窿进入局部淋巴结。肛门囊的分层鳞状上皮通常有较多黑色素，而周围的肿瘤是白色的，可能为多分叶状，偶见小囊肿。由于肿瘤细胞产生甲状旁腺激素相关蛋白，部分病例会继发高钙血症而出现多尿、多饮和虚弱。

**组织学病变** 在单发肿瘤中可能含有三种不同的细胞成分，可能存在其中一种或多种细胞成分。肿瘤细胞呈片状或玫瑰花结状（rosette）分布，玫瑰花结状中心可见大小不等的小管，管腔内可能含有嗜酸性分泌物。

**1．实体型肛门囊腺癌** 细胞呈圆形至椭圆形，染色均匀至深染，核仁明显，少量嗜酸性胞质。在组织学和细胞学上，细胞和细胞核较均一，因此，外观与良性肿瘤相似（微小异型性）（图2-70，图2-71）。

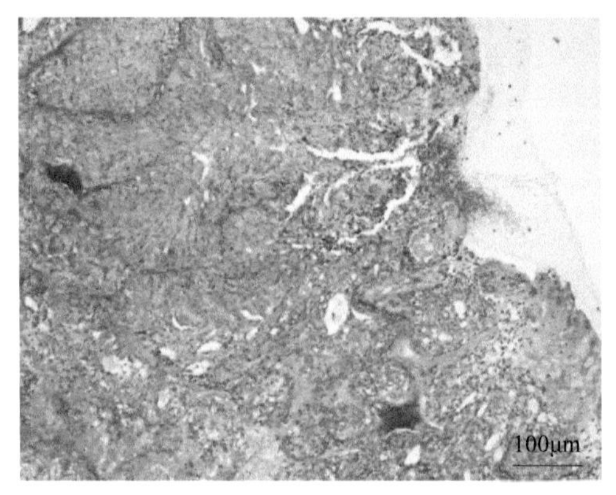


**图2-70 猫肛门囊腺癌（1）**
增生的瘤细胞排列成紧密的实性结构，细胞染色较深，被结缔组织分隔成岛状

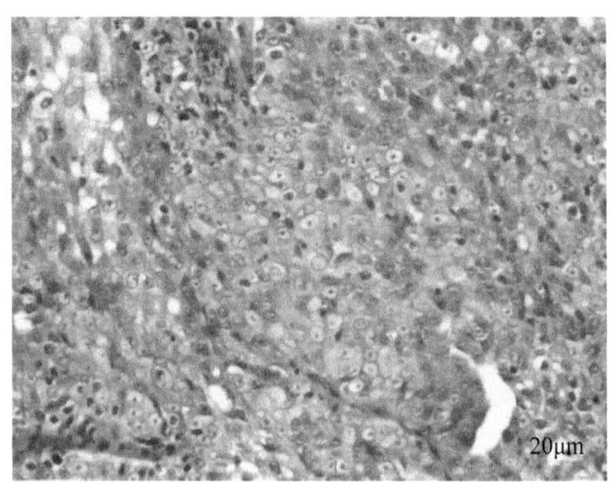


**图2-71 猫肛门囊腺癌（2）**
瘤细胞异型性大，细胞界限不清晰，细胞排列紧密，细胞核空亮、体积较大，可见清晰的红染核仁

**2．rosette型肛门囊腺癌** 细胞核位于基部，顶端的嗜酸性细胞质呈放射状排列在少量嗜酸性细胞分泌物周围。

**3．管状腺癌** 一种分化良好的肛门囊腺癌，有大而清晰的管腔，管腔内排列有立方形到柱状的细胞，含丰富的胞质，细胞核深染。在分化良好的肛门囊腺癌中，肿瘤腔内可见乳头状突起。

所有亚型的核分裂数目多少不等，尽管该肿瘤是恶性的，但核分裂象数目很低。肿瘤侵犯周围组织引起纤维增生反应，侵犯直肠周围肌肉是常见的。淋巴管的管腔内可能有肿瘤细胞栓子，但是真正的血管侵犯和回缩伪影应加以区分，因为回缩伪影经常出现在这种肿瘤中。

（周向梅）

# 第三章　造血与淋巴系统肿瘤

## 第一节　淋巴组织肿瘤

淋巴组织肿瘤是淋巴细胞及其前体细胞克隆性增生而形成的一类恶性肿瘤。包括淋巴瘤、霍奇金淋巴瘤、胸腺瘤、浆细胞瘤和巨球蛋白血症等。临床上以淋巴瘤最为常见。淋巴组织肿瘤可原发于淋巴结和结外淋巴组织。由于淋巴细胞是机体免疫系统的主要成分，故淋巴组织肿瘤也是机体免疫系统的免疫细胞发生的一类恶性肿瘤，发生肿瘤性增殖的细胞有淋巴细胞（B细胞、T细胞和NK细胞）及其前体细胞等。

### 一、淋巴瘤

淋巴瘤（lymphoma）也称淋巴肉瘤（lymphosarcoma）或恶性淋巴瘤（malignant lymphoma），指起源于骨髓外淋巴组织的恶性肿瘤，是动物淋巴组织最常见的一种恶性肿瘤，所有家畜均可发生。对于家畜，大部分病例的瘤细胞表现为一种形式，但偶尔亦表现出多种细胞成分。在同一动物不同部位的瘤细胞通常为同种类型，但是瘤细胞的分化程度往往有很大差异。

淋巴瘤可按其细胞形态学分为以下几种：①干细胞（stem cell）性。此种肿瘤细胞缺乏分化为淋巴细胞或组织细胞的迹象。典型的干细胞，核大而圆，胞质少，染色淡，细胞界限不清。胞核核膜薄，染色质疏松。可见较小的核仁。此种肿瘤在淋巴瘤中比较少见。②组织细胞（网织细胞）（histiocytic or reticulum cell）性。肿瘤由多种细胞组成，但这些细胞具有共同的特征，即细胞质呈嗜酸性或双嗜性，核呈泡状，有明显的核仁。分化较好的肿瘤，其瘤细胞胞质丰富，细胞轮廓明显，常可见突起，但无网状纤维包绕。在多形性组织细胞性淋巴瘤中可见各种异型细胞，有多核巨细胞，核内有大的核仁，这种细胞类似人霍奇金淋巴瘤的里-施（Reed-Sternberg，R-S）细胞。镜检，可见组织细胞性淋巴瘤的瘤细胞核染色质呈点状、团块状或细颗粒状分布，胞质丰富，着色不均，细胞界限不清。电镜下，细胞内有膜包绕颗粒（溶酶体），吞噬现象不明显。这一特征是鉴别组织细胞性和巨噬细胞性肿瘤的根据。③淋巴母细胞性（lymphoblastic）。淋巴母细胞具有淋巴细胞的特征，但分化程度较低。瘤细胞胞质少，染色淡，胞膜不清楚。核呈圆形或卵圆形，核膜明显，染色质散在或呈细的团块状，核仁明显。在瘤组织中常可见核分裂象，并见巨噬细胞散在。④幼淋巴细胞与淋巴细胞性（prolymphocytic and lymphocytic）。此型淋巴瘤由较成熟的淋巴细胞组成。镜检，瘤细胞比其他类型的肿瘤细胞小，染色质呈团块状或凝集状。瘤细胞比正常小淋巴细胞大，染色质分布也不如小淋巴细胞致密。

按淋巴瘤发生的部位不同，家畜的淋巴瘤又常常分为多中心型、胸腺型、消化道型、皮肤型及孤立型和白血病型等。任何一型都可由任何种或两种淋巴瘤细胞组成。淋巴瘤可发生于各种动物，但侵害的部位常常有所不同。

### （一）犬淋巴瘤

犬淋巴瘤是一种常见的恶性肿瘤，100 000只犬中，每年约有114只发病。以多中心型和消化道型为多见。尤以中老年的犬高发，平均发病年龄为6～9岁。无性别差异。各品种都能发病，而高发品种为马士提夫斗牛犬、金毛寻回犬和德国牧羊犬。患多中心型淋巴瘤的犬一般平均存活10周。临诊主要表现为淋巴结、肝、脾迅速肿大及皮下水肿。消化道型淋巴瘤则主要表现出消化道阻塞、腹泻、便血等症状。

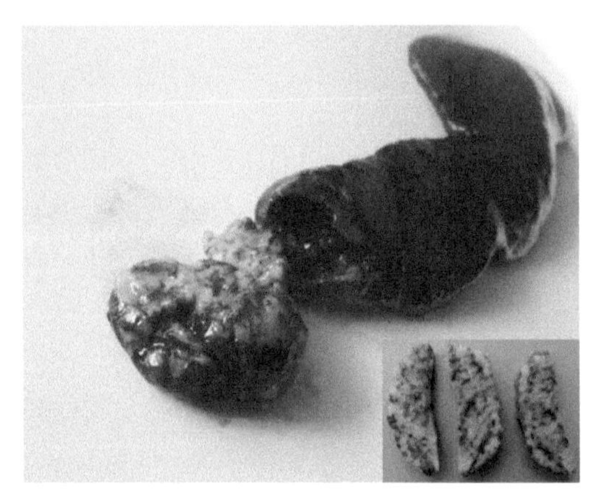

图3-1 犬脾脏淋巴瘤
脾脏肿大，脾脏内可见肿瘤结节，灰白色。切面灰白色，鱼肉状（右下）

**大体病变** 犬淋巴瘤的病变主要见于淋巴结、脾脏（图3-1）和肝脏，也可发生于肾脏、骨髓、消化道等脏器。眼观，淋巴结明显肿大，但与邻近组织不发生粘连；质稍硬或较软，有的则呈液状，断面光滑、发亮，呈灰红色、乳白色或淡棕褐色，皮质与髓质界限不清。脾脏呈结节性或弥漫性肿大，偶见梗死灶。肝脏肿大，散在白色小病灶；有的则可见数量不等的大肿瘤结节。病变发生于骨髓时，骨髓脂肪组织常被肿瘤组织取代，质地柔软，呈红色。肾脏可见白色结节状病灶，有的呈弥漫性肿大，颜色变淡。胃肠道肿瘤呈结节性或弥漫性增生。

**组织学病变** 犬淋巴瘤以幼淋巴细胞性、组织细胞性和淋巴母细胞性比较多见。淋巴结内的肿瘤细胞呈局灶性或弥漫性增生，使原有结构破坏，并侵及被膜和周围组织。脾脏的组织学变化有两种形式：一种是肿瘤细胞在淋巴小结处呈灶状增生；另一种是围绕小动脉和小梁动脉呈弥漫性增生。极少数淋巴细胞性白血病型病例，肿瘤细胞积聚于红髓，使整个结构模糊不清。肝脏病变主要见于汇管区，其次为中央静脉周围。在白血病型淋巴瘤时，窦状隙内充满肿瘤细胞。肾脏病变最早发生于皮质血管周围。继之，病灶相互融合，使皮质结构消失，并侵入髓质。肿瘤细胞在间质增生并可取代肾单位，使局部血液循环障碍，导致肾细胞萎缩和坏死，肾被膜通常不受侵害。肺脏也可见肿瘤团块，但常见的是肿瘤细胞在血管和支气管周围浸润。肠管可见集合淋巴小结的增生。眼睛病变发生于角膜、虹膜和眼缘，有时也见于眼肌。

**病理诊断** 所有病例至少要完成以下检查：生化、血液学和尿液检查。根据患畜的临床表现还可进行其他诊断性检查，包括增大淋巴结的细针穿刺术（fine-needle aspiration，FNA）检查、胸腔和腹腔X线检查、腹部超声检查和活组织检查。

在国外，外周淋巴结病变的鉴别诊断很少。淋巴瘤是主要排除的疾病，但也可能是其他转移性肿瘤疾病，一些慢性皮肤病变也会出现类似的变化。若只是单一淋巴结增大（尤其是下颌淋巴结），诊断则更有挑战性。其他国家中类似症状的病例还要排除一些感染性疾病，如埃立克体病。FNA是一项非常有用的诊断试验，若要采取FNA检查，最好不要穿刺下颌淋巴结，因为它会混淆诊断，很难评估疾病。不管怎样，FNA是对疑似淋巴瘤病例的快速诊断检查。若有条件，可进行流式细胞检查，对淋巴细胞进行分群。若没有这些诊断设施，或待检样本量很小，推荐进行活组织检查。

活组织检查能为病理学家提供更详细的信息（如肿瘤细胞在淋巴结中的分布），也能为外科医师提供更多参考，使预后更加精确，有利于和主人沟通，制订合适的治疗计划。切开活组织检查是最佳采样方式，尤其是淋巴结较小时。很多情况下，也可通过活检针获取样本进行活组织检查。快速生长的淋巴结会有大面积坏死区，因此可仔细检查已获取的代表性样本，直接用组织轻轻压印在玻片上，然后镜检；若无法辨认大多数细胞，可进行进一步检查或更换采样方式，如更换为切开活组织检查。

发生其他器官浸润（如原发性肝脏、口腔、肾脏等）的淋巴瘤病例中，FNA检查是一项非常重要的检查，可从浸润器官中检查出异常淋巴母细胞。对肠道和脾脏进行FNA检查时要小心操作。若腹腔积液中出现大量淋巴母细胞，也足以证明患畜患有淋巴瘤，可开始实施治疗计划。

犬患淋巴瘤有时会伴随副肿瘤综合征，据报道，40%的患犬会出现高钙血症，但这些患犬没有外周淋巴结病变，伴有高钙血症的淋巴瘤患犬的肿瘤主要位于纵隔，其次为骨髓。其次还有免疫介导性溶血性贫血和免疫介导性血小板减少症都是犬淋巴瘤常见的副肿瘤综合征，犬出现这些疾病需要认真排查淋巴瘤。

犬淋巴瘤的临床分期非常重要，它会影响治疗方案和最终预后。表3-1列举了犬淋巴瘤的临床分期系统。非典型淋巴瘤被归入第Ⅴ期；需要牢记的是，一些出现特殊临床表现的患犬（如口腔单发性淋巴瘤）预后较好，需要单独分类。

表3-1　犬淋巴瘤的临床分期

| 临床分期 | 特征 | 临床分期 | 特征 |
|---|---|---|---|
| Ⅰ | 单个淋巴结受到侵袭 | Ⅳ | Ⅰ～Ⅲ期，伴有肝脏或脾脏浸润 |
| Ⅱ | 横膈同侧的多个淋巴结受到侵袭 | Ⅴ | Ⅰ～Ⅳ期，伴有骨髓浸润 |
| Ⅲ | 全身淋巴结受到侵袭 | | |

### （二）猫淋巴瘤

和犬淋巴瘤一样，猫淋巴瘤也是猫最常见的肿瘤疾病，约占猫恶性肿瘤疾病的33%。以5岁或5岁以下的猫多发，且雄性多于雌性。本病病程较短，一般于检出后8周内死亡。临诊特征性变化为肝、脾、肾肿大，在体外即可触及。此外还伴有嗜眠、厌食、消瘦、贫血、反复发热，以及病变侵害不同脏器所引起的继发症状。

该病的病原为C型致瘤病毒（C-type oncornavirus）和猫白血病病毒（feline leukemia virus），在病猫体内存在于淋巴细胞，也可见于巨核细胞、血小板和其他造血细胞。此外，实验证明，病毒在呼吸道、消化道和泌尿道上皮细胞内繁殖，因此表明该病是通过这些途径经水平传播的，群养则可促进本病的扩散。由于血液中也存在病毒，所以经输血可传播本病，外寄生虫如蚤、蜱和蚊子均可作为传播媒介。

**大体病变**　猫淋巴瘤以消化道型最常见，占30%～50%，其次是胸腺型、多中心型、白血病型和孤立型。眼观，病变淋巴结尤其是肠系膜或纵隔淋巴结在早期即表现肿胀，皮质区呈均质样；晚期整个淋巴结变为均质肉样结构，呈奶油色。肠管发生淋巴瘤时，肠壁呈局灶性或弥漫性肿胀，并可侵及黏膜下层和肌层，使肠管呈环状增厚，引起肠管部分或完全阻塞。有的病例，肠管上仅见有几个大的肿瘤团块，肠壁弥漫性增厚或分布许多小结节的现象罕见。

胸腺型主要表现肿块占据头腹侧胸区，肿块质地坚实，色苍白。偶见肿块突入胸腔入口，导致气管和食管向背侧移位及心脏和肺向后移位。常见胸腔积水和肺膨胀不全。

肝脏病变轻重不同。严重时，肝脏呈弥漫性肿大，肝小叶十分清楚。轻者则只在显微镜下才能识别。胆囊很少发生病变。脾脏呈不同程度肿大，轻者见脾白髓肿大，重者脾脏呈均匀增厚。

肾脏病变常为双侧性。肾表面凹凸不平，剥去被膜，可见瘤灶突出于肾表面，其质地硬，色苍白。肿块一般发生于皮质，晚期可相互融合并扩延到髓质，使肾脏呈弥漫性肿大。被膜有时因肿瘤组织浸润而增厚，故很难剥离。其他组织器官如心、鼻道、喉、皮肤、唾液腺、舌、食管、尿道、脑、脊髓、胰腺、肾上腺、胸腺和扁桃体偶可发生病变。

**组织学病变**　猫消化道型淋巴瘤的组织学形态以淋巴母细胞性为主，也可见白血病型或其他细胞型。多中心型淋巴瘤为幼淋巴细胞性、组织细胞性或淋巴细胞性和组织细胞性的混合型。胸腺型淋巴瘤属于淋巴母细胞性或幼淋巴细胞性。有学者研究认为，消化道型淋巴瘤病变早期发生于淋巴小结的生发中心；脾脏肿瘤细胞的增生从淋巴小结的中心开始或从动脉周围鞘开始，肝脏肿瘤细胞常局限于汇管区；而胸腺型和多中心型肿瘤细胞的增生和浸润始于淋巴结的副皮质区。

骨髓的损害以白血病型最重，骨髓广泛由肿瘤细胞所取代，而其他类型的淋巴瘤，骨髓虽有不同程度侵害，但范围较小，血液中也不一定有肿瘤细胞的存在。此外，猫淋巴瘤有时可伴有膜性肾小球肾炎的变化。

**病理诊断**　临床表现和肿瘤位置有关。消化道型淋巴瘤的症状为非特异性的，如体重减轻、厌食、呕吐、腹泻或食欲增加的同时出现体重减轻（这种症状的主要鉴别诊断为甲亢）。

胃肠道淋巴结触诊时能发现肠道肿物，肠道肿物也可能较厚，或有“破旧”感。鼻腔淋巴瘤可能会出现单侧或双侧脓性分泌物，上呼吸道窘迫程度不一，胸腔X线检查可见前纵隔有一肿物。多中心病例常因主人发现肿块而前来就诊。

诊断检查取决于动物的临床病史，最基本的检查数据包括血常生化检查、猫白血病病毒检查、猫免疫缺陷病毒检查和尿液分析。

和犬不同，猫很少有明显的预后因子来指示预后，预后和疾病的严重程度有关。严重的病例、出现多器官感染的病例或者有全身症状（亚分期b期）的病例预后较差，因此，早期治疗和诊断非常重要。其他不利的预后因素包括不能达到完全缓解和猫白血病病毒阳性。

### （三）猪淋巴瘤

猪淋巴瘤是猪最常见的肿瘤之一，其发生率比肾母细胞瘤还高。在美国和某些欧洲国家，该肿瘤占所有宰后检出肿瘤的23%～41%。我国屠宰猪，也时有检出。Taggart等发现本病的发生与常染色体隐性基因有关，而Frazier等报道，在肿瘤的淋巴细胞内发现有C型致瘤病毒粒子。猪淋巴瘤可有各种解剖类型，其中以多中心型为主。通常内脏淋巴结受害较浅表淋巴结重。脾、肝、肾和骨髓常受侵害。其他如肺、皮肤、浆膜、乳腺等脏器的病变较少见。

**大体病变**　肝脏、肾脏高度肿大（图3-2，图3-3），颈深淋巴结、肝门、肺支气管淋巴结均高度肿大。增生物呈灰白色，有的柔软呈髓样，也有的硬实，切面呈鱼肉样。

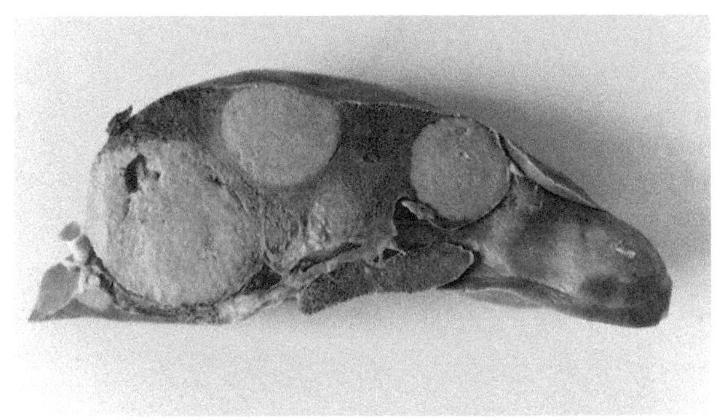

**图3-2　猪肝脏淋巴瘤**
肝脏切面有多个淋巴瘤，灰白色，结节状，无包膜

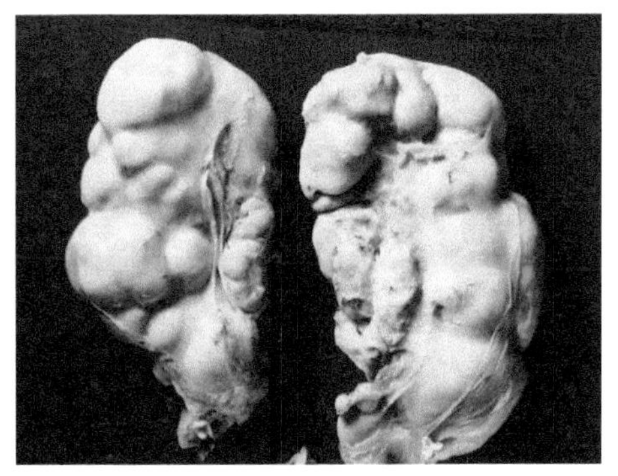

**图3-3　猪肾脏淋巴瘤（1）**
两肾高度肿大，肾脏表面散布许多肿瘤结节，隆起于表面

**组织学病变**　淋巴结正常结构被破坏消失，为弥漫性分布的肿瘤细胞所取代（图3-4），肿瘤细胞主要为增生的淋巴母细胞。

肾组织间质可见大量肿瘤细胞，呈弥漫性分布（图3-5）。胞核大，深染，常见核分裂象。肾小管、肾小球萎缩，部分消失。

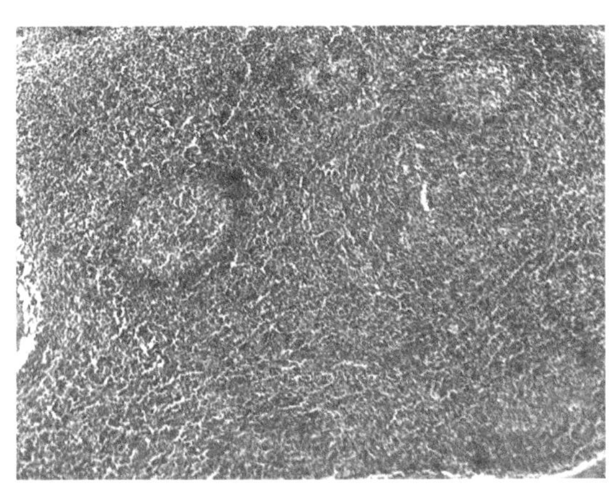

**图3-4　猪淋巴结淋巴瘤**
肿瘤细胞高度增生，弥漫分布

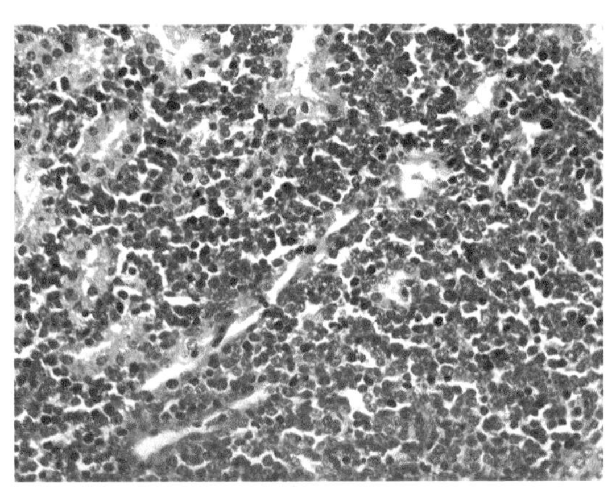

**图3-5　猪肾脏淋巴瘤（2）**
肾小管间有大量肿瘤细胞，肾小管萎缩、消失

肝脏大量淋巴母细胞弥漫分布于组织间隙或浸润到门脉结缔组织。

脾小梁结构萎缩，周围增生大量纤维结缔组织，肿瘤细胞呈局灶性增生，周围有结缔组织包围，也有弥漫性分布的淋巴母细胞。

### （四）鸡淋巴瘤

鸡淋巴瘤是由淋巴细胞及其前体细胞发生的恶性肿瘤。病变淋巴结肿大，乳白色，质地均一。肿瘤还能转移到肝、脾、肾、心、胃肠等处，呈结节或弥漫型。有时肿瘤性淋巴细胞替代骨髓，并大量侵入血液，构成白血病型。瘤细胞分化程度不一，可能是淋巴细胞、淋巴母细胞、组织细胞或干细胞性的。

鸡淋巴细胞性白血病是鸡的一种淋巴瘤，是由淋巴细胞性白血病病毒（lymphoid leukosis virus）引起的以淋巴组织增生为特征的恶性肿瘤。常在腔上囊、肝、脾、肾等器官形成肿瘤结节或弥漫浸润于组织内，瘤细胞是大小比较一致的淋巴母细胞。

病鸡主要表现消瘦、沉郁、冠及肉髯苍白或暗红，常见腹泻及腹部肿大。成红细胞性白血病的病鸡除见软弱、消瘦外常见毛囊出血。内皮瘤的病鸡皮肤上见单个或多个肿瘤，瘤壁破溃后常出血不止。成骨髓细胞性白血病的病鸡除见成红细胞性白血病的症状外，其骨、肋骨、胸骨和胫骨有异常隆凸。肾真性肿瘤病鸡常因肾脏肿瘤的增大而压迫坐骨神经出现瘫痪的病状。骨化石症病鸡见胫骨增粗常呈穿靴样的病状。

发病鸡通常取死亡经过，多数感染鸡无特征性临床症状，但可引起性成熟延迟、蛋小、蛋壳薄、产蛋量下降、慢性消瘦、肉品不能食用等，还可引起机体非特异性抵抗力下降，对其他疫苗防疫注射后免疫力丧失。除此之外，人类食用带毒但不发病鸡的鸡肉和鸡蛋或含有治疗药物残留的肉、蛋，会对人体有致畸、致癌、致突变等危害。

鸡淋巴细胞性白血病已遍布世界各地，其发病率虽然各国报道不尽相同，但都在3%～30%，有的可高达38.2%。此病在我国的发生率占鸡病的10%～20%，有的鸡群死亡率达23%，种蛋带毒率达1.25%～1.6%，鸡淋巴瘤从幼龄鸡到老龄鸡都可发生，而发病率较高的是在14～30周龄，特别是种鸡群中的老龄鸡，发病率和死亡率更高。

**大体病变**　各种型的病鸡在剖检后见有不同的变化。淋巴细胞性白血病病鸡的肝肿大5～15倍不等，肝质变脆并有大理石样纹彩，肿大的肝脏可充满腹腔，因此又称为大肝病。此外，还可见脾、肾肿大1～2倍不等，法氏囊、肺、心、性腺等可见结节性肿瘤。肿瘤呈大小不等的灰白色结节。

**组织学病变**　肝脏内肿瘤细胞增生呈结节状膨胀性生长，挤压周围组织，形成多中心局部结节（图3-6）。肿瘤主要由形态基本一致的淋巴母细胞组成，核较大呈圆形，呈空泡状（图3-7）。法氏囊滤泡显著肿大，皮质、髓质界限消失，滤泡内有大量增生的淋巴母细胞。

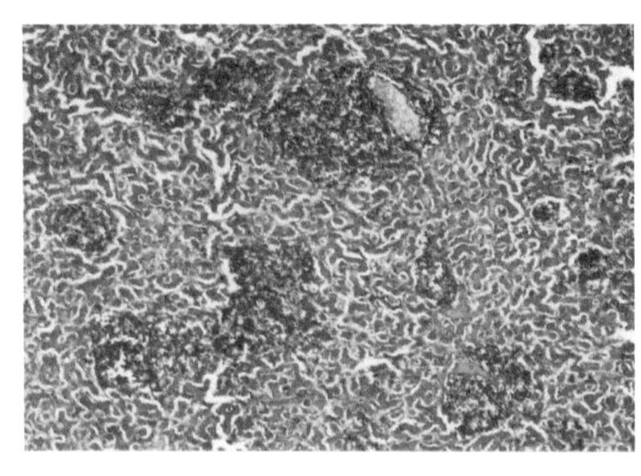

**图3-6　鸡肝脏淋巴瘤（1）**
肿瘤细胞大量增生，形成大小不等的肿瘤结节

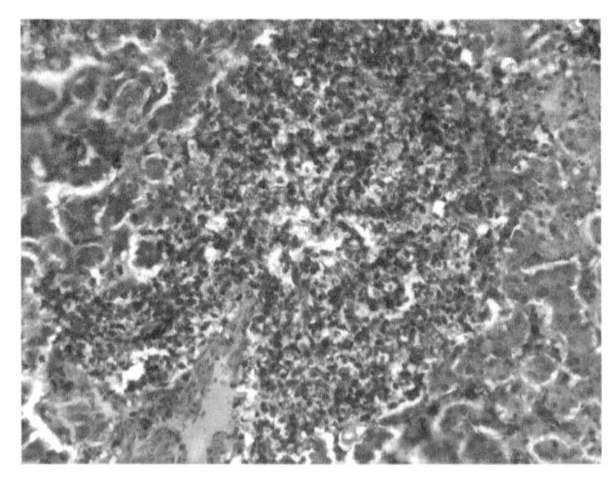

**图3-7　鸡肝脏淋巴瘤（2）**
肿瘤细胞胞质丰富，核呈空泡状

## （五）牛淋巴瘤

牛淋巴瘤又称牛白血病（bovine leukosis）。可能是散发性的，也可能是由牛白血病病毒感染引起，后者通常指地方流行性牛白血病。牛的散发性淋巴瘤与牛白血病病毒感染无关。尽管没有相关性，但患有散发性淋巴瘤的牛也可能感染该病毒。牛淋巴瘤细胞学形态可呈现以上所述的任何一种，其解剖学形态除具单独的消化道型外，可表现任何一种解剖类型。该

病的解剖类型与流行病学特征有相关性。6个月龄以下的牛呈多中心型；6～24月龄的牛明显表现为胸腺型；2～3岁的牛多表现为皮肤型。犊牛和青年牛的淋巴瘤一般为散发。而成年牛多中心型常呈地方流行性。

**大体病变** 犊牛多中心型淋巴瘤常见的特征是突然出现弥散性淋巴样增生，有时可累及内脏器官。常伴有严重的淋巴细胞增多症。胸腺型淋巴瘤可发生在颈部胸腺或胸廓内胸腺，也可同时出现在这两个部位，颈部明显肿胀。皮肤型淋巴瘤表现为在颈部、背部、臀部和大腿部皮肤出现荨麻疹样肿胀，直径1～5cm，也可见局部淋巴结肿大。

**组织学病变** 肿瘤细胞呈弥漫性分布，瘤细胞之间有网状细胞，肿瘤细胞散布于网状细胞构成的网眼内。肿瘤细胞可分为两类，一类细胞体积大于正常淋巴细胞，胞质丰富，核呈多形性，核分裂象多见。另一类细胞体积较小，胞质不丰富，细胞形态比较一致。（图3-8，图3-9）

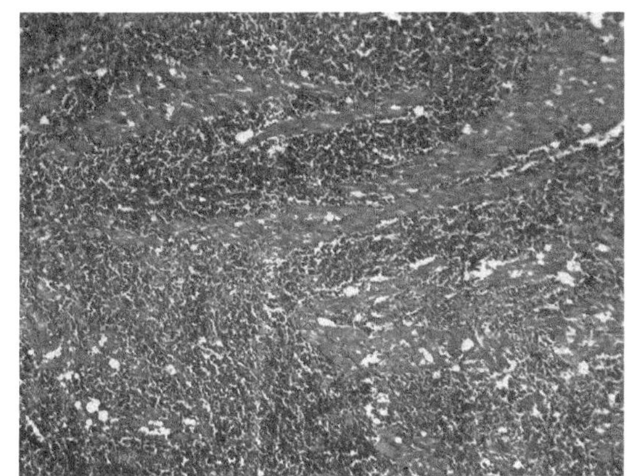

**图3-8 牛心肌淋巴瘤（1）**
心肌纤维间有大量淋巴母细胞

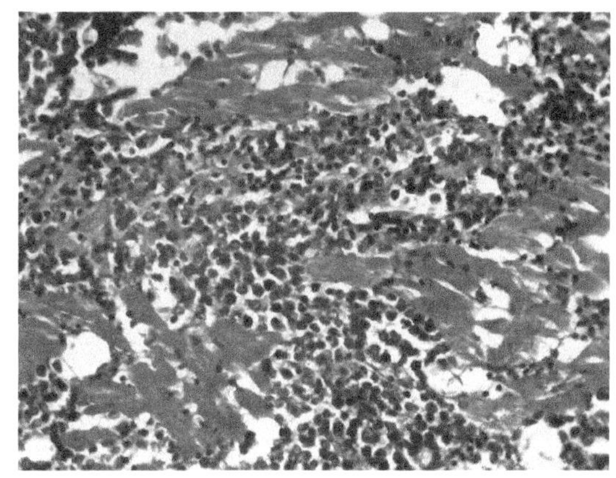

**图3-9 牛心肌淋巴瘤（2）**
淋巴母细胞核大，有分裂象，心肌纤维受到破坏

## （六）绵羊淋巴瘤

绵羊淋巴瘤不常见，但其发生率仅次于肝原发性肿瘤。在新西兰则仅次于小肠癌。近年来，该病在我国内蒙古曾有发现。绵羊淋巴瘤的病因学及发病机制很可能与牛淋巴瘤相似。

大部分病例为多中心型。淋巴结广泛受侵害，尤以髂淋巴结、纵隔淋巴结和颈淋巴结发病较多。此外，脾脏、肝脏、肾脏和心脏也是最易受侵害的脏器。有的病例主要以皱胃、小肠或其他腹腔脏器病变为主，但像牛淋巴瘤一样，还不能明确地将其列为消化道型。绵羊的淋巴瘤病例偶尔只发现肾脏病变。胸腺型不常见，罕见皮肤型。眼观变化与牛淋巴瘤一致，镜检变化也基本相似，其细胞类型可分为幼淋巴细胞性、淋巴细胞性、淋巴母细胞性和组织细胞性。

羊淋巴瘤开始发生于淋巴结，以后逐渐向肝脏、肺脏、肾脏、脾脏、心脏和子宫等组织器官转移、扩散。导致机体多种功能衰竭而死亡。

**大体病变** 淋巴结特别是肩前和股前淋巴结明显肿大，变形，质地坚实，切面出现大小不等的灰白色肿瘤结节或完全被肿瘤组织代替，有包膜，与周围界限清楚。转移、扩散到其他组织器官的淋巴瘤一般呈大小不一的结节状，小者如大米粒，大者如蚕豆，但在心脏、子宫除表面出现肿瘤结节以外，器官肿大，壁变肥厚。

**组织学病变** 可见瘤细胞近似多种类型的淋巴细胞，核大小形态不甚一致，深染。瘤细胞组成大小不一的结节或弥散于组织器官的间质中，压迫正常细胞，使其萎缩甚至消失。

### （七）兔淋巴瘤

淋巴瘤是家兔常见的一种恶性肿瘤，多数病例剖检时体内多个器官都见有肿瘤。多发生于8～18月龄，肿瘤见于各器官组织。

肾肿大，表面和切面皮质区有灰白色结节（这种病例后期发生尿氮血症）；消化道淋巴组织（如扁桃体、肠系膜淋巴结及肠壁淋巴集结）均见肿大；此外，脾、肝、卵巢、肾上腺、肺、眼等器官均可发生肿瘤。脾脏肿瘤是以白髓为中心扩张性生长。

镜检，淋巴细胞样瘤细胞大小不均，核分裂象多见。

## 二、霍奇金淋巴瘤

霍奇金淋巴瘤（Hodgkin’s lymphoma，HL）又叫霍奇金病（Hodgkin disease），是一种恶性淋巴瘤，起源于具有多方向分化潜能的干细胞，即原始的网织细胞。HL是青年人中最常见的恶性肿瘤之一。病初发生于一组淋巴结，以颈部淋巴结和锁骨上淋巴结常见，然后扩散到其他淋巴结，晚期可侵犯血管，累及脾、肝、骨髓和消化道等。

HL占所有恶性淋巴瘤的15%～25%，90%～95%的HL为经典型霍奇金淋巴瘤；绝大部分HL病例主要原发于淋巴结，以浅表无痛性淋巴结肿大为首发表现，以颈部淋巴结和锁骨上淋巴结最常见，患者还可出现肝、脾肿大，淋巴结外器官侵犯及全身症状。全身症状提示预后不良，包括原因不明。

肿瘤的主要成分是里-施（Reed-Sternberg，R-S）细胞、异型组织细胞及异型网织细胞，其余为炎性细胞如淋巴细胞、浆细胞、嗜酸性粒细胞等。R-S细胞体积大，呈圆形或卵圆形，胞质丰富，有不规则的胞质突起。细胞核较大，呈圆形、分叶状或扭曲状。核可为单个或多个，对称性双核则称为镜影核，核膜清晰，核仁大而明显，似包涵体，嗜酸性着染，可见多个核仁，在核膜与核仁之间有一相对清亮或淡染区。典型的R-S细胞在霍奇金淋巴瘤的诊断上有重要意义。最近应用单细胞显微技术结合免疫表型和基因型检测，证明R-S细胞来源于淋巴细胞，主要来源于B淋巴细胞。经典型霍奇金淋巴瘤的R-S细胞CD15及CD30抗原表达阳性，是识别R-S细胞的重要免疫标志。

在家畜，该病或与此类似的病例虽有报道，但很少，其中多数发生于犬。猫霍奇金淋巴瘤，是猫的一种结节性淋巴瘤，能浸润头颈部的单个或局部淋巴结。其组织外观与人的霍奇金淋巴瘤很像，因此做如上命名。

**大体病变** 犬霍奇金淋巴瘤的多数病例，肿瘤病变广泛分布于淋巴结、肝、脾和肺。而人霍奇金淋巴瘤则主要表现为某浅表淋巴结的肿大。有些犬还可有皮肤肿瘤。受害淋巴结明显肿大，质地坚硬，常发生纤维化，色灰白。其他脏器常见多个灰白色的小结节。

**组织学病变** 病变由多种细胞组成，其中以类似R-S细胞为主，细胞核明显呈泡状或多形性，但有时其核仁明显嗜碱性。散在不同数量的淋巴细胞、浆细胞、嗜酸性粒细胞和中性粒细胞。常见成熟的纤维组织呈灶状或弥漫性分布和成纤维细胞的增生，并可见散在的坏死灶。

## 三、胸腺瘤

胸腺瘤（thymoma）与胸腺淋巴肉瘤不同，是一种原发性良性肿瘤，呈局限性生长，家畜比较少见，可发生于牛、绵羊、山羊、马、猪和犬，尤以成年和老龄家畜多发。

**大体病变**　胸腺瘤一般位于头腹侧胸区，可向后纵隔延伸，引起心脏或肺尖叶的移位并压挤胸腔入口处，常发于黄牛前纵隔的主动脉弓与心耳交界处。体积较大的肿瘤与周围组织常有不同程度的粘连，多数为单发，少数为多发。肿瘤体积相差悬殊，直径为2～35cm，其中20～29cm居多。

胸腺瘤的瘤体外均有包膜，切面大多呈淡黄或灰白色，质地柔软均一，似鱼肉状，部分刀切易碎，似豆渣样。大多数肿瘤切面见纤维组织分隔瘤体成不规则的小叶状，体积较大者切面可见出血及坏死区。此外，常伴有囊肿及胸腔积液等变化。

**组织学病变**　胸腺瘤主要由上皮细胞（内胚层）和淋巴细胞（中胚层）两种组分组成。二者的比例随病例不同而异。根据两种细胞比例可将胸腺瘤分为三种：①上皮细胞型胸腺瘤。大多数胸腺瘤属于这种类型。肿瘤由不规则的细胞团块构成，其间由纤维带分隔，通常外面都有包膜。肿瘤细胞呈圆形、卵圆形或梭形。胞质丰富，表现不同程度的嗜酸性。有些肿瘤细胞内可见对过碘酸希夫反应呈阳性的颗粒。细胞核大，呈圆形或卵圆形，染色淡或为空泡状。核内有一明显的核仁，罕见核分裂象。肿瘤细胞常排列呈片块状、小梁状或漩涡状，偶见肿瘤细胞凝集形似哈索尔小体（Hassall’s corpuscle）。此外，有的肿瘤细胞呈立方形或柱状，染色较深，在血管或病变腔隙周围聚集形成明显的栅栏状结构。在犬和牛的上皮细胞型胸腺瘤中还可见血管瘤形成。②淋巴细胞型胸腺瘤。该型肿瘤由小淋巴细胞团块构成，并有明显的纤维组织分隔。在淋巴细胞中可见到由上皮细胞构成的小索或小团。有些肿瘤内散布有局灶性、均质、嗜酸性基质。肿瘤中淋巴样细胞具有正常小淋巴细胞的形态，罕见核分裂象。③混合型胸腺瘤。由淋巴细胞和上皮细胞几乎平均地混合而成。两种细胞大多弥漫混合，少数呈独立结节互相混合，部分上皮细胞呈束状，漩涡状排列。可见典型或不典型的胸腺小体。

## 四、浆细胞瘤

浆细胞瘤（plasmacytoma）是起源于骨髓的一种原发性和全身性的恶性肿瘤，来源于B淋巴细胞，具有向浆细胞分化的性质。

浆细胞瘤包括髓外浆细胞瘤、骨孤立性浆细胞瘤、多发性骨髓瘤和浆母细胞瘤。髓外浆细胞瘤又称原发性软组织浆细胞瘤，指原发于骨髓造血组织以外软组织的浆细胞瘤，是恶性单克隆浆细胞病变中较为罕见的一种，占所有浆细胞瘤的1.9%～2.8%。

人的浆细胞瘤是起源于骨髓的全身性肿瘤，最终会累及全身的大多数骨骼，特别是于成人期有红骨髓的部位。这些区域是躯干部位的海绵状骨、颅骨和长骨的干骺端，尤其是髋关节和肩关节周围的海绵状骨。浆细胞瘤的骨骼播散不是同时发生的，也不是一致的。发病初期为单一病灶局限于单一骨段的浆细胞瘤并不罕见，这种浆细胞瘤即是骨孤立性浆细胞瘤，虽然单一病灶可保持数年，但持续性单一病灶的骨孤立性浆细胞瘤少见，几乎都会有骨骼播散，并导致死亡。骨孤立性浆细胞瘤最常见的发生部位为脊柱（一个或两个椎体），其次为躯干骨及股骨近端。症状包括轻度骨疼痛、体质虚弱、体重下降或轻度贫血。脊柱的疼痛常因运动而加重，椎旁肌肉可挛缩，叩击棘突可诱发疼痛。一些腰痛的病例中，多发性骨髓瘤的肿瘤组织可压迫神经根，引发坐骨神经或足的放射性疼痛。在轻度创伤或无明显诱因的情况下，脊柱疼痛可变得非常剧烈，这是病理性椎体骨折的象征。椎体受到广泛侵犯时，可由于渐进性的或突然的脊髓压迫发生瘫痪，伴或不伴椎体压缩骨折。在进展期，可能有浅表骨的肿胀（肋骨、胸骨、锁骨）、进行性体重下降、贫血、发热、高血氮、出血倾向、高钙血症和高尿酸血症、骨外肿瘤和淀粉样变性所致的巨舌，少数病例有肾功能不全，严重者可致尿毒症。

在动物中发现的浆细胞瘤均为恶性肿瘤，因而可称为多发性骨髓瘤。该肿瘤在动物较少见，但可发生于马、牛、猪、猫和犬，临诊表现跛行、骨骼疼痛和病理性骨折等。此病需要进行活组织检查，分化不良的肿瘤需要进行免疫组化。治疗前需确定肿瘤是否只有一处，需进行骨骼X线检查、血清蛋白电泳和骨髓穿刺。

## 五、巨球蛋白血症

巨球蛋白血症（macroglobulinemia）是一种淋巴细胞增生并伴有IgM免疫球蛋白产生的疾病，曾报道于犬。

人的巨球蛋白血症有原发和继发之分，原发性巨球蛋白血症有遗传倾向，其是否与环境因素有关还不确定。感染、自身免疫病或特殊职业性暴露所引起的慢性抗原刺激与原发性巨球蛋白血症没有明确的联系，与病毒感染是否有关还有待确定。常见发病对象为老年群体，症状有乏力、虚弱、体重减轻、发作性出血及高黏滞综合征。诊断依据血中出现大量单克隆lgM和骨髓中有淋巴样浆细胞浸润。本病呈慢性过程，无临床症状时不宜化疗，对进展性疾病采用化疗。

人的巨球蛋白血症约占所有血液系统肿瘤的2%，为少见病。欧罗巴人种发病率较高，而尼格罗人种只占所有巨球蛋白血症病人的5%。有大量关于家族性疾病的报道，包括巨球蛋白血症及其他B淋巴细胞增生性疾病的多代系群发现象，由此可见遗传因素很重要。研究观察181个巨球蛋白血症病人，其一级家属中约20%患巨球蛋白血症或其他B细胞性疾病，而健康亲属中也易患其他免疫性疾病，如低丙种球蛋白血症、高丙种球蛋白血症（尤其是多克隆lgM）、产生自身抗体（尤其是针对甲状腺的）、活性B细胞增多。

人类巨球蛋白血症多见于男性，患者平均年龄63岁。常见症状有乏力，虚弱，体重减轻，发作性出血及高黏滞综合征。体格检查可发现淋巴结肿大，肝脾肿大，紫癜及黏膜出血，周围感觉神经病变，雷诺现象。贫血是最常见的临床表现，80%患者在诊断时已有贫血。引起贫血的原因是多方面的，包括造血功能抑制、红细胞破坏加速、失血等。

实验室发现血清lgM升高（＞30mg/ml），75%病例单克隆lgM有κ轻链，血清中其他免疫球蛋白正常或减少，大多数患者血清黏滞度升高，但仅20%有高黏滞综合征，80%患者确诊时有正常细胞正常色素性贫血，大多数患者确诊时白细胞及血小板计数无明显减少。骨髓活检常见：淋巴细胞、浆细胞样淋巴细胞或浆细胞浸润。凝血酶时间延长，凝血酶原时间及活化的部分凝血活酶时间可延长。

**大体病变**　曾报道于犬，临诊主要表现贫血和出血。病变常发生于骨髓、脾和淋巴结。

**组织学病变**　显微镜下，肿瘤由各种淋巴细胞、浆细胞和具有淋巴样细胞形态与嗜派洛宁胞质的细胞混合组成。

## 六、脾结节性淋巴组织增生

脾结节性淋巴组织增生（nodular lymphoid hyperplasia of the spleen）常发生于犬和老龄动物。该病是否属于肿瘤，目前还有争议，有人称之为“良性淋巴瘤”，但实际上它既不符合增生病的标准，也没有发展为恶性肿瘤的倾向，从概念上讲它介于增生性病变与良性肿瘤之间。

**大体病变**　犬患本病时，脾脏散布单个或多个病灶，常突出于被膜表面，呈圆形或卵圆形，直径0.5～3.0cm。结节较正常脾组织坚硬，呈深红色或灰红色。

**组织学病变**　显微镜下，结节由增生的淋巴细胞和网状细胞构成，淋巴小结与正常脾脏相似，但网状纤维较多，且常见血管形成和出血。此外，在有些病灶内可见髓样细胞增生。

该病发生于牛、羊时，结节直径可达5cm，较小的结节切面比正常脾结构致密、均匀，但色彩相似。较大的结节多数为血肿。镜检主要成分为富有深染的网状细胞的血管网，后者由胶原、网状纤维和淋巴细胞形成的精细支架所支持。较大的结节伴有血栓形成、出血和纤维化。

# 第二节　动物骨髓肿瘤

骨髓存在于骨松质腔隙和长骨骨髓腔内，由多种类型的细胞和网状结缔组织构成，根据其结构不同分为红骨髓和黄骨髓。红骨髓是机体的造血器官，幼龄动物的骨髓腔内全部为红骨髓，伴随动物的生长发育，长骨内的红骨髓逐渐被脂肪组织所代替。骨髓造血组织在骨髓腔分布不均匀，骨皮质区下部的骨髓较深部为少，紧贴骨小梁周围的骨髓细胞数量也少。红骨髓中的细胞成分包括红细胞系、粒细胞系和巨核细胞系，各系均包含其原始细胞及成熟前阶段的细胞，一旦这些细胞成熟即被释放到外周血中。红细胞系细胞呈岛屿状，位于骨髓腔中心部的窦旁。早期粒细胞系前体细胞紧贴于骨内膜细胞和细动脉，较成熟的粒细胞位于中央部小梁区。巨核细胞与红细胞系细胞具有相似的分布。在骨髓中成熟的淋巴细胞见于造血细胞及脂肪组织之间，有时会聚集成灶状。骨髓中的浆细胞常分散存在或沿着血管分布，此外骨髓中还有单核细胞和肥大细胞存在。

一般情况下，造血系统肿瘤是家畜最常见的恶性肿瘤。造血系统的肿瘤可以分为两大类，一类是起源于淋巴细胞的肿瘤，这类肿瘤通常发生在髓外组织；另一类是起源于非淋巴细胞的肿瘤（粒细胞系、红细胞系、单核细胞系、巨核细胞系），这类肿瘤通常发生在骨髓，是由于骨髓造血干细胞异常增殖所引起的。由于骨髓肿瘤的诊断常涉及骨髓细胞的形态，因此在观察细胞形态时必须注意各系细胞在发育的不同阶段形态具有一定的特殊性。细胞的免疫表型和单克隆抗体的应用对骨髓肿瘤的病理诊断具有决定性的意义。本节对常见的骨髓肿瘤及其病理组织学诊断特点进行阐述，以期为动物临床骨髓的肿瘤诊断提供可靠的参考依据。

## 一、骨髓增生性疾病

骨髓增生性疾病是所有起源于骨髓的白血病总称，涉及除淋巴细胞以外的细胞，主要特征是幼稚的造血细胞在骨髓及其他造血组织中异常增生，从而使正常的血细胞生成减少。哺乳动物的骨髓增生性疾病可包括牛白血病的幼年型，马、猪、犬和猫的骨髓性白血病，以及禽白血病中的骨髓瘤。动物患骨髓增生性疾病时，通常存在白血病血象，增生的白细胞主要有幼稚型的中性粒细胞、早幼粒细胞、晚幼粒细胞和髓母细胞等。骨髓增生性疾病可以分为不同的类型，其中有些类型根据细胞形态和免疫表型又可分为多种亚型。

### （一）急性未分化白血病

急性未分化白血病（acute undifferentiated leukemia）是未分化造血细胞克隆扩增和成熟停滞，白血病细胞既缺乏形态学分化特征和细胞化学反应特点，又缺乏淋巴系细胞和髓系细胞免疫表型标记的特殊类型白血病。与一般急性白血病相同，约有半数发病较急，半数发病比较缓慢。患病动物最初的症状常为贫血、发热及局部淋巴结肿大。本病病因与其他急性白血病病因相似，与电离辐射、化学因素、遗传因素等因素有关。此型白血病中，细胞的核仁非常明显，多数细胞胞质中无颗粒，可以看到一些粗面内质网和高尔基体。

### （二）骨髓增生异常综合征

骨髓增生异常综合征（myelodysplastic syndrome）是起源于造血干细胞的一组异质性髓系克隆性疾病，特点是髓系细胞分化及发育异常，表现为无效造血、难治性血细胞减少、造血功能衰竭，被认为是急性髓系白血病的前期状态，通常演变为急性髓系白血病。其血液学变化包括贫血，中性粒细胞减少，血小板减少，晚幼红细胞增多性大红细胞血症，成红血细胞成熟异常，出现巨大血小板、中性粒细胞和巨噬细胞。骨髓中，除了可以观察到血液中细胞发育不良的变化外，还可以看到巨噬细胞的病理性核分裂象、发育受阻的巨核细胞等。

### （三）急性髓系白血病

动物发生急性髓系白血病（acute myeloid leukemia）时，骨髓增生活跃，骨髓内异常细胞的快速增殖影响了正常血细胞的产生，大量的原始细胞弥漫性浸润在骨髓腔内，循环血液中有很多原始细胞。骨髓原始细胞比较大（14～18μm），细胞核呈圆形或卵圆形，胞质嗜碱性。常见贫血、中性粒细胞减少和血小板减少，脾脏肿大、肝脏肿大及淋巴结肿大。

急性髓系白血病的发病率随着动物的年龄而增加。发生该病时骨小梁常由于溶骨性改变而萎缩，骨髓内脂肪细胞几乎缺失，网织纤维呈现轻度到重度增加。肿瘤细胞分化差，故显微镜检查难以确定细胞的来源。参照免疫表型、肿瘤细胞的形态学等，急性髓系白血病可以分为不同的亚型。

**1. 急性粒细胞白血病**　急性粒细胞白血病（acute myeloblastic leukemia）是造血系统的髓系原始细胞克隆性恶性增殖性疾病。该病是一个具有高度异质性的疾病群，它可以由正常髓系细胞分化发育过程中不同阶段的造血祖细胞恶性变转化而成。骨髓检查会发现骨髓增生活跃，骨髓中红细胞系及巨核细胞高度减少，超过90%的细胞是非红细胞系细胞。临床表现包括贫血、出血、感染，肝脏、脾脏和淋巴结肿大等。家禽急性粒细胞白血病相关的肿块被称为骨髓瘤，其肿瘤细胞被称为骨髓瘤细胞，该细胞胞质中富含球状嗜酸性颗粒（图3-10）。

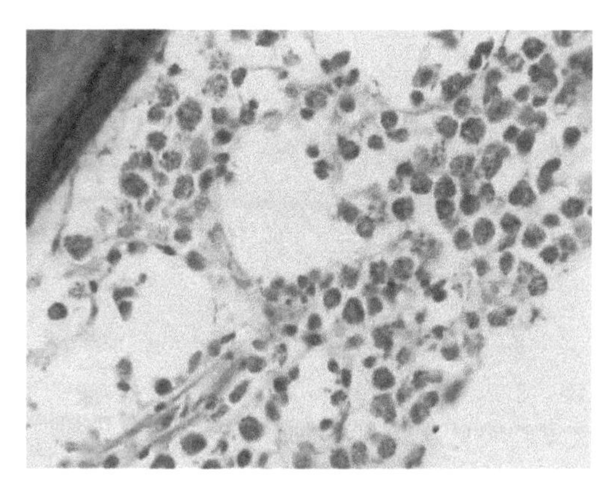

**图3-10 鸡的骨髓瘤**
瘤细胞胞质中富含球状嗜酸性颗粒

**2. 粒-单核细胞白血病和单核细胞白血病**

骨髓检查时可以看到浸润的幼稚细胞出现单核细胞性分化，这些细胞核常折叠，核呈肾形，胞质淡染且有空泡。粒-单核细胞白血病（myelomonocytic leukemia）时，骨髓中原粒细胞和原单核细胞占所有有核细胞的30%以上。兽医临床上，犬、猫和马最常见急性粒-单核细胞白血病。单核细胞白血病（monocytic leukemia）时，骨髓中主要出现幼稚的单核细胞（图3-11）。组织学病变为非典型性单核细胞在真皮及皮下组织中致密浸润，这种浸润由多形性单核细胞和髓源性细胞混合构成，可见具有不规则形状核的不成熟单核细胞、成熟的单核细胞、原粒细胞，偶见嗜酸性粒细胞。可见核分裂象。肿瘤细胞排列成带状或索状分散在胶原纤维束间，此外，浸润累及和破坏血管和皮肤。

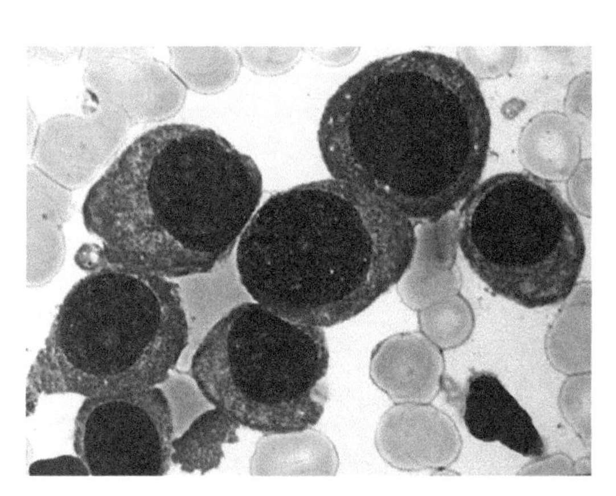

**图3-11 单核细胞白血病（Fletcher，2009）**
骨髓穿刺涂片，显示原始单核细胞成分，核呈圆形，胞质丰富，嗜碱性，胞质内可见少量嗜酸性颗粒［瑞氏-吉姆萨（Wright-Giemsa）染色］

**3. 急性红白血病** 急性红白血病（acute erythroid leukemia）表现为红细胞系、白细胞系（主要是粒细胞系）两系的恶性增生。红细胞数目增加，但由于血红蛋白合成减少从而缺乏携氧功能，即增加的多为中幼红细胞，最后可发展成为典型的急性粒细胞白血病或急性粒-单核细胞白血病。其特征是成红细胞和原髓细胞共同产生，这种白血病有双细胞谱系。在骨髓切片上可以看到增生的成红细胞和原髓细胞呈灶状分布，并且在幼稚细胞中可以看到一些巨核细胞。兽医领域，急性红白血病只在猫与家禽中报道过。

**4. 急性巨核细胞白血病** 巨核细胞是骨髓中的一种从造血干细胞分化而来的细胞，是正常骨髓中的一种能生成血小板的成熟细胞，前身为颗粒巨核细胞。该细胞体积巨大，成熟的巨核细胞边缘部分破裂脱落后形成血小板。巨核细胞系统有原始巨核细胞、幼稚巨核细胞，以及巨核细胞和血小板。急性巨核细胞白血病（acute megakaryocytic leukemia）是由于巨核细胞大量增殖而引起的恶性疾病，甚为罕见。临床表现为全血细胞减少，可伴血小板膜受损及功能缺陷，多见本病继发骨髓纤维化。

骨髓切片中可以发现骨髓及周围血中异常增多的巨核细胞，以原巨核细胞为主，并出现较多异常小原巨核细胞。骨髓中原巨核细胞>30%，大量幼稚的巨核细胞增生，发育较成熟的巨核细胞具有异质的深染的核，而原巨核细胞外形与原始红细胞和原始淋巴细胞极为相似，这些细胞很难单独通过形态学进行识别。电镜下原巨核细胞中细胞器丰富，细胞表面有泡状或结节状突起，而微绒毛和皱褶状突起极少。

### （四）慢性髓系白血病

慢性髓系白血病（chronic myeloid leukemia）肿瘤细胞分化良好，红细胞、血小板、粒细胞、单核细胞比较成熟，通过血液或骨髓涂片容易确定肿瘤细胞的来源细胞系。骨髓内髓细胞过多，血液内成熟的髓细胞的数量明显增多。脾脏肿大、肝脏肿大、淋巴结肿大。慢性髓系白血病可以分为以下不同的亚型。

**1. 慢性中性粒细胞白血病** 慢性中性粒细胞白血病（chronic neutrophilic leukemia）的特点是骨髓增生活跃、细胞成分复杂，但肿瘤细胞以粒细胞系增生为主，一般幼稚的细胞数量较少，多数细胞分化成熟，可以出现分叶核，类似于人类的慢性中性粒细胞性白血病，中性粒细胞大量增殖，但可能同时出现嗜酸性粒细胞或嗜碱性粒细胞。外周血液中中性粒细胞显著增多，成熟的中性粒细胞占多数。嗜酸性粒细胞及嗜碱性粒细胞可能也会增加。红细胞系、巨核细胞系可受到影响，导致贫血、血小板减少。脾脏、肝脏内可见肿瘤细胞。

**2. 慢性嗜酸性粒细胞白血病** 慢性嗜酸性粒细胞白血病（chronic eosinophilic leukemia）是一种罕见的动物骨髓增殖性肿瘤，已经证实猫可以患该病。以外周血及骨髓中异常嗜酸性粒细胞克隆性增多及器官受损为特征，常累及皮肤、心脏、肺脏、胃肠道及神经系统。外周血嗜酸性粒细胞明显增高，以成熟嗜酸性粒细胞为主，少部分为嗜酸性早幼粒细胞及嗜酸性中幼粒细胞。有形态异常，如细胞质颗粒稀少、透明、胞质空泡、核分叶过多或过少。红细胞和血小板正常或轻度下降。骨髓增生极度活跃或明显活跃，以粒细胞系增生为主，各阶段嗜酸性粒细胞明显增多，原始细胞增多。红细胞系与巨核细胞系正常。三分之一患病动物伴骨髓纤维化，严重骨髓纤维化少见。

**3. 慢性嗜碱性粒细胞白血病** 慢性嗜碱性粒细胞白血病（chronic basophilic leukemia）是一种罕见的动物骨髓增殖性肿瘤，其特点是骨髓和血液中嗜碱性粒细胞增多，且成熟程度不同。嗜碱性粒细胞细胞核分叶状，颗粒大小不等。嗜碱性粒细胞用甲苯胺蓝（toluidine blue）染色，阳性反应强；氯乙酸AS-D萘酚酯酶染色中，正常嗜碱性粒细胞呈阴性反应，而本病可呈阳性反应，但也可呈阴性。由于嗜碱性粒细胞增加可出现组胺过多所致的荨麻疹、恶心、呕吐、腹痛、腹泻、皮肤潮红或支气管哮喘等症状。临床表现同急性粒细胞白血病，常有严重贫血、发热、出血等，可能会出现肝脏、脾脏肿大。

**4. 真性红细胞增多症** 真性红细胞增多症（polycythemia vera）是一种原因不明的骨髓增生性疾病，表现为非低氧刺激条件下大量红细胞增生、粒细胞增生及血小板增生，通常伴有脾脏肿大。真性红细胞增多症与其他任何原因所引起的继发性红细胞增多症不同，其为全髓细胞增生，而继发性红细胞增多症则表现为粒细胞、血小板和骨髓巨核细胞的数目和形态均正常。骨髓组织表现为小梁疏松，骨髓内总细胞数量增多，脂肪组织减少，增生的细胞均分布于正常分布的区域。骨髓内的血管明显增加，血窦扩张，窦内充满了大量的红细胞。患病动物表现为红细胞压积升高，临床上常伴有血栓形成和出血的临床症状。犬、猫、牛和马都有真性红细胞增多症的报道。

**5. 原发性血小板增多症** 原发性血小板增多症（essential thrombocythemia）也称为“出血性”、“真性”或“特发性”血小板增多症。此病为多能造血干细胞克隆疾病，血液中血小板持续增多，且形态异常，骨髓中体积大的巨核细胞显著增生。主要临床表现为出血和血栓形成倾向，出血可为自发性，也可因外伤引起，自发性出血以鼻、口腔和胃肠道黏膜多见，泌尿道、呼吸道等部位也可有出血。脑出血偶有发生，可引起死亡。

**6. 慢性单核细胞白血病**　慢性单核细胞白血病（chronic monocytic leukemia）的特征是单核细胞过度产生，这些白细胞在骨髓内聚集，抑制骨髓的正常造血，这可能与骨髓缺乏成熟的单核细胞储存池有关。慢性单核细胞白血病进展缓慢，根据骨髓中白血病细胞的数量和症状的严重程度，分为慢性期、加速期和急变期，绝大部分病例在诊断时为慢性期。慢性单核细胞白血病虽进展比较缓慢，但因破坏了骨髓正常造血功能，常引起明显但非特异的症状。

**7. 肥大细胞白血病**　肥大细胞白血病（mast cell leukemia）可能是一种原发性造血系统肿瘤，肥大细胞呈非典型性，骨髓和外周血液中不成熟的肥大细胞明显增多，形态多样，有时缺乏胞质颗粒。肿瘤性肥大细胞一般比较大，圆形，细胞核呈分叶状，细胞质内的颗粒减少且颗粒比正常细胞小得多（图3-12）。肥大细胞在甲苯胺蓝染色时呈现为阳性，其颗粒被染成紫红色。肥大细胞白血病病变在骨髓的切片中呈现局灶型或弥漫型，病变在骨小梁旁、血管周随机分布，以骨小梁旁的病变常沿骨内膜或骨小梁分布为特征，血管周围的病变可变为血管中膜和外膜的肥厚及纤维胶原化。增生的肥大细胞中混有数量不等的淋巴细胞、组织细胞、嗜酸性粒细胞、成纤维细胞和内皮细胞等。如果肿瘤性肥大细胞呈现灶状分布，通常会包裹淋巴细胞或淋巴细胞团。肥大细胞白血病必须与慢性嗜碱性粒细胞白血病进行鉴别诊断。

**图3-12　肥大细胞白血病（Fletcher，2009）**
骨髓穿刺涂片，显示许多大的肥大细胞，核呈圆形，位于中央，胞质内可见明显的紫红色颗粒（瑞氏-吉姆萨染色）

## 二、骨髓其他肿瘤

### （一）浆细胞性骨髓瘤

浆细胞性骨髓瘤（plasma cell myeloma）又称多发性骨髓瘤（multiple myeloma），是骨髓浆细胞发生的恶性肿瘤，具有合成和分泌免疫球蛋白功能的浆细胞发生恶变，大量单克隆的恶性浆细胞增生累及软组织，晚期可有广泛性转移，发生部位均为骨骼，包括颅骨、肋骨、胸骨、椎骨和盆骨。好发于老年动物，犬比其他动物易患本病。

浆细胞性骨髓瘤常伴有多发性溶骨性损害、病理性骨折、高钙血症、贫血、肾脏损害。该病发生时骨质内形成溶骨性病变，少数为成骨性病变，在骨髓中的病变常为斑块状。

骨髓中可见大量肿瘤性浆细胞（图3-13），形态各异，包含母细胞至成熟细胞各个阶段的形态，细胞大小不一，核大小不等。骨髓正常造血组织为增生的浆细胞所取代。发生本病的动物常常伴随有肝脏和脾脏的肿大。

瘤细胞通常分泌大量γ球蛋白，引起γ球蛋白血症，血清蛋白电泳及免疫诊断技术有助于进一步诊断。

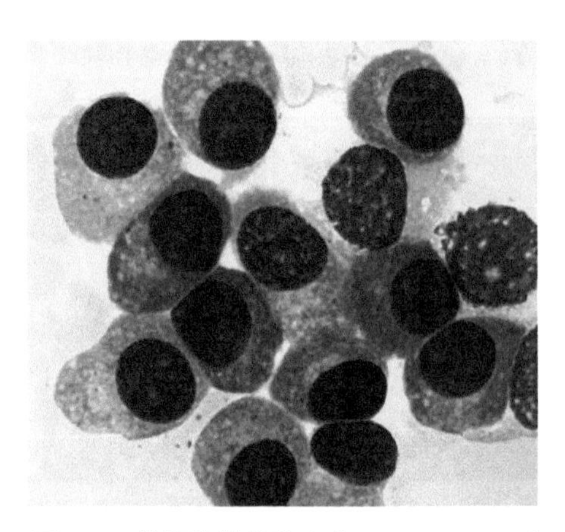

**图3-13　浆细胞性骨髓瘤（Fletcher，2009）**
骨髓穿刺涂片，显示异常的浆细胞增多，核偏位，呈圆形或卵圆形，胞质丰富，嗜碱性（瑞氏-吉姆萨染色）

### （二）恶性组织细胞增生症

恶性组织细胞增生症（malignant histiocytosis）是骨髓来源的组织细胞（巨噬细胞和树突状细胞）增殖引起的肿瘤，该肿瘤使骨骼肌、脾、皮肤、肺、骨髓、淋巴结等组织器官受累。组织细胞来源的肿瘤会在肺脏、脾脏及其周围形成局灶性或弥漫性的肿瘤块，故被称为“恶性组织细胞增生症”。恶性组织细胞增生症的骨髓病变可呈局灶性或弥漫性，但只有少数恶性细胞时，骨髓的涂片更容易进行恶性细胞的形态学识别。

恶性组织细胞大小不等，一般体积较大，瘤细胞呈圆形至梭形，胞质丰富，有伪足形成，可见细胞质内的空泡，常见恶性组织细胞表现吞噬红细胞现象。细胞核大小不一，可见多核。

### （三）骨髓转移性肿瘤

多种呼吸系统、消化系统、内分泌细胞和神经系统的肿瘤均可以转移至骨髓。转移的肿瘤细胞在骨髓涂片中常呈团块状，这是病理诊断的重要依据，因为起源于造血系统的肿瘤细胞一般不会黏附成团。在肿瘤转移累及骨髓时，成团或单个的原发部位肿瘤细胞会出现在骨髓中，这些肿瘤细胞很像淋巴瘤细胞，免疫组织化学在确诊骨髓转移性肿瘤的原发灶时具有重要作用，使用能够识别所有组织来源的抗体对确定骨髓内肿瘤细胞的原发部分具有关键性作用。

## 三、骨髓肿瘤的诊断

动物骨髓肿瘤的临床表现多样，可涉及几乎所有的组织和器官，因此诊断程序复杂、难度大。骨髓肿瘤可以通过骨髓及外周血液进行病理诊断，通过骨髓检查时要进行骨髓穿刺，穿刺后主要方法是骨髓细胞学涂片和骨髓活检。骨髓细胞学涂片是直接对穿刺液进行涂片，在涂片中可以看到骨髓肿瘤的异常细胞。血液涂片检查可见或多或少的肿瘤细胞。肿瘤病变组织的形态学特征往往作为初步的诊断依据，涉及到肿瘤细胞的分型时，必须借助特定的肿瘤标志物进行免疫细胞化学、免疫组织化学的标记和基因分型检查。在兽医领域，对骨髓肿瘤的诊断目前处于初级的形态学诊断阶段，免疫组织化学的筛选和深入的基因分型等技术有待建立及推广应用。相信在不远的将来，动物骨髓肿瘤的诊断会得到更大的发展。

（严玉霖，宁章勇）

# 第四章　软组织肿瘤

## 第一节　固有结缔组织的肿瘤

### 一、纤维瘤

纤维瘤（fibroma）是来源于纤维结缔组织的一种常见的良性肿瘤，在马、骡、驴、牛、羊、骆驼、猪、鸡、犬、猫、兔和鱼等多种动物中均可发生。

甘肃省动物肿瘤生态学研究结果表明，纤维瘤虽然在多种动物中检出，但有明显的种属倾向，在马属动物和牛检出的肿瘤中纤维瘤是检出率最高的肿瘤，且多发生于5～10岁。在牛，纤维瘤占全部检出肿瘤的33.8%（44例/130例）；马的纤维瘤占马肿瘤的42.31%（33例/78例），其中公马占45.45%（15例/33例）、去势马占27.21%（9例/33例）；驴的纤维瘤占检出肿瘤的70.13%（108例/154例），其中公驴占56.48%（61例/108例）、去势驴占18.52%（20例/108例）；骡的纤维瘤占检出肿瘤的57.21%（115例/201例），公骡和去势骡共占75.65%（87例/115例）。

虽然纤维瘤可发生在有纤维结缔组织的任何部位，但因动物种类不同，肿瘤的好发部位也有所差异。马属动物的纤维瘤见于雄性外生殖器官（包皮、龟头、阴茎和阴囊）、腹股沟、腹下、乳房、四肢、肩、胸前、头面（唇、颊、硬腭、眼睑、颌下等）、尾根、肛门周围、阴门近旁等部位，其中以公畜外生殖器官最多见，且常多发，甚至呈瘤团状或菜花状。该部位成为肿瘤多发部位的原因可能与马属动物雄性外生殖器官的多皱襞等解剖学结构特点利于致瘤物储留等有关。牛的纤维瘤可发生在头部（眼周、口角、面部、颌下和咽喉部）、颈部、雄性外生殖器官、尾根、腹下、肩、胸壁和四肢皮下，以头颈部多见，且多为单发，公牛的纤维瘤比母牛多见。另外，兔的纤维瘤病与其他动物的纤维瘤有所不同，由野兔痘病毒属中的纤维瘤病毒引起，是一种暂时性传染性肿瘤病，主要发生于某些品种的家兔及野兔。新生的欧洲家兔和东方棉尾兔对本病最易感，可因肿瘤全身化而造成大批死亡，而成年兔对本病易感性较低。肿瘤一般发生在兔的鼻部、口部、眼周围、四肢及肛门等部位皮下的结缔组织中，经过一定时间后可自行消失。肿瘤的基本组织学结构和其他动物相同，但瘤细胞胞质中有包涵体存在。

根据纤维瘤的结构特点可将其分为软性纤维瘤（fibroma molle）和硬性纤维瘤（fibroma durum）两种类型。

#### （一）软性纤维瘤

软性纤维瘤一般生长缓慢，就诊的病例，多数有几个月的病史，少数已历时2～3年，个别病例甚至有5年之久。多数病例在手术切除后不复发，但少数病例经手术治疗后有复发的现

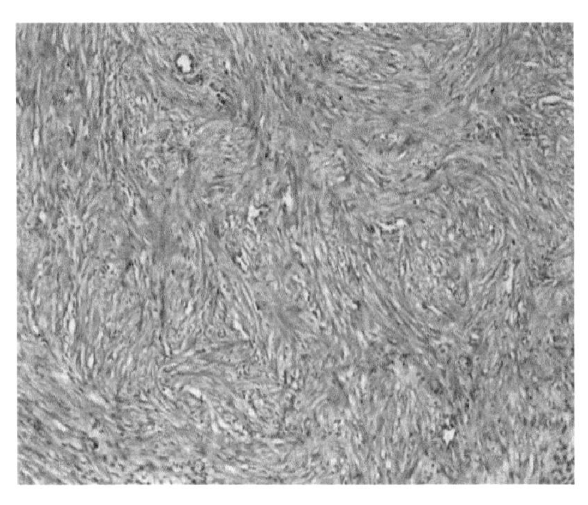

**图4-1 犬软性纤维瘤**

肿瘤组织与正常纤维结缔组织相似，但排列呈编织状或漩涡状

象。兔的传染性纤维瘤生长很快，如不死亡可自行消退。另外，发生在体表的纤维瘤易于发现，检出率也高，而发生在体内的则多由于条件的限制而不能确诊，常在剖检时才发现。

**大体病变** 软性纤维瘤多发生于皮肤（尤以外阴部较多）、黏膜和浆膜，常向表面突起形成带蒂的息肉状肿块，质地较为柔软，体积较小，被覆皮肤常皱缩，切面湿润呈水肿样。

**组织学病变** 肿瘤细胞是比较成熟的纤维细胞，肿瘤组织由较多的纤维细胞及少量成纤维细胞构成，与正常的纤维结缔组织相似，但肿瘤细胞和胶原纤维排列紊乱，呈漩涡状（图4-1）。瘤细胞排列疏松，胶原纤维少，有时还夹杂多少不等的脂肪细胞。肿瘤组织常发生水肿和黏液样变。

通过外观有时很难将纤维瘤、纤维肉瘤、平滑肌瘤、神经纤维瘤、血管外皮细胞瘤等肿瘤区别开，通常依靠组织学、细胞化学和细胞学的特征进行区分。此外，还应注意与瘤样纤维组织增生相区别。虽然后者不是真性肿瘤，但形态结构和纤维瘤十分相似。

### （二）硬性纤维瘤

此种纤维瘤的特点是瘤组织中含胶原纤维多，瘤细胞成分少，肿瘤质地较硬。可在有纤维性结缔组织的任何部位发生，但以皮下多见，在肌膜、骨膜、筋膜和黏膜下也可发现。

**大体病变** 多呈结节状或菜花状，单发或多发。位于皮下的纤维瘤常突起于皮肤表面，触之可滑动。有些肿瘤基部有蒂，肿瘤的表面有时发生溃疡和继发感染。切面为灰白色，与周围组织界限清楚，有包膜，质地坚实，可见不规则的纤维束纹理。

**组织学病变** 硬性纤维瘤组织的分化程度较高，由发生瘤变的纤维细胞和丰富的胶原纤维构成，其结构和染色与正常的纤维结缔组织相似，但胶原纤维与瘤细胞的数量比例、排列结构有所差异。瘤组织中含胶原纤维多，瘤细胞成分少（图4-2）。瘤细胞和胶原纤维紊乱，常呈束状相互交错或呈漩涡状排列，瘤细胞的分布不均匀，有些区域分布密集，有些区域稀疏。纤维束的粗细也不一致。肿瘤细胞呈梭形或星形，核卵圆、淡染，常有多个核仁，但核分裂象少见。有时会发生玻璃样变和钙化，还可看到肿瘤组织的骨化生和软骨化生。

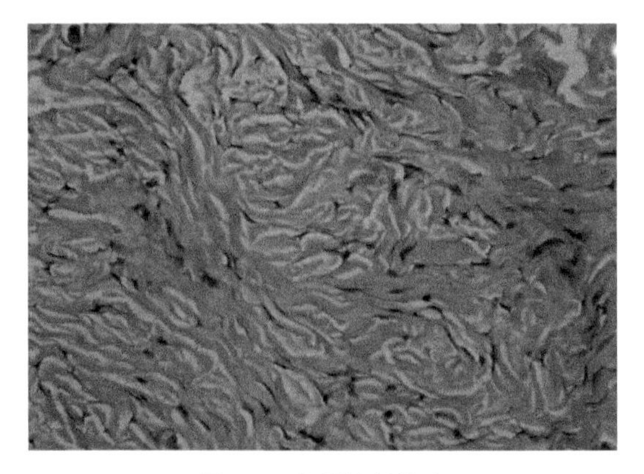

**图4-2 犬硬性纤维瘤**

肿瘤组织中含有多量胶原纤维束

## 二、纤维肉瘤

纤维肉瘤（fibrosarcoma）是来源于纤维结缔组织的一种恶性肿瘤，但与其他组织来源的肉瘤相比，恶性程度低，对机体的危害也相对较小。

纤维肉瘤可发生于牛、马、猪、鸡、犬、猫等多种动物，最常见于犬和猫。其发生部位和纤维瘤相似，可发生于机体有纤维结缔组织的任何部位，但以皮下多见，成年和老龄动物多发。在大家畜，以5～10岁多见，5岁以下或10岁以上较少发生。犬的纤维肉瘤常发生在体表皮下、口腔和鼻腔黏膜，消化道黏膜也可发生。猫多数发生在皮下，起源于皮下深层或筋膜。牛、马等大家畜的纤维肉瘤比纤维瘤少见，二者发生部位相似，且多见于雄性动物。

分化较好纤维肉瘤的组织结构与纤维瘤相似，肿瘤的异型性较小，生长的速度也缓慢，对机体不会造成严重后果，一般手术切除后不复发。然而那些分化程度低或未分化的纤维肉瘤，不仅生长速度快，易转移，而且切除后还会复发，对机体的影响也大。

**大体病变**　纤维肉瘤的形态特点和纤维瘤相似，瘤体大小不等，呈结节状、分叶状或不规则形状，与周围界限清楚，包膜或有或无（即使有包膜也多不完整），质地坚实。发生在体表的肿瘤常伴有炎症、坏死、出血等病变。肿瘤切面均质、湿润，呈灰红色或灰白色，似鱼肉样外观。分化较好的纤维肉瘤质地坚韧，切面呈编织状结构。

**组织学病变**　纤维肉瘤的组织学结构依据其分化程度有很大差异，可看到核分裂象，主要由成纤维细胞构成，异型性较大，常瘤细胞具有多形性，呈梭形、星形等，胶原纤维成分比较少，排列紊乱（图4-3A）。有些纤维肉瘤胶原纤维少，瘤细胞呈梭形或圆形、卵圆形，染色质浓染，常见瘤巨细胞，核仁明显，有2～5个核仁，核分裂象多见，细胞质多少不等（图4-3B）。有些瘤细胞的胞质和基质难以区分，无明显界限，此种纤维肉瘤很难同间变癌区别。此外，纤维肉瘤有丰富的血管和明显的血管裂隙，少数病例的肿瘤组织中还可见到丰富的淋巴管、出血和黏液样变性。

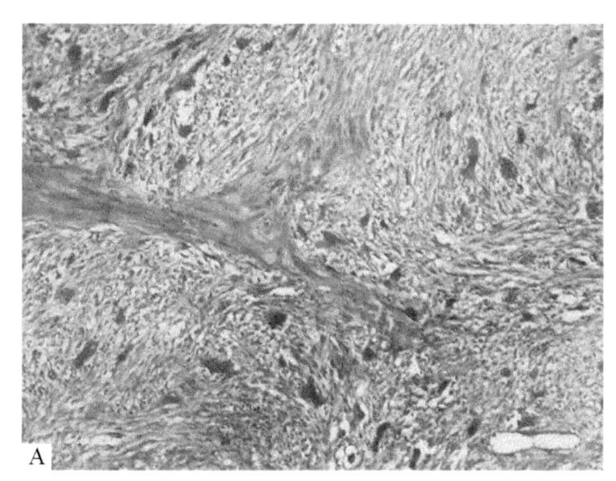


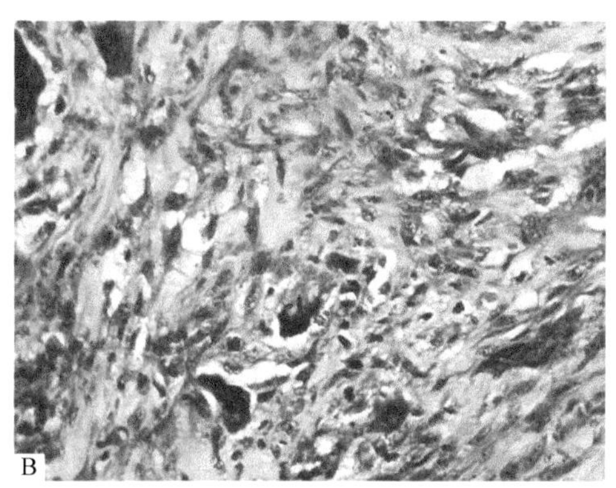


图4-3　牛肾纤维肉瘤

A. 肿瘤细胞排列成束状或漩涡状，可见瘤巨细胞；B. 肿瘤细胞为异型性明显的成纤维细胞，分化不成熟，大小不一，深染

电镜下，瘤细胞呈长梭形或不规则形，核也呈梭形，核仁肥大，染色质边移，有核分裂象，线粒体肿胀，细胞质一般不丰富。细胞间常可见多少不等的胶原纤维，此特点是确诊纤

维肉瘤的重要依据之一。

## 三、黏液瘤

黏液瘤（myxoma）是来源于固有结缔组织的良性肿瘤，见于牛、马、骡、兔、犬等动物。其特征为肿瘤间质有大量以透明质酸为主要成分的黏液样物质，瘤细胞来自呈退行性变化的成纤维细胞。除兔的黏液瘤已明确是由兔黏液瘤病毒引起的之外，其他动物黏液瘤发生的原因尚不清楚。

虽然黏液瘤可发生于任何部位，但不同动物均有各自的好发部位。兔的黏液瘤常发生于颜面部皮下。犬的黏液瘤有时仅仅是混合瘤中的一种成分，如那些从乳腺衍生而来的肿瘤中便含有黏液瘤组织成分；有时偶见于心脏，主要发生在右房室瓣，肿瘤可扩散到肺动脉的根部。

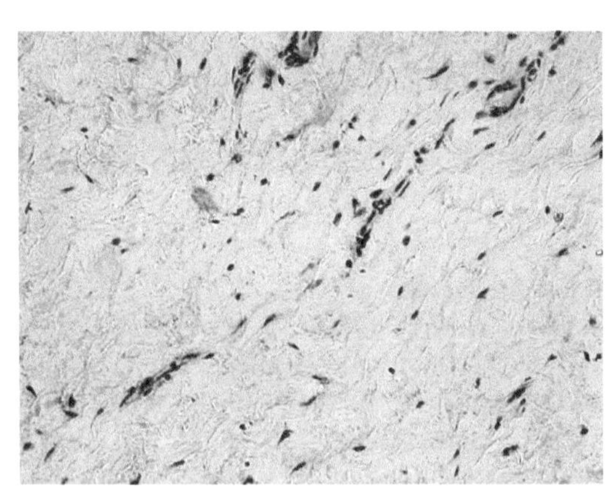

**图4-4 黏液瘤（陈怀涛，2008）**
瘤细胞间的黏液样物质被染成淡蓝色，瘤细胞稀疏，呈梭形或多角形

**大体病变** 瘤组织呈结节状，包膜有或无，与周围组织界限明显，质地柔软，切面呈黏液样，黏滑、湿润、半透明。通常为单发，体积大小不等，若发生在腹膜则体积较大。

**组织学病变** 瘤细胞多呈星形或梭形，胞质突起很长，相互吻合，排列疏松，散在于阿尔辛蓝染色呈阳性的酸性黏液样基质中，其间还含有纤细的网状纤维、少量的胶原纤维、血管，核分裂象少见（图4-4）。

## 四、脂肪瘤

脂肪瘤（lipoma）是源于脂肪组织的一种常见的良性肿瘤，可发生在双峰驼、马、驴、骡、牛、绵羊、猪、犬、猫和禽类等，以皮下多见，大网膜、肠系膜、肠壁等处也可发生。

双峰驼脂肪瘤是近年来在甘肃省和内蒙古自治区发现的一种发生在肝脏的多发性肿瘤，其检出率很高，可达10%～20%，甚至高达49%以上，多发生于老龄驼和母驼。这种肝脂肪瘤的发生原因还不清楚，可能与骆驼在荒漠环境中长期采食某种有毒植物有关。牛脂肪瘤常见于母牛，主要发生在肠系膜、骨盆腔、肉垂，也见于面部和后肢肌肉，5～10岁的牛易发。犬的脂肪瘤比较常见，发生率明显高于猫，主要见于中、老年肥胖母犬的腹、胸、腋及腹股沟皮下脂肪。在禽类，脂肪瘤是虎皮鹦鹉常见的有包膜的肿瘤，多见于皮下，伴有不同程度的出血和坏死。脂肪瘤生长一般比较缓慢，无明显临诊症状，手术切除后一般不复发。

**大体病变** 脂肪瘤的瘤体多为单发，呈结节状，切面常有大小不等的分叶，有包膜，与周围组织界限明显，质地柔软，颜色淡黄或灰黄（牛为淡黄色、马为深黄色、羊为白色），与正常脂肪组织十分相似。瘤体大小不等，为0.5～20cm或更大。位于皮下的脂肪瘤易于移动。如脂肪瘤发生在黏膜或浆膜面，常呈息肉状，以蒂与原发组织相连。有些脂肪瘤由于含有纤维性结缔组织或发生坏死、炎症而使肿瘤质地变硬，坏死的瘤组织为灰白色，呈粉末状。骆驼肝脂肪瘤和其他动物的脂肪瘤外观基本相同，但无包膜，通常瘤结节数量较多，在肝脏呈弥漫性分布，大小不一致（图4-5），小者直径仅0.2cm，大者直径达3cm，一般在1cm左右，偶见大的瘤结节发生钙化。

**组织学病变**　瘤组织分化成熟，与正常的脂肪组织相似，但总有多少不等的结缔组织条索将瘤组织分隔成不规则的小叶（图4-6A）。如瘤组织中含有较多的纤维结缔组织，则称纤维脂肪瘤（fibrolipoma）。肝脂肪瘤的镜检特点是瘤组织位于肝小叶内，异型性小，瘤细胞大小一致，无核分裂象。瘤组织中有萎缩的肝细胞以及少量胶原纤维与网状纤维（图4-6B）。

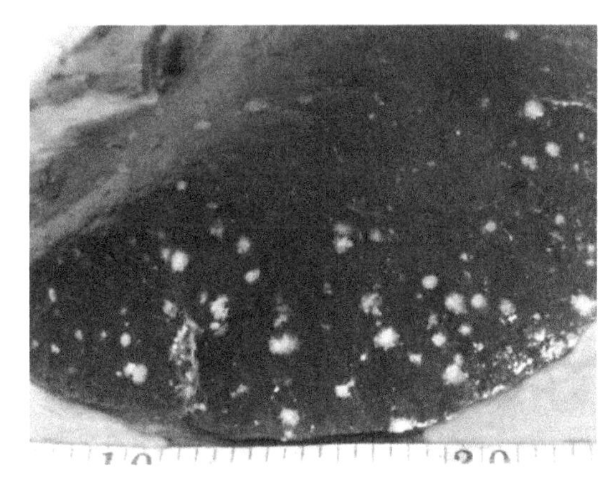

**图4-5　脂肪瘤（陈怀涛，2008）**
骆驼肝弥漫性脂肪瘤，呈结节状，大小不等，质地较硬，灰白色，界限清楚

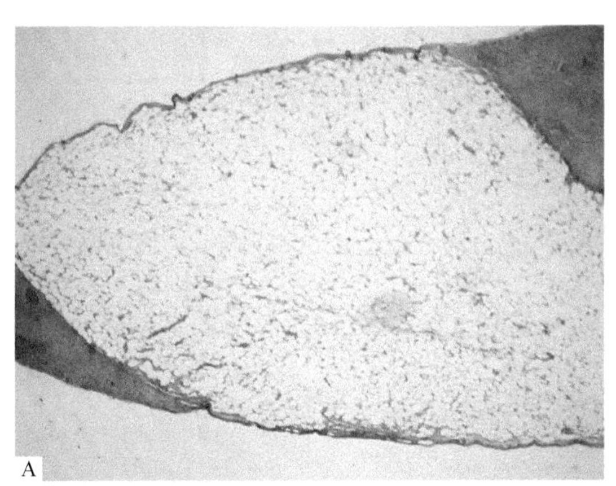

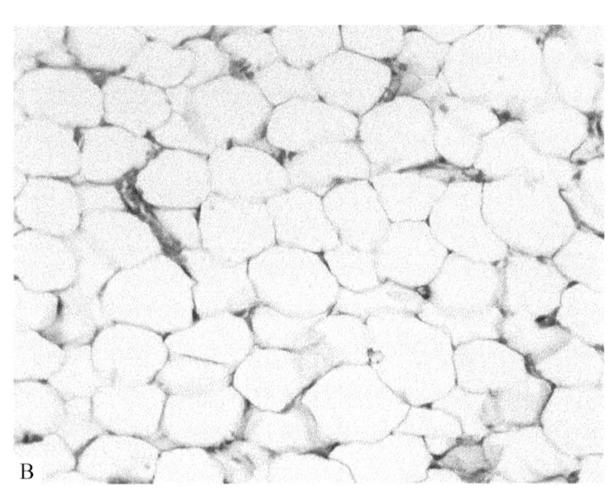

**图4-6　肝脂肪瘤**
A. 肝组织内的脂肪瘤，与肝组织分界清楚；B. 肿瘤细胞分化比较成熟，与脂肪细胞相似

## 五、脂肪肉瘤

脂肪肉瘤（liposarcoma）是来源于脂肪母细胞的恶性肿瘤，极少的脂肪肉瘤由脂肪瘤恶变而来。此瘤较为少见，一般发生在股部、腹股沟等处深部肌肉或肌间。在犬最常发生于皮下脂肪，并可转移至肝和肺，有时转移至骨。在鹅骨骼肌中曾发现多中心的脂肪肉瘤。

**大体病变**　脂肪肉瘤呈浸润性生长，会侵入局部周边组织，不像脂肪瘤那样边界明显。瘤体为结节状或分叶状，表面常有一层假包膜，质地比脂肪瘤坚实。切面为灰白色，呈黏液样外观，或均匀一致呈鱼肉样，常继发出血、坏死和囊性变。

**组织学病变**　脂肪肉瘤比脂肪瘤的分化程度低，细胞数量多，形态多样，多呈圆形，但也有多角形、星形或梭形的瘤细胞。胞质丰富呈嗜酸性，其中有一至多个脂滴。核深染，呈圆形或卵圆形，核仁较大，常见多核巨细胞，核分裂象不常见。肿瘤组织中含有丰富的血管。

脂肪肉瘤可分为分化良好型、黏液样型、圆形细胞（分化不良）型、多形性及未分化型。黏液样型脂肪肉瘤间质有明显黏液样变性和大量血管形成；圆形细胞型脂肪肉瘤以分化程度低的小圆形脂肪母细胞为主；多形性脂肪肉瘤以多形性的脂肪母细胞为主。分化良好型脂肪肉瘤比较不会转移。多形性脂肪肉瘤恶性程度高，转移率较高，切除后易复发或转移，如经血道转移，可转移至肺、肝和骨骼。

## 六、肥大细胞瘤

肥大细胞瘤（mast cell tumor）常见于犬，猫、马、牛、猪、羊较为少见，人偶尔可发生。不同动物的肥大细胞瘤在品种、年龄、性别、肿瘤的好发部位等方面有所差异，但肿瘤的基本组织学结构相似。犬肥大细胞瘤一般发生在皮肤及皮下组织，3周龄到19岁的犬均可发生，但常见于老龄犬（平均年龄8～9岁）。该肿瘤有品种差异，以斗牛梗品系、拉布拉多寻回犬、金毛寻回犬、可卡犬、德国硬毛波音达犬和沙皮犬易发。犬皮肤肥大细胞瘤占皮肤肿瘤的16%～21%，多发生在躯干、四肢、头颈部和会阴部，一般预后较良好。发生在内脏器官组织的肥大细胞瘤见于淋巴结、脾、肝、肾、胃肠道、骨髓等，通常预后较差。另外，结膜、唾液腺、鼻咽、喉、气管、口腔也有发生，但不多见。

**大体病变**　犬皮肤肥大细胞瘤外观呈结节状，无包膜，但与周围组织界限清楚。小的肿瘤结节仅有几毫米，而大的直径在10cm以上。肿瘤质地柔软，切面呈白色、灰色或褐色，有时可见红色或黄色条纹。肿瘤的生长速度因良、恶性程度不同而有所区别。呈恶性的肿瘤生长迅速并常经淋巴管转移，位于皮肤的肿瘤表面伴有溃疡，十二指肠溃疡、胃溃疡是本病的合并症，患犬有血便。肥大细胞瘤患犬的血浆组织胺浓度会上升。良性肥大细胞瘤在动物体内存在的时间很长，从几个月到几年。

猫肥大细胞瘤起源于皮肤和内脏，主要发生于皮肤、皮下、脾脏、肠道，成年猫比幼猫多见。皮肤型肥大细胞瘤的瘤结节小，单发或多发，常发生在头部和颈部，可转移到局部淋巴结及内脏。据报道，皮肤型肥大细胞瘤有典型的肥大细胞型和较少见的猫特有的组织细胞型2种。内脏型肥大细胞瘤常发生在脾脏、肝脏、淋巴结、骨髓、肺脏、肠道，一般不侵害皮肤。眼观，肿瘤多呈结节形，白色或粉红色，质地坚实，凸起，边界清楚，无毛，直径为0.5～3.0cm。有时发生在皮肤的肿瘤呈弥散性生长，无界限。内脏型肥大细胞瘤患猫脾脏、肝脏明显肿大，多数病例可见外周血液肥大细胞增多，部分病例有腹腔积液、胸腔积液，积液中含肥大细胞。

马肥大细胞瘤主要起源于皮肤，1～15岁的马均可发生，公马较母马多发，无品种差异。肿瘤可发生于身体的任何部位，但以头部最常见。有时在肌肉也可发现肿瘤。眼观肿瘤呈结节状，多为单发，也见多发性肿瘤结节，直径为2～20cm。在肿瘤结节的表面常无毛并发生溃疡。

牛肥大细胞瘤起源于皮肤或内脏器官，犊牛和成年牛均可发生。皮肤的肥大细胞瘤仅占牛皮肤肿瘤的3%左右，常多发，瘤体差异较大，直径为1～10cm，多分布于皮下组织。同时在患牛的局部淋巴结、心、肺、肝、脾和肾等内脏器官也常可见肥大细胞的聚集。而起源于内脏器官的肥大细胞瘤常见于舌、皱胃和网膜等，通常不侵害皮肤。

猪肥大细胞瘤局限于皮肤，主要发生于6～18个月的仔猪，单发或多发，未见有转移。瘤体一般较小，直径为0.5～2.5cm。

**组织学病变**　肥大细胞瘤的组织学结构因其分化程度不同而有所差异。根据分化程度可将肥大细胞瘤分为分化良好、中度分化、分化不良三种类型，或相应分为三级，即一级、二级、三级。一级是分化良好的肥大细胞瘤，三级是分化不良的肥大细胞瘤，二级介于二者之间。

分化良好的肥大细胞瘤，肿瘤细胞为圆形，大小和形态基本一致，细胞质的边缘清楚，核分裂象罕见。瘤细胞排列疏松，有时排列成束状或巢状，细胞间有胶原纤维束分隔。用甲苯胺蓝或瑞氏-吉姆萨染色，胞质中可见较大的肥大细胞特有的紫红色颗粒。分化不良的肥大细胞瘤，肿瘤细胞呈现高度的多形性，大小、形态不一致，细胞呈圆形、椭圆形或多角形等。一般核比较大，形状也不规则并含有空泡，并可见多核细胞、巨核细胞，核分裂象多见。细胞质边缘不明显，胞质中缺乏颗粒或有很多细小颗粒。细胞常排列成一大片，多为多角形。另外，在瘤细胞间常可见嗜酸性粒细胞浸润，即使转移到淋巴结的肿瘤，也可同时看到瘤细胞间有嗜酸性粒细胞浸润。猫的肥大细胞瘤还可看到有异形核仁和多核的肥大细胞。马的肥大细胞瘤虽然分化完全，但瘤细胞大小表现并不一致。聚集成片的时候，其周围有结缔组织包围。瘤组织有坏死现象，周围可见巨噬细胞和多核巨细胞。血管常受损害，可见内皮细胞肿胀、小血管壁周围有单核细胞浸润、小动脉中膜发生纤维素样变。

良性肥大细胞瘤手术切除后多可痊愈，但分化程度中等或呈恶性的肥大细胞瘤术后常可复发，恶性瘤可通过淋巴管发生转移。因此，在进行手术治疗的同时，应配合化学药物治疗。

犬的皮肤肥大细胞瘤还应与犬的其他皮肤肿瘤即组织细胞瘤、淋巴瘤、浆细胞瘤和传染性花柳性肿瘤（transmissible venereal tumor，TVT）相鉴别。因为这五种肿瘤均属于犬的皮肤型圆形细胞瘤，虽然有其各自的特点，但在诊断时容易被混淆，故应注意区分（表4-1）。通常可用瑞氏-吉姆萨染色或甲苯胺蓝染色进行区别诊断，若是肥大细胞瘤，瘤细胞的胞质内可出现特有的紫红色颗粒。猫的肥大细胞瘤易与猫的嗜酸性肉芽肿发生混淆，也应注意区别。嗜酸性肉芽肿常发生在猫的皮肤和口腔，嗜酸性粒细胞呈弥漫性浸润，同时伴有肥大细胞浸润，这种肥大细胞一般是成熟的，不发生局灶性聚集。也有人认为嗜酸性肉芽肿可发展成为肥大细胞瘤。

**表4-1　犬皮肤肥大细胞瘤与其他四种犬皮肤型圆形细胞瘤的鉴别要点**

| 疾病名称 | 常发年龄 | 好发部位 | 肿瘤细胞特点 |
|---|---|---|---|
| 肥大细胞瘤 | 6～10岁 | 头颈、躯干和四肢皮肤，常伴有溃疡；肿瘤无包膜；常伴有十二指肠和胃溃疡及凝血障碍 | 瘤细胞大小形态一致或呈多形性，细胞边缘明显或不清楚，聚集时为多角形，胞质多少不一，可见分裂象，瑞氏-吉姆萨染色或甲苯胺蓝染色，可在瘤细胞胞质内看到特有的紫红色颗粒；瘤细胞呈片状或索状排列，其间常见嗜酸性粒细胞浸润 |
| 组织细胞瘤 | 2岁以下 | 头颈、躯干和四肢皮肤，常单发 | 瘤细胞异型性大，分裂象多见，细胞边缘不清楚；深层瘤细胞排列致密，有淋巴细胞浸润，浅层疏松，呈长索状排列 |
| 淋巴瘤 | 5岁以上 | 全身各脏器与皮下；多伴有淋巴结肿大 | 瘤细胞大小不一，胞质少；核多形，染色质为粗颗粒状，有多个核仁 |
| 浆细胞瘤 | 中年犬 | 趾、唇、耳部皮肤 | 瘤细胞大小不一，胞质多少不等，呈嗜酸性，核大小不等，染色质致密，常见分裂象和多核或双核巨细胞 |
| 传染性花柳性肿瘤 | 性成熟犬 | 外生殖器官 | 胞核大小不一，胞质有较多小空泡，常沿细胞膜内缘排成链状，分裂象多见；瘤细胞致密或呈索状，其间常以胶原纤维分隔，间质多有淋巴细胞和浆细胞浸润 |

### 七、组织细胞瘤

组织细胞瘤（histiocytoma）是一种来源于间叶细胞的良性肿瘤，常见于犬，猫偶有发生，其他动物不发病。因为该肿瘤主要发生于犬的皮肤，故常称为犬皮肤组织细胞瘤（canine cutaneous histiocytoma），占犬皮肤肿瘤的3%～19%。4月龄至15岁的犬都可发生，但青年犬最常见，约50%会发生在2岁以下的犬。一般纯种犬容易发病，但无性别倾向。常发生的部位是头颈、躯干、四肢、蹄、阴囊等处皮肤的真皮层。瘤体可自行退化、消失。

**大体病变**　犬皮肤组织细胞瘤呈纽扣状或半球形，故临诊上将其称为“纽扣肿瘤”（button tumor）。瘤体较坚实，触之无痛感，常单发，间或出现多个肿瘤结节，直径为0.3～5.0cm（1.0～2.0cm多见），无包膜，但肿瘤轮廓明显。切面呈均质的灰白色，有时可见出血。该肿瘤虽然是良性肿瘤，但生长迅速，而且被覆皮肤常伴有溃疡。一般在2～3个月后可自行消退。

**组织学病变**　可见相同类型的瘤细胞呈片状浸润皮下，取代了胶原纤维和皮肤的附件。位于深层的瘤细胞排列致密，有淋巴细胞浸润；而靠近表皮的则排列疏松，呈长索状排列。肿瘤细胞呈圆形、卵圆形或多角形，在深层的瘤细胞边缘多不清楚。胞核大小不一，多偏向一侧，呈圆形、椭圆形或肾形，核膜清晰，部分细胞有较大核仁。染色质为细颗粒样或细网状，或形状不明显而沿核膜分布。有丝分裂活跃（一直持续到开始退化），核分裂象多见是该肿瘤的特征。胞质多少不一，含有细小的颗粒或脂滴，常伸出胞质突起与相邻的胞体相连。肿瘤被覆上皮常发生增生。陈旧的肿瘤往往发生退行性变化，可见与退化有关的局灶性坏死以及淋巴细胞浸润。当肿瘤发生溃疡或继发感染时，则中性粒细胞浸润。

组织细胞瘤通常采用细针穿刺术（fine-needle aspiration，FNA）进行诊断。一般用22号针头插入肿块组织中取样，制备抹片，进行迪夫快速（Diff-Quik）染色法染色，然后镜检。若发现细胞边缘模糊不清的圆形细胞，核呈多形性等便可做出诊断。

犬的皮肤组织细胞瘤还应与犬的其他皮肤肿瘤如肥大细胞瘤、淋巴瘤、浆细胞瘤和传染性花柳性肿瘤进行区别（表4-1）。

## 第二节　肌肉组织的肿瘤

### 一、平滑肌瘤

平滑肌瘤（leiomyoma）是来源于平滑肌细胞的良性肿瘤，常见于犬，牛、羊、猪、马、驴、骡、猫、鸡等动物也有报道。该肿瘤可发生在内脏多种器官，但主要在消化道和泌尿生殖道，其中以子宫最为多见。禽类的平滑肌瘤常发生在输卵管系膜，也见于输卵管的腹腔面和肠系膜。平滑肌瘤可以手术切除，一般术后不复发、不转移。但纤维平滑肌瘤术后有复发现象。

**大体病变**　平滑肌瘤与纤维瘤相似，常单发，质地较硬，呈结节状，大小不等。大多数肿瘤边界清楚（图4-7）。切面为灰红色，有纵横交错呈编织状或漩涡状纹理。陈旧的肿瘤常伴发胶原纤维的玻璃样变，故质地变得更硬。如伴发水肿、黏液样变、出血、囊性变时，质地较为柔软。有时肿瘤内部发生严重坏死，甚至钙化。此外，在阴道或阴户发生的平滑肌瘤常以蒂相连，并突出于阴户。有蒂的平滑肌瘤可引起母牛的子宫扭转，若发生在犬的下段食管会引起持久呕吐。此瘤还可引起怀孕马的子宫阻塞和犬、猫膀胱阻塞。

**组织学病变** 瘤细胞为长梭形，较正常平滑肌细胞密集，呈束状纵横交错排列。瘤细胞核呈棒状或杆状，分裂象少见，细胞质丰富。在瘤组织中可看到较多厚壁小血管，这些血管本身可成为平滑肌瘤的起源，并直接构成肿瘤的组成部分（图4-8）。瘤细胞间有多少不等的纤维结缔组织，有时瘤组织几乎被纤维结缔组织取代，则称为纤维平滑肌瘤（fibroleiomyoma）。

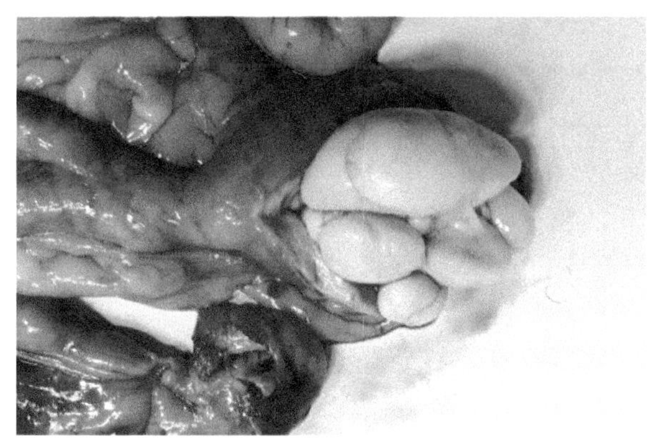

图4-7 犬子宫平滑肌瘤（1）
肿瘤表面光滑、白色，硬实，多块状

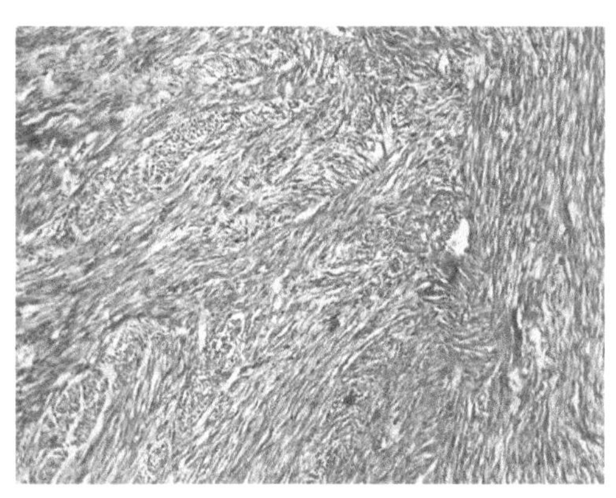

图4-8 犬子宫平滑肌瘤（2）
肿瘤由长梭形、分化成熟的平滑肌细胞组成，肌纤维排列纵横交错，呈漩涡状

纤维平滑肌瘤是平滑肌瘤的一种特殊类型，常发生在犬、猫的生殖道和牛、山羊或马的阴道，被认为是机体对激素功能紊乱的一种组织应答反应。肿瘤的发生一般不影响发情周期，也不增加假孕的发生。这种肿瘤约占母犬子宫、阴道和阴户肿瘤的80%，发病年龄为10岁以上。该肿瘤呈多中心生长，外观与平滑肌瘤相似，瘤体可向内或向外突出，在母犬常呈多发，而母猫则单发。瘤体与周围组织一般无明显界限。镜检可见核分裂象。

用范吉森（Van Gieson）、马森（Masson）或马洛里（Mallory）磷钨酸苏木素染色，可显示瘤细胞胞质中的纵行肌丝，以此作为平滑肌瘤的诊断依据。

## 二、平滑肌肉瘤

动物的平滑肌肉瘤（leiomyosarcoma）比较少见，见于犬、牛、羊、骡、猪、鸡、鹦鹉等家畜和禽类。其分布广泛，可发生在乳房、股内侧、会阴、肛门等部位皮下，还可发生在肝、肺、心包囊、横膈膜、胃、盲肠、肾、骨骼肌和卵巢等内脏器官组织。另外，平滑肌肉瘤是犬胃肠道第二常见的肿瘤，鸡和鹦鹉的肠道也曾发现平滑肌肉瘤。人的平滑肌肉瘤常发生在子宫及胃肠，以中老年人多见。此瘤恶性程度高，术后容易复发，预后差，可通过血道进行转移。

**大体病变** 肿瘤呈浸润性生长，无包膜，与周围组织界限不清。瘤体呈结节状，切面为均匀一致的灰白色或灰红色，呈鱼肉状或编织状。有些平滑肌肉瘤发生广泛性坏死，呈暗黑色并有凹陷，还可见出血、囊性变。

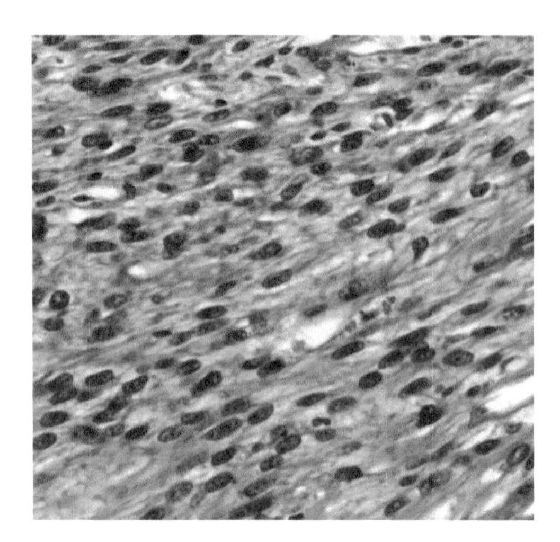

图4-9 子宫平滑肌肉瘤
肿瘤细胞呈长梭形，核大小不一，异型性明显

**组织学病变** 特征是瘤组织分化不良，瘤细胞及其核呈梭形，异型性明显（图4-9）。可见坏死，偶见多核瘤巨细胞。瘤细胞呈束状排列，纵横交错，胶原纤维的分布极不均匀，血管裂隙显著，血管内可见瘤细胞性栓塞。

## 三、横纹肌瘤

横纹肌瘤（rhabdomyoma）是起源于横纹肌的一种少见的良性肿瘤。因有三分之一的横纹肌瘤见于心脏，而且多为先天性的，故又称为先天性横纹肌瘤（congenital rhabdomyoma）。牛、猪、绵羊、犬、鹦鹉等均有报道。

**大体病变** 肿瘤分叶，常带有蒂，有时可见包膜。瘤体被包裹在心脏或埋在心肌内，甚至弥漫性分布于心肌的某些区域，以心室尤其室间隔为最多。肿瘤与周围组织颜色为黄色或棕色，有时呈粉红色。

**组织学病变** 肿瘤细胞呈多形性，包括典型的球拍形、星形等，可见多核巨细胞，核分裂象少见。胞质内有明显的纤丝状交叉的横纹和大量糖原，但有时瘤细胞中看不到横纹。有些瘤细胞之间有大量的基质胶原纤维。电镜下可见胞质内有肌原纤维、幼稚的Z线及原始肌节。

## 四、横纹肌肉瘤

横纹肌肉瘤（rhabdomyosarcoma）是一种恶性程度比较高的肉瘤，起源于骨骼肌，瘤细胞为分化程度不同的横纹肌母细胞，瘤组织无支持结缔组织，由瘤细胞本身充当结构支架。该肿瘤可发生在牛、羊、马、犬、猫和鸭等动物，以幼龄动物多见，平均年龄为2～3岁。肿瘤常发生在四肢，也可发生于舌、颊部、咽喉、心肌、食管和胸背部。横纹肌肉瘤生长迅速，易早期发生血道转移，如不及时诊断治疗，预后一般极差。

**大体病变** 肿瘤呈结节状，无包膜，切面为红灰色，常伴有进行性坏死和出血。肿瘤可通过血道转移至局部淋巴结、肺、肝、脾、肾、肾上腺等内脏器官及骨骼肌。

**组织学病变** 瘤细胞和瘤组织均呈多样化。根据瘤细胞的分化程度和结构特点可将其分为三种类型：①胚胎型：肿瘤由未分化和分化程度低的小圆形、卵圆形、梭形或带状的横纹肌母细胞构成。②腺泡型：肿瘤由低分化的圆形或卵圆形瘤细胞形成的不规则腺泡构成，在腺泡腔偶尔可看到高分化的横纹肌母细胞及多核瘤巨细胞。③多形型：瘤细胞异型性大，可出现多种形态怪异的横纹肌母细胞，胞质丰富红染，有纵纹和横纹，核分裂象多见，间质少，血管丰富。电镜下，肌质中可见肌微丝，并有特殊的肌动蛋白微丝、肌球蛋白微丝及典型的骨骼肌横纹，细胞呈多形性，可看到不同分化程度的瘤细胞同时存在于瘤组织中。

## 五、化生性横纹肌肉瘤

化生性横纹肌肉瘤（metaplastic rhabdomyosarcoma）是一种罕见的恶性肿瘤，来源于多能性间质。一般发生在不含横纹肌或横纹肌很少的部位，可见于幼犬膀胱和羔羊肺。外观与横纹肌肉瘤很难区分，呈半透明、黏液水肿状。若呈葡萄簇状，则称为“葡萄状肉瘤”。瘤细胞主要与原始的成肌细胞相似，呈梭形或呈多形性，核为圆形或卵圆形，深染，胞质不丰富，但呈强嗜酸性。瘤细胞常弥散分布于丰富的黏液性间质中。部分区域瘤细胞呈长梭形，有时可找到有纵纹和横纹的分化较成熟的横纹肌细胞。肿瘤表面覆盖有正常的膀胱上皮。此瘤生长迅速，局部侵袭性强，可经淋巴道或血道转移。

# 第三节 脉管肿瘤

脉管肿瘤包括血管肿瘤和淋巴管肿瘤，前者较后者多见。

## 一、血管肿瘤

血管肿瘤常称血管瘤（hemangioma），可分为毛细血管瘤、海绵状血管瘤及混合型血管瘤三种类型。毛细血管瘤由异常增生的毛细血管构成，海绵状血管瘤则由扩张的血窦构成，混合型血管瘤为前二者并存的肿瘤。来源于血管内皮细胞的肿瘤有血管内皮瘤、血管肉瘤，来源于血管外皮细胞的常见肿瘤是血管外皮细胞瘤。动物的血管瘤比较少见，牛、马、驴、骡、羊、猪、犬、猫，以及鱼等均有报道，有自愈现象。人的血管瘤可随身体的发育而长大，成年后即停止发展，甚至可以自然消退。以下介绍几种动物的血管瘤。

### （一）血管内皮瘤

血管内皮瘤（hemangioendothelioma）是起源于血管内皮细胞的一种良性肿瘤，可发生于许多部位，常见于幼畜。血管内皮瘤可以发生在机体的任何部位，以皮肤血管内皮瘤最为多见。

图4-10 犬血管内皮瘤
肿瘤有包膜，有蒂，表面光滑、暗红色，硬实

**大体病变** 发生在皮肤或黏膜的肿瘤常表现为红色的肿块或红斑，内脏血管内皮瘤多呈结节状（图4-10）。

**组织学病变** 血管腔充满异常增生的内皮细胞，呈实体性细胞团块，或仅有很小腔隙（图4-11）。增生的内皮很像胎儿期幼稚的内皮细胞，无异型性或核分裂象。到一定阶段逐渐静止，预后良好。电镜观察，肿瘤中除有增生的内皮细胞外，同时还有成纤维细胞及血管周细胞。

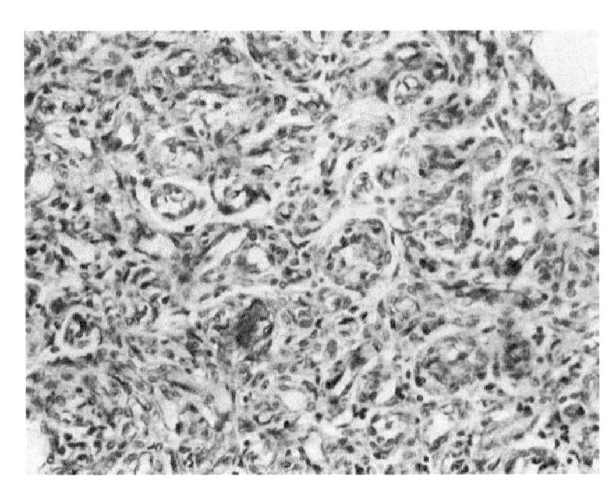

图4-11 毛细血管瘤（陈怀涛，2008）
肿瘤组织由异常增生的毛细血管构成

### （二）血管肉瘤

血管肉瘤（hemangiosarcoma）又称恶性血管内皮瘤（malignant hemangioendothelioma），是来源于血管内皮细胞的一种少见的恶性肿瘤。此瘤比血管内皮瘤少见，常发生于犬尤其大型犬，如德国牧羊犬，发生的年龄平均为8～13岁，3岁以下也可发生。猫、猪、马、羊等偶尔发病。脾脏、右心房和肝脏等内脏被认为是该肿瘤可能的原发部位，特别是脾脏，血管肉瘤最常见，约占脾脏恶性肿瘤的三分之二。右心室、肺脏、肾脏、膀胱、子宫、口腔、胃肠道、腹膜、皮肤、肌肉、骨骼、淋巴结、大网膜、睾丸浆膜面及主动脉基部等部位也可发生。内脏的血管肉瘤侵犯性较强，可通过血道途径或破裂后进行腹腔内转移。如果心脏有肿瘤发生，可使患病动物出现突发性心力衰竭，若肺脏有广泛转移性肿瘤或引发血胸，临诊会出现明显的呼吸困难。肿瘤破裂出血及其导致的腹腔和心包积血是造成患犬死亡的主要原因。

**大体病变** 血管肉瘤大小不一，呈浅灰、暗红或紫色，柔软。发生在皮下的肿瘤常突起于皮肤，好发于无毛、无色素的位置，单发或多发，呈结节状，无包膜，质地柔软，肿瘤直径为0.5～10cm，呈皮下血肿样。切面呈暗红色或灰白色，如血管扩张则呈海绵状。发生在脾脏的肿瘤很像脾的结节状增生或血肿，为椭圆形，由于出血呈淡黑红色，直径为15～20cm。切面富含血液或坏死，有淡红、灰色或淡黑红色海绵状区域，出血的部位由于红细胞溶解呈暗红色或黄色，有时出现含有红色或黄色透明液体的囊肿，肿瘤破裂导致腹腔积血。位于右心房的肿瘤，直径为2～5cm，可继发心包积血或积液。大网膜上的肿瘤也为多发性，散在于大网膜上，呈黑色、黄褐色或暗红色，常见腹水或腹腔积血。其他部位的肿瘤和上述类似。

**组织学病变** 可见大量由不成熟内皮细胞构成的不规则的、大小不等的、扩张的血管或小的裂隙，有时像海绵状血管床，血管不规则扭曲，血管腔内含有数量不等的血液，常可见微血栓。瘤细胞为管腔内皮细胞，异常增生、肥大，呈多形性，有的呈立方形或乳头状突向管腔，细胞界限不明显。细胞核也呈多形性，为纺锤形、多角形、卵圆形。某些区域的血管内皮细胞异型性明显，可见核分裂象，嗜银染色可见瘤细胞完全被基底膜所包围。分化程度较差的血管肉瘤，瘤细胞多呈团块状增生，异型性明显，核分裂象多见。另外，瘤组织中还有多少不等的结缔组织基质。电镜下观察，形状各异的瘤细胞构成很多血管裂隙，小血管周围有基板。出血和坏死是此型肿瘤最常见的变化。

### （三）海绵状血管瘤

海绵状血管瘤（cavernous hemangioma）起源于血管内皮，由扩张的血窦构成，常见于犬，奶牛、马、绵羊、猪及猫也可发生。

**大体病变** 海绵状血管瘤可发生在机体的许多部位。在犬，通常发生在腿、腹侧、颈、面部和眼睑的皮肤，单发或多发，直径为0.5～3.0cm，卵圆形或圆盘形，界限明显，中等硬度，由于此瘤由扩张的血窦构成，故切面不仅有血液渗出，而且可见大小不等的血腔，其间有薄的间隔，很似海绵。在牛，主要发生在肩峰、背和腰部，单发或多发，质地柔软，呈粉红色或红色，大小为1.0～2.5cm，可反复出血，能自愈。

**组织学病变**　可见肿瘤血管密集，管腔大小不等，扩张，充满血液，管壁很薄并衬以分化良好的单层扁平内皮细胞（图4-12）。有时血管瘤被发生玻璃样变的结缔组织所分割。此型血管瘤常见血管床有血栓形成、机化、钙化或骨化。

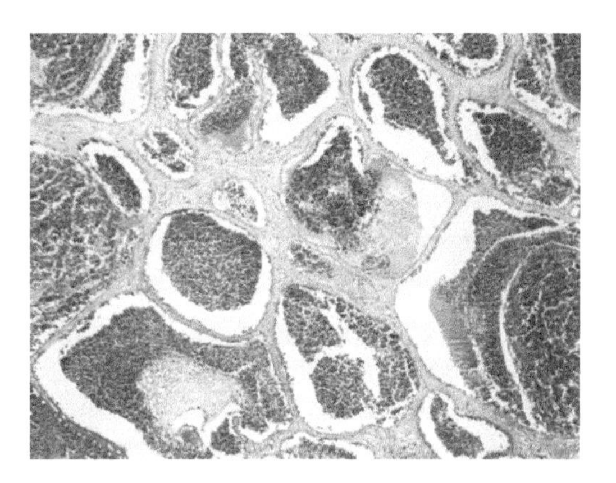

**图4-12　海绵状血管瘤（陈怀涛，2008）**
肿瘤组织由大小不等的扩张的血窦构成，窦壁衬以扁平内皮细胞，腔内常充满红细胞，血窦之间有多少不一的结缔组织

该肿瘤应注意与血管变形、大量的血管修复增生及其他具高度血管化的肿瘤进行鉴别。

### （四）血管外皮细胞瘤

血管外皮细胞瘤（hemangiopericytoma）即血管周细胞瘤，属于一种不成熟的恶性肿瘤，由血管外皮细胞演变而来。动物血管外皮细胞瘤极为罕见，犬的血管外皮细胞瘤相对多发一些，发病年龄为8～14岁，常发生在母犬的四肢和躯干的皮下组织，偶见于头、颈和尾部的皮肤，有时也侵害肌肉组织。牛等其他动物偶可发生，位于机体的任何部位，但以皮下多见，其次是鼻腔、胸肋等部位肌肉内。血管外皮细胞瘤生长缓慢，大部分肿瘤局限于皮下，少数浸润于肌束之间、肌腱和神经。如果肿瘤在局部呈侵袭性生长，手术切除后易局部复发，但很少发生转移。

**大体病变**　肿瘤呈结节状，无包膜，质地坚实，为多发性，大小差异大，为0.5～25cm。小的肿瘤结节界限清楚，而大的则和周围组织界限不清，和皮肤固着，常与深部组织粘连。肿瘤的切面湿润，呈灰色或灰红色，明显分叶，有出血，偶尔有囊肿形成。禽类的血管外皮细胞瘤通常发生在颈部皮下组织，呈大小不等的结节状，切面为白色。

**组织学病变**　可见大量形状不同的血管，血管内皮细胞多肿胀变圆，管腔内的红细胞呈多形性，血管基底膜增厚，瘤细胞则环绕在血管周围，呈放射性排列或圆桶状排列，细胞有2～3层到十几层，血管壁的结构消失。有些瘤细胞呈散在的团状排列。大多数血管外皮细胞瘤会有神经鞘瘤的组织学特征。犬和禽的瘤细胞多呈梭形或纺锤形，牛的为圆形或长椭圆形。瘤细胞胞质嗜酸性较强，无明显的细胞界限，核呈卵圆形，核膜厚深染，常有1～2个明显的核仁。

电镜下，大部分瘤细胞围绕毛细血管呈同心层排列，瘤细胞存在基板，个别瘤细胞有长的突起，邻近的瘤细胞之间有半桥粒连接，胞质内有张力微丝、中等量游离核糖体、粗面内质网和微吞饮空泡，瘤细胞之间还有多少不等的胶原纤维。

### （五）血管球瘤

血管球瘤（glomangioma）是一种良性肿瘤，由正常的血管球体演变而来。动物的血管球瘤十分罕见。此瘤生长缓慢，很少发生转移。

**大体病变**　血管球瘤一般发生在四肢末端皮下组织的动静脉吻合处，也可发生在其他部位。瘤体呈圆形或椭圆形，多呈单发，瘤体积较小，光滑，无包膜，质地松软，切面呈淡红色，似肉芽组织。

**组织学病变**　瘤组织由许多不规则的血管腔隙构成，壁厚，由大小比较一致，呈多边形、圆形或立方形的多层瘤细胞构成。肿瘤周围有少量平滑肌及神经纤维。电镜观察及组织培养结果表明，血管球瘤的瘤细胞可能属于血管周细胞类型。

## 二、淋巴管肿瘤

### （一）淋巴管瘤

淋巴管瘤（lymphangioma）是动物罕见的一种良性肿瘤，由异常增生的淋巴管构成，内含淋巴液。牛、羊、马、猪、犬、猫及大鼠等均可发生，见于任何部位，如皮肤、肝、肺、脾、心包、鼻咽、胸膜、横膈、网膜和腹膜等器官组织。依据肿瘤组织的结构及淋巴管腔隙的大小将淋巴管瘤分为毛细淋巴管型（单纯型）、海绵型、囊肿型和混合型四种类型。

**大体病变**　肿瘤呈不规则突起，质地较软。囊肿型淋巴管瘤内的淋巴管呈高度囊状扩张，囊内充满清亮的液体。

**组织学病变**　淋巴管扩张，管腔大小不一，衬以单层内皮细胞，与正常淋巴管相似。较小的淋巴管腔隙外膜结构不清，较大的淋巴管结构清晰，并有平滑肌束，腔内有淋巴液，其中含有少量淋巴细胞，偶尔可见红细胞。肿瘤间质由网状纤维和胶原纤维构成，常有散在的淋巴细胞和淋巴滤泡。囊肿型淋巴管瘤可见淋巴管呈高度囊状扩张，壁内含有少量平滑肌纤维，并有淋巴滤泡形成。

### （二）淋巴管肉瘤

淋巴管肉瘤（lymphangiosarcoma）来源于淋巴管内皮细胞，是一种比较罕见的恶性肿瘤，常发生于长期淋巴水肿的基础上。此瘤生长迅速，常发生广泛的血道转移，预后极差。

**大体病变**　肿瘤呈结节状，质地柔软、囊样或水肿样，通常发生于皮下。呈膨胀性生长时对附近组织有压迫性，若呈侵袭性生长，可转移至肺。

**组织学病变**　可见不同程度间变的梭形细胞组成实心团块，或形成小管与裂隙，小管与裂隙由网状纤维环绕。淋巴管肉瘤与血管肉瘤相似，只是管腔内缺乏红细胞。肿瘤附近常有许多扩张的淋巴管，内皮细胞也增生肥大。

（王雯慧）

# 第五章 呼吸系统肿瘤

## 第一节 鼻腔、鼻窦及咽部肿瘤

### 一、鼻腔肿瘤

畜禽的鼻腔肿瘤比较罕见。鼻腔肿瘤大多发生于犬，也见于马、猪等动物。畜禽的鼻腔肿瘤主要有鳞状细胞癌、腺癌、未分化癌、纤维瘤、纤维黏液瘤、骨瘤和肉瘤等类型。国内检出的多例猪鼻腔肿瘤病例经确诊均为腺癌。

鼻腔肿瘤病例中有2/3的病例为癌症，包括腺癌、鳞状细胞癌、未分化癌。其他的类型包括肉瘤，如纤维肉瘤、软骨肉瘤、骨肉瘤和非分化肉瘤及淋巴瘤、肥大细胞瘤和血管肉瘤。以上的鼻腔恶性肿瘤都具有局部侵袭性，转移率较低，而一旦发生转移，局部淋巴结和肺是最常见的转移部位。

#### （一）鼻腔腺瘤

**大体病变** 肿瘤呈灰白色或粉红色，质地柔软，表面光滑，体积和外形在不同的病例中略有不同。肿瘤从黏膜面向外呈外生性生长，早期病例仅见黏膜局灶性增厚，表面不平，进而形成小米粒至大米大小，乃至更大的结节状新生物，或呈息肉样，堵塞鼻道，使鼻腔狭窄甚至完全闭塞。此时通常可见局部黏膜发生炎性水肿，有黏液或黏脓性液体。

**组织学病变** 主要由黏膜腺体组成，即由分化较好的浆液腺、黏液腺和混合腺所组成，其中大部分是浆液腺。瘤细胞与正常腺细胞类似，很少有核分裂象。由单层瘤细胞形成许多腺泡，腺腔大小不一。肿瘤表面有假复层柱状上皮细胞覆盖。

#### （二）鼻腔腺癌

鼻腔腺癌起源于鼻腔黏膜的柱状上皮或腺体，肿瘤外形不一、无包膜，表面呈颗粒状，颜色灰白，质脆。镜检，肿瘤细胞为立方形、低柱状或柱状，形成单层或复层腺管样结构，腺腔内常有积液。

### 二、鼻窦肿瘤

鼻窦或称副鼻窦，是筛窦、上颌窦、额窦和蝶窦几个解剖部位的统称。这一区域的肿瘤在畜禽较为少见，而在猫、犬等小动物的临床病例较多，散发性猪鼻窦癌的临床病例报道也较多。

鼻窦的恶性肿瘤称为鼻窦癌（carcinoma of paranasal sinuses），多为腺癌和鳞状细胞癌。

鼻窦癌的发病部位通常是上颌窦，筛窦次之，额窦及蝶窦较少见。

**大体病变** 鼻窦癌的外形为菜花样、结节样或团块样，表面均无包膜，粗糙不平，切面多呈粗颗粒状。颜色呈灰白色，少数为淡红色、灰褐色或灰红色。质硬而脆。体积大小不一，体积大者可完全占据筛窦、两侧上颌窦和额窦，甚至向额面隆起生长。较小者仅在镜下可发现，病变部位黏膜粗糙，无可见的明显肿物。

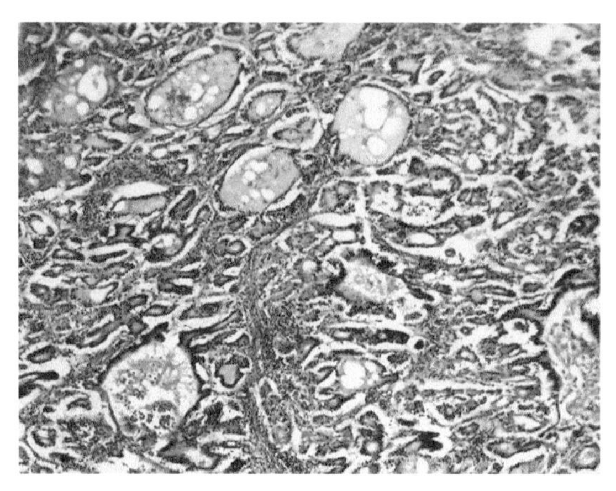

图5-1 猪筛窦腺癌

肿瘤组织由许多腺体组成，腺泡大小不一，形状不一，癌细胞排列成多层，腺腔内有分泌物

**组织学病变** 在病理组织学上以腺癌和鳞状细胞癌多见，还可见未分化癌及鳞腺癌。

1. **腺癌** 来自鼻窦黏膜的柱状上皮或腺上皮，分化程度不一，但均呈腺样结构，多半形成腺腔（图5-1）。在分化较差的腺癌中，也可见到癌细胞呈腺腔样排列。肿瘤细胞呈立方形、柱状，胞体大，核仁肥大、深染。

2. **原位鳞状细胞癌** 窦壁黏膜柱状上皮呈鳞状细胞化生。癌变的细胞体积明显增大，核明显增大、畸形，核质比失常，核膜增厚，细胞排列紊乱。癌变部分累及黏膜全层，但基底膜仍保持完整。

3. **鳞状细胞癌** 鼻窦鳞状细胞癌可区分为高分化鳞状细胞癌、低分化鳞状细胞癌及未分化鳞状细胞癌。

（1）高分化鳞状细胞癌：癌细胞为多角形，核大，常呈圆形、椭圆形或不规则形状，核染色质增多呈粗颗粒状，染色加深，分布不匀，胞质比较丰富。癌组织中有角化珠形成。癌细胞呈条索状或巢状排列，部分癌细胞间的细胞间桥清晰可见，呈现典型的鳞状细胞癌结构。

（2）低分化鳞状细胞癌：癌细胞常呈片状分布，其胞体较小，常为短梭形或梭形，胞质较少，核椭圆形或圆形，核染色质丰富，呈蓝染色，一般无细胞角化、角化珠形成和细胞间桥。

（3）未分化鳞状细胞癌：癌细胞均胞体较小，核为小圆形、小椭圆形或梨形不等，胞质极少，呈不规则分布。

## 三、鼻咽癌

鼻咽癌（nasopharyngeal carcinoma）是指发生于鼻咽腔侧壁和底壁上皮组织的恶性肿瘤，起源于鼻咽部黏膜上皮和腺体，多为鳞状细胞癌。动物鼻咽癌的发生极少，仅见于犬、猫、猪。

**大体病变** 发生部位为鼻咽的侧壁和底壁。早期无明显肿物，仅发现黏膜粗糙、失去光泽和稍显增厚。体积较小时如黄豆大小，颜色灰白，质硬而脆，无光泽，无包膜，较大时形成结节状、菜花状或其他形状的肿块。体积较大时可占据整个鼻咽腔，出现呼吸困难，鼻道的分泌物明显增多及出血。晚期常呈恶病质状态。

**组织学病变** 猪的鼻咽癌发生，经历了从量变到质变的过程，从被覆上皮单纯性增生、被覆上皮异型增生、被覆上皮单纯性鳞状细胞化生、被覆上皮异型性鳞状细胞化生、被覆上皮乳头状增生、外突型乳头状瘤、内翻型乳头状瘤、基底细胞增生与癌变、乳头状瘤癌变、原位癌，最后发展为鳞状细胞癌。一些研究资料表明，动物鼻咽上皮的异型增生与异型性化生，可保持相对稳定的生理状态，甚至会出现消退现象。

鳞状细胞癌是在上皮细胞鳞状细胞化生、乳头状瘤或基底细胞内生性增生与癌变的基础上发展而成的。癌变的细胞突破基底膜向间质呈乳头状或有分枝的索样浸润。

# 第二节　喉和气管肿瘤

## 一、喉肿瘤

喉部肿瘤可分为良性肿瘤和恶性肿瘤。动物良性喉肿瘤在临床上很少发生，偶有发生者多为血管瘤、纤维瘤、脂肪瘤，其中血管瘤表现为红色不规则隆起赘生物，易出血；纤维瘤及脂肪瘤则表现为黏膜下隆起赘生物。良性喉肿瘤病例有的无任何症状，有的病例咽部可能有异物阻塞、声音嘶哑、呼吸困难等临床表现，血管瘤可能有出血症状。

动物恶性喉肿瘤即喉癌（laryngeal carcinoma），绝大多数是鳞状细胞癌，其他为腺癌、淋巴瘤、肥大细胞瘤等。在临床上可有咽痛、痰中有血、喉部有异物感、声音嘶哑等症状表现，如果恶性肿瘤增大明显，可能发生呼吸困难和吞咽困难。

鳞状细胞癌约占全部恶性喉肿瘤的90%以上。根据肿瘤细胞分化程度不同可分为三种类型：①分化程度高的鳞状细胞癌，表现为细胞较大，呈多角形或圆形，胞质较多，有明显的角化及细胞间桥，可见少量的核分裂象。②中分化的鳞状细胞癌，细胞呈圆形、卵圆形或多角形，细胞大小形态不一，核分裂象常见。一般不见细胞间桥，但可见少量角化。③分化程度低的鳞状细胞癌，细胞呈梭形、卵圆形或不规则形，细胞体积较小，胞质较少，核分裂象常见，没有角化和细胞间桥，细胞间质有时呈不同程度的异型性。

## 二、气管肿瘤

气管肿瘤在动物中并不常见，原发性气管肿瘤较支气管肿瘤、肺肿瘤和喉肿瘤均少见。气管恶性肿瘤很罕见。

气管肿瘤患病动物表现出形体消瘦、精神萎靡、声音嘶哑、无法吠叫，并伴有声带增厚及不同程度的吞咽困难。随着气管肿瘤增殖逐渐阻塞住气管腔50%以上时，患畜则出现气短、呼吸困难、喘鸣等临床症状。

从发生率来看，动物的气管肿瘤特别是原发性气管肿瘤的发生尚不清楚。从发病趋势来看，该病的临床病例逐年升高，以长期身处污染环境、接触重金属、电离辐射的动物群体好发该病。从发病季节来看，该病各季节均可发生。从发病年龄来看，该病在各年龄动物均可发生，其中在年龄较高的动物群体中高发。

按照病理类型可分为：良性气管肿瘤和恶性气管肿瘤。良性气管肿瘤最常见的有软骨瘤、骨瘤、平滑肌瘤、乳头状瘤、纤维瘤、血管瘤等；恶性气管肿瘤包括鳞状细胞癌、骨肉瘤、软骨肉瘤、肥大细胞瘤、浆细胞瘤、淋巴瘤、横纹肌肉瘤等，最常见的原发性恶性气管肿瘤是鳞状细胞癌，喉、支气管、肺、甲状腺、食管、纵隔等处原发恶性肿瘤亦可侵入气管形成继发性气管肿瘤。

原发性良性气管肿瘤种类多，形态不一。大多数原发性良性气管肿瘤生长缓慢，表面光滑，黏膜完整，常有瘤蒂，不发生转移，但如切除不彻底易复发。

原发性恶性气管肿瘤最常见的是鳞状细胞癌，可呈现为突入气管腔的肿块或溃破形成溃疡，后期常有纵隔淋巴结转移或扩散入肺组织，并可直接侵犯食管、喉部。

气管软骨肿瘤的发病原因尚未确定，老年动物发病率较高，猜测该病的发生发展可能与喉软骨骨化有关，因为这种喉软骨骨化最常见于高龄动物。气管软骨肿瘤从大体形态上看有两种类型，一是腔内结节性，肿瘤细胞自气管黏膜表面向腔内生长形成息肉样或者菜花样肿块；二是管壁浸润性，管壁增厚，管腔不规则狭窄。

## 第三节　肺脏和胸膜肿瘤

肺脏肿瘤指发生在肺实质及肺间质的肿瘤，可能源自肺内任何组织，最常源自呼吸道或肺泡上皮。动物的原发性肺肿瘤很罕见，且大多数是恶性的，呈现大小不一的块状。按其来源分为原发性肿瘤和继发性（转移性）肿瘤，有时很难区分原发性肿瘤和继发性肿瘤，继发性肿瘤比原发性肿瘤更常见；按其组织形态可归类为上皮性肿瘤、软组织肿瘤和间皮细胞瘤。原发性肺脏肿瘤主要发生于一些年龄较大的犬、猫和牛等动物，动物临床表现为咳嗽、呼吸困难、呼吸急促、厌食、体重下降、跛行等。

### 一、肺癌

肺癌（pulmonary carcinoma）是肺部恶性肿瘤，肺癌是人类死亡的主要原因之一，但在动物中非常少见，支气管肺癌是常见的肺部恶性肿瘤之一。根据文献，动物的肺癌通常起源于克拉拉细胞（Clara cell），或Ⅱ型肺泡细胞，而人类通常起源于支气管。犬、猫肺癌大部分发生于年龄较大的动物，其他动物很少发生。原发性肺癌可转移至肺的其他部位、肺门淋巴结、胸膜、横膈膜等部位。在犬中，支气管、支气管肺泡、肺泡的腺癌占原发性肺肿瘤的80%，鳞状细胞癌排在第2位，其他肿瘤包括软骨瘤、肉瘤、腺瘤、纤维瘤、浆细胞瘤等。猫最常见的原发性肺肿瘤是鳞状细胞癌。小细胞型肺癌约占人类肺脏肿瘤的25%，但很少发生于犬、猫。

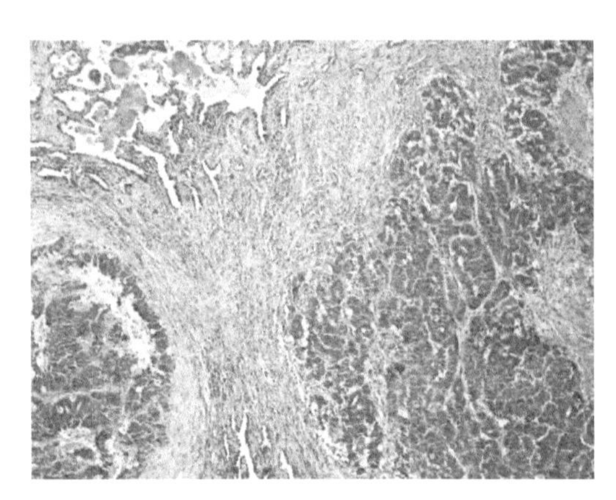

**图5-2　支气管上皮源性肺癌（腺癌）（甘肃农业大学病理室）**

支气管上皮异常增生，突向管腔，形成腺癌结构

**大体病变**　肿瘤呈结节状团块，或弥散分布，位于一个或多个肺叶。灰白色，质脆，无完整包膜，往往累及胸膜。常有胸腔积液。

**组织学病变**　最常见的组织学类型是腺癌（图5-2）及鳞状细胞癌。

## 二、绵羊肺腺瘤病

绵羊肺腺瘤病（sheep pulmonary adenomatosis，SPA）又称绵羊肺癌，是绵羊的一种传染性、病毒性的肺脏肿瘤病，病变性质属肺腺癌。主要感染绵羊，山羊较少感染，不同性别、年龄、品种的绵羊均可感染，本病病原为绵羊肺腺瘤病毒（sheep pulmonary adenomatosis virus），也称绵羊肺癌病毒，该病毒属反转录病毒科。

**大体病变** 肺肿大，不回缩，重量增加2～3倍，肺表面及切面有不同大小的灰白色结节，直径1～3cm，外观呈圆形，质地坚实。病变多为单侧性分布，膈叶比其他肺叶易受侵犯，大多数病损为单侧性。气管内存在大量泡沫状的液体，右心肥大。

**组织学病变** Ⅱ型肺泡上皮、细支气管黏膜上皮增生，形成腺瘤状结构（图5-3）。肺内小肿瘤灶不断扩大，融合形成结节。上皮大量增生形成乳头状突起，伸入肺泡或呼吸性细支气管，形成乳头状囊腺瘤结构（图5-4）。肿瘤细胞可以转移至纵隔淋巴结，极少转移至内脏器官、肌肉等胸外部位。

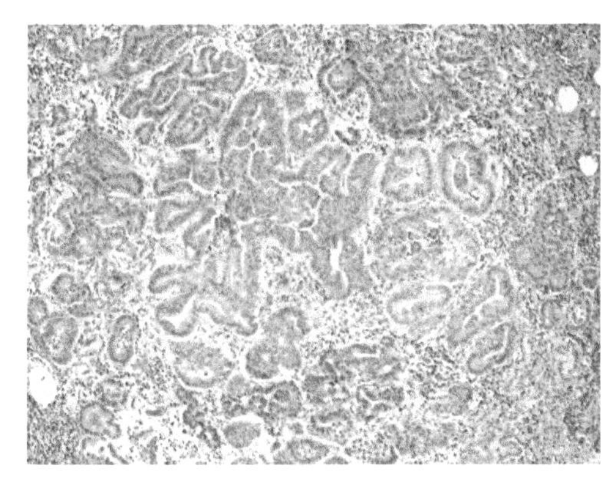

**图5-3 绵羊肺腺瘤病（1）（邓普辉，1997）**
肿瘤细胞形成腺泡状结构，肿瘤细胞类似柱状上皮

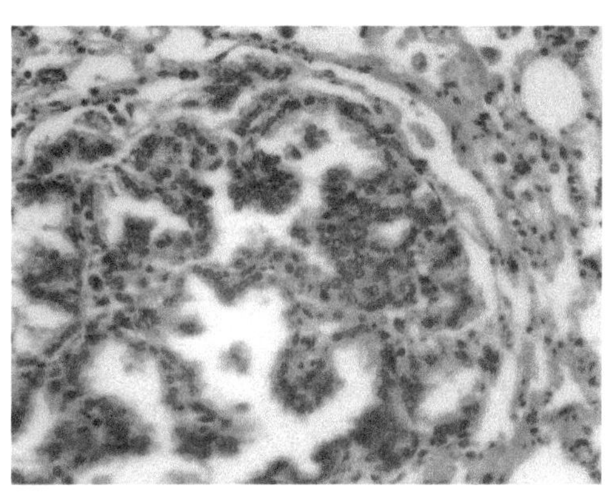

**图5-4 绵羊肺腺瘤病（2）（邓普辉，1997）**
肺泡上皮形成乳头状囊腺瘤结构

腺瘤灶周围的肺泡内充满巨噬细胞。肿瘤的间质增生，病程越久，增生越明显。后期病变区肺脏组织纤维化。超微结构上，肿瘤细胞通常含有Ⅱ型肺泡细胞的特征性板层小体，或含有克拉拉细胞所具有的分泌颗粒与糖原。

**病理诊断** 绵羊肺腺瘤病流行地区病羊呼吸困难、体重减轻，低头时从鼻孔流出大量浆液性鼻涕，剖检时肺部有灰白色结节状肿块，根据这些症状和病变可怀疑绵羊肺腺瘤病。受累肺的病理组织学检查是确诊的有效方法，肺泡和细支气管的腺样增生和乳头状突起的形成，是诊断该病的根据。该病应注意与梅迪-维斯纳病、羊传染性胸膜肺炎等疾病鉴别诊断。

## 三、胸膜间皮瘤

胸膜间皮瘤（pleural mesothelioma）是由胸膜间皮细胞发生的一种原发性肿瘤，发生于肺和胸膜腔。胸膜间皮瘤可分为良性胸膜间皮瘤和恶性胸膜间皮瘤，恶性胸膜间皮瘤较多见。胸膜间皮瘤发生率占胸膜肿瘤总病例数的5%，占所有间皮瘤病例的80%。任何年龄段动物皆可发生。80%的胸膜间皮瘤发生于脏层胸膜，20%发生于壁层胸膜。

**大体病变** 良性胸膜间皮瘤大小不一，呈圆形、椭圆形、扁平的结节状，生长于胸壁。肿瘤单发或多发，有包膜，切面灰白色。局限性胸膜增厚。

恶性胸膜间皮瘤表现为胸膜弥漫性增厚，胸膜增厚明显。呈多发性结节状，灰白色，大小不等，结节界限不清，常有大量胸腔积液。恶性胸膜间皮瘤常会侵犯纵隔、心包，可转移到肺实质，并能转移到肺门和纵隔淋巴结。

**组织学病变** 良性胸膜间皮瘤肿瘤细胞呈梭形，成纤维细胞样，排列方式似纤维瘤。有些肿瘤细胞为上皮性瘤细胞，形成实体或腺管状结构。

恶性胸膜间皮瘤肿瘤细胞为圆形或梭形，细胞核肥大、深染，呈圆形或梭形。肿瘤细胞可分为3种类型：上皮型、间质肉瘤型、混合型。上皮型肿瘤细胞呈现上皮样细胞形态，异型性小，核分裂象不常见。间质肉瘤型肿瘤细胞由梭形细胞构成，排列成束状或杂乱分布，排列方式常类似纤维肉瘤，可见形状异常的多核瘤细胞，有的病例可存在类似骨肉瘤、软骨肉瘤的结构。混合型肿瘤细胞兼有上皮型和间质肉瘤型两种细胞形态。各型肿瘤细胞均有不同程度的异型性，核分裂象多少不等。

## 四、胸壁肿瘤

胸壁肿瘤是指壁层胸膜、肌肉、血管、神经、骨膜、骨骼等深部组织发生的肿瘤。原发性胸壁肿瘤病例约占胸壁肿瘤病例总数的60%，继发性肿瘤病例约占40%。胸壁肿瘤组织来源复杂，病理类型繁多。原发性胸壁骨骼肿瘤中，良性肿瘤常见的有骨瘤、软骨瘤、骨软骨瘤、骨巨细胞瘤等，恶性肿瘤常见的有骨肉瘤、软骨肉瘤、恶性骨巨细胞瘤等。发生在胸壁深层软组织的良性胸壁肿瘤常见的有神经纤维瘤、纤维瘤、脂肪瘤等，恶性胸壁肿瘤常见的有纤维肉瘤、神经纤维肉瘤、脂肪肉瘤等。

胸壁肿瘤的诊断较为容易，但在诊断中应尽可能明确胸壁肿瘤是原发性还是转移性肿瘤，明确胸壁肿瘤是良性肿瘤还是恶性肿瘤，明确肿瘤是起源于胸壁还是胸内肿瘤侵犯胸壁。患畜的病史、症状、体况和肿瘤的病理学特征是诊断胸壁肿瘤的主要依据。对胸壁肿瘤进行诊断的要点如下。

（1）胸壁肿瘤生长缓慢、坚硬者多属良性骨瘤或软骨瘤。

（2）中等硬度的胸壁肿瘤，边界不清、有明显疼痛和压痛、生长速度快、肿瘤直径超过5cm，往往是恶性肿瘤的表现。

（3）若既往有其他部位恶性肿瘤病史，或同时出现其他部位肿瘤或多个胸壁肿瘤，则应考虑为转移性肿瘤。

（4）良性胸壁骨骼肿瘤患畜肿瘤部一般呈圆形、椭圆形，骨皮质无断裂；恶性胸壁骨骼肿瘤患畜肿瘤部则主要表现为侵蚀性骨破坏，呈筛孔样、虫蚀样改变，可有溶骨或成骨，边缘毛糙，骨皮质缺损、中断或有病理性骨折。

（5）可进行穿刺或切除部分肿瘤组织活检，对某些胸壁肿瘤有诊断意义。

## 五、继发性（转移性）肺肿瘤

继发性肺肿瘤很多，比原发性肺肿瘤更常见。其他部位的恶性肿瘤细胞进入腔静脉或肺动脉，在肺毛细血管形成栓塞，引起继发性肿瘤。肉瘤、癌、恶性黑色素瘤、淋巴瘤、纤维肉瘤等均可转移至肺，以乳腺癌、子宫癌、骨肉瘤、血管肉瘤、恶性黑色素瘤最常见。肿瘤肺转移的动物常预后不良。

（涂　健）

# 第六章　消化系统肿瘤

## 第一节　口腔、食管肿瘤

### 一、口腔良性肿瘤

口腔常见的良性肿瘤有乳头状瘤、成釉细胞瘤、纤维瘤、脂肪瘤、血管瘤、腺瘤等。

#### （一）口腔乳头状瘤

口腔乳头状瘤（papilloma）是动物常见的良性肿瘤，起源于复层扁平上皮，好发于口腔、咽部、舌、唇等部位。

**大体病变**　外形呈结节状、分叶状或团块状，灰白色，通常是多发性的，与周围组织分界清楚，表面光滑或粗糙，质硬。

**组织学病变**　乳头状瘤表面为增生的鳞状上皮，上皮角化较少（图6-1A），与皮肤相连的乳头状瘤表层角化明显。肿瘤细胞异型性不明显（图6-1B）。乳头中心为纤维组织及血管。

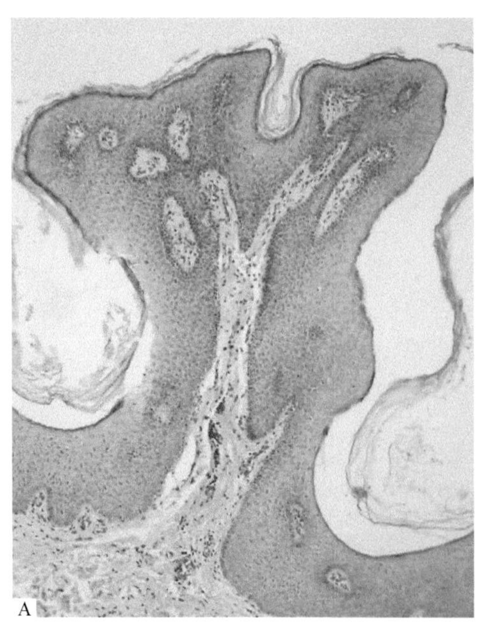


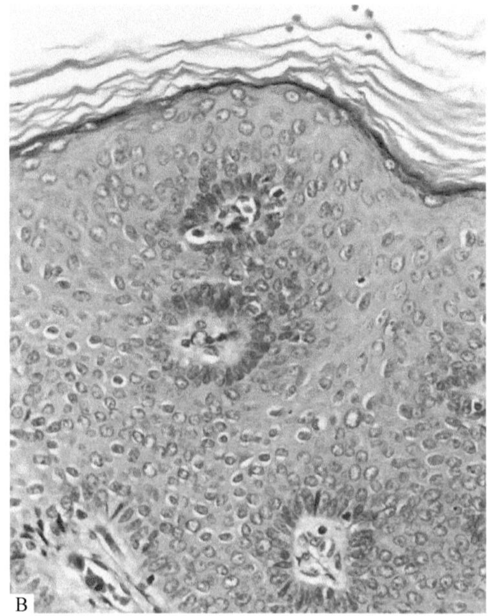


**图6-1　口腔乳头状瘤**

A．鳞状上皮增生、增厚，乳头中心为含有血管的结缔组织间质；B．细胞分化好，分裂象很少

### （二）成釉细胞瘤

成釉细胞瘤（ameloblastoma）是一种常见的起源于牙源性上皮的颌骨中心性肿瘤，肿瘤具有较高的致畸性及易术后复发的特点。

**大体病变** 肿瘤为结节状或团块状肿物，切面为囊性或实质性，常有囊肿形成。肿瘤生长缓慢，渐渐增大而导致颌骨膨隆，患畜面部变形，皮层骨受到挤压变薄，触诊“乒乓球”状。

**组织学病变** 成釉细胞瘤是由上皮构成的，肿瘤细胞为柱状成釉细胞样细胞，与正常牙齿发育中的前成釉细胞相似，形成滤泡或丛状结构，以滤泡结构为常见。肿瘤细胞呈栅栏状排列，形成滤泡；或呈带状或条索状排列，形成丛状结构，细胞带、条索通常相互连接。

### （三）口腔纤维瘤

口腔纤维瘤（fibroma）是纤维结缔组织发生的良性肿瘤，由成纤维细胞和胶原纤维组成，是口腔常见的良性肿瘤。其形态和染色性同正常组织中的成纤维细胞和胶原纤维相似，但是在数量和排列方面不相同，呈漩涡状态分布，纤维束相互穿插，分布不规则。口腔纤维瘤可以分为软纤维瘤和硬纤维瘤，前者质地柔软、纤维含量少而细胞成分多，后者质地坚硬、纤维含量多而细胞成分少。临床上畜禽多为硬纤维瘤，新形成的纤维瘤也比较硬。

### （四）口腔脂肪瘤

口腔脂肪瘤（lipoma）多见于皮下，是源于脂肪组织的良性肿瘤。形状呈结节状，切面有分叶，颜色与正常脂肪一样。处于黏膜面或是浆膜面的一般表现为息肉状，跟原发组织之间有蒂连接。

### （五）口腔血管瘤

口腔血管瘤（hemangioma）可分为毛细血管瘤、海绵状血管瘤和混合型血管瘤三种，多发生于颊部。其中毛细血管瘤是黏膜层增生了大量的毛细血管，颊部黏膜有紫红色或者红色圆形斑块，触压褪色且界限清晰。海绵状血管瘤由血窦及大量毛细血管组成。血窦形态不规则且窦内静脉相通，发生于口腔黏膜下皮或皮下，也时常侵入肌肉中，突出于口腔及面部，致使动物进食时咬到患处而出血。患病处与健康处的交界不清晰，按压可消失。混合型血管瘤临床特点类似于前两种。

## 二、口腔恶性肿瘤

口腔常见的恶性肿瘤有恶性黑色素瘤、鳞状细胞癌、纤维肉瘤、骨肉瘤、软骨肉瘤、血管肉瘤、淋巴瘤、髓外浆细胞瘤、唾液腺腺癌和肥大细胞瘤等。

### （一）口腔恶性黑色素瘤

口腔恶性黑色素瘤（malignant melanoma）来源于黑色素细胞，是犬口腔最常见的恶性肿瘤，是一种高度恶性肿瘤，生长迅速并向局部浸润。好发于齿龈、唇、舌、颊黏膜、硬腭。

眼观，大多数恶性黑色素瘤肿瘤细胞内含有大量黑色素，呈黑色或棕色团块，但部分病例是无色的，称为无黑色素黑色素瘤。无黑色素黑色素瘤肿瘤细胞内无黑色素，与软组织肉瘤相似，组织学诊断并不容易，采用免疫组织化学方法检测酪氨酸酶相关蛋白TRP1、TRP2、Melan-A，有助于无黑色素黑色素瘤的确诊。

### （二）口腔鳞状细胞癌

口腔鳞状细胞癌（squamous cell carcinoma）是口腔常见的肿瘤，发生于舌、唇、齿龈和扁桃体等部位。猫口腔鳞状细胞癌是最常见的恶性肿瘤，大约占猫口腔肿瘤的60%。

眼观，呈形状不规则的菜花状突起、扁平状，或溃疡，红色。舌鳞状细胞癌常为溃疡型或浸润型，一般恶性程度较高，生长快，浸润性较强，常累及舌肌，转移至骨、局部淋巴结、肺。唇鳞状细胞癌初期症状为疱疹状结痂的肿块或局部黏膜增厚，之后有火山口状溃疡或者菜花状突起。齿龈鳞状细胞癌呈菜花状，可破坏骨质引起牙齿松动，多为分化程度高的鳞状细胞癌。

### （三）口腔纤维肉瘤

口腔纤维肉瘤（fibrosarcoma）起源于成纤维细胞，是猫第二常见的口腔肿瘤，在犬则为第三常见。纤维肉瘤一般为扁平分叶状，坚硬。肿瘤细胞规则性差，多形性明显，核分裂象多。恶性程度高的，细胞的不规则性明显，细胞核染色性高，有丝分裂的活性强，瘤巨细胞多见，胶原纤维少。

口腔纤维肉瘤中应注意组织学低分级/生物学高分级型纤维肉瘤，其特征为组织学形态上表现为良性，但生物学行为上却具有较高的侵袭性，常被误认为纤维瘤、肉芽组织，应注意鉴别。

## 三、食管肿瘤

食管肿瘤较少见，主要有食管癌、乳头状瘤、平滑肌瘤、腺瘤性息肉等。

### （一）食管癌

食管癌可发生于鸡、猪、牛、绵羊、猫、马等多种动物，常见的类型是鳞状细胞癌，少数为腺癌、平滑肌肉瘤、纤维肉瘤。动物临床上出现吞咽困难，也可能发生吸入性肺炎。眼观，食管腔部分或完全阻塞，管腔狭窄。肿瘤呈结节状、溃疡状，或表现为黏膜增厚、隆起，病灶近侧的食管扩张。镜检，食管鳞状细胞癌显示不同的分化程度，高分化者显著角化，低分化者只有仔细寻找才能发现鳞状分化的形态学依据。

### （二）食管平滑肌瘤

食管平滑肌瘤（leiomyoma）是平滑肌细胞来源的良性肿瘤，较为罕见。瘤组织由呈螺旋状排列的平滑肌细胞构成，细胞核呈杆状，两端钝圆，核分裂象少见。细胞间有多少不一的纤维组织。有时，其肌肉成分几乎被纤维组织所取代而转变为纤维平滑肌瘤。有时发生囊肿或钙化。平滑肌瘤呈结节状，质较硬，有包膜，切面淡灰红色。镜检，可见瘤组织的实质为平滑肌细胞，细胞呈长梭形，胞质明显，核呈棒状，染色质细小而分布均匀。

# 第二节 胃 肿 瘤

胃良性肿瘤包括胃腺瘤、平滑肌瘤等。胃恶性肿瘤以胃腺癌居多，其他恶性肿瘤包括鳞状细胞癌、淋巴瘤、平滑肌肉瘤、肥大细胞瘤、纤维肉瘤、髓外浆细胞瘤等。

## 一、胃腺瘤

胃腺瘤（gastric adenoma）是由肿瘤性胃上皮构成的良性息肉状病变，比较常见，约占胃良性息肉状病变的10%。多发生在胃底部与胃幽门部。其性质属于胃黏膜异型增生/上皮内瘤变，少数胃腺瘤可以发生恶变。

**大体病变**　胃腺瘤一般有蒂与胃黏膜相连，呈乳头状或结节状，表面光滑，与周围组织分界清楚，与周围黏膜颜色一致，一般不见出血、坏死。

**组织学病变**　肿瘤细胞呈立方形或柱状，单层或复层围绕排列呈腺管结构。

## 二、胃腺癌

胃癌大多数是胃腺癌，主要发生于胃底部或幽门部，来源于胃的腺体或柱状上皮，也可由胃腺瘤恶变而来。动物均可发生胃腺癌，但犬、猫较为常见。

**大体病变**　肿瘤大小不一，灰白色或灰红色，表面粗糙，呈溃疡状、息肉状，或弥漫性增厚，常有出血或坏死。

**组织学病变**　可分为管状腺癌、单纯癌、黏液癌等类型。管状腺癌癌细胞可呈单层或多层排列，形成腺管状结构。单纯癌癌细胞排列成实体癌巢，不形成腺管状结构。黏液癌癌细胞可产生多量黏液，大量黏液可存在于细胞外，也可存在于细胞内。细胞内的黏液挤压细胞核，使细胞核位于一侧，此种细胞称印戒细胞（signet-ring cell）。

## 三、胃鳞状细胞癌

胃鳞状细胞癌可发生于胃的任何部位。

**大体病变**　肿瘤呈团块状或菜花状，表面粗糙，颜色灰白或灰红。质地硬而脆，常有出血、糜烂或溃疡。

**组织学病变**　多数胃鳞状细胞癌属高分化型，癌细胞呈多角形，胞核肥大、深染，核分裂象多见，肿瘤细胞排列呈条索状或团巢状，可见角化珠或个别细胞角化。

## 四、胃淋巴瘤

淋巴瘤（lymphoma）即恶性淋巴瘤（malignant lymphoma），是起源于淋巴造血系统的恶性肿瘤，通常发生于淋巴组织，全身各组织器官均会发生。胃淋巴瘤可以是原发性的或是转移性的。胃淋巴瘤较不常见，但在猫中是最常见的胃肿瘤。牛胃淋巴瘤通常由牛白血病病毒引起。

**大体病变** 胃淋巴瘤导致胃壁增厚，黏膜常发生溃疡。

**组织学病变** 肿瘤淋巴细胞广泛浸润黏膜固有层、黏膜下层，常常累及局部淋巴结。肿瘤细胞源自B细胞或T细胞。

## 第三节 肠道肿瘤

肠道良性肿瘤包括肠腺瘤、肠平滑肌瘤、肛周腺瘤等肿瘤。肠道恶性肿瘤包括肠腺癌、肠淋巴瘤、肠平滑肌肉瘤、髓外浆细胞瘤、肥大细胞瘤、肛周腺癌等肿瘤。

### 一、肠腺瘤

肠腺瘤（intestinal adenoma）指发生在肠黏膜上的一种良性肿瘤。

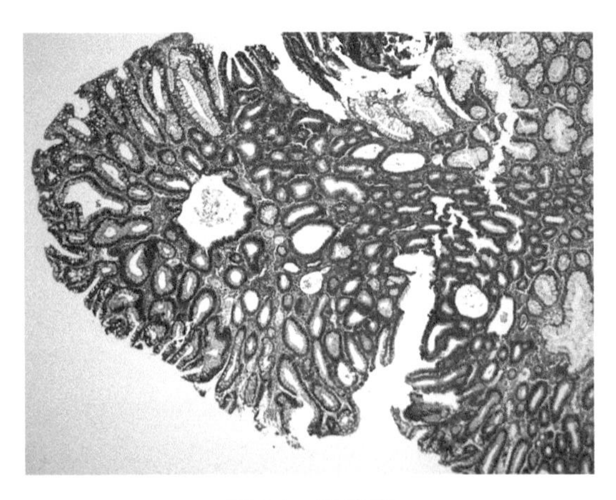

图6-2 肠腺瘤
大量腺泡形成，腺泡大小不等、形状不规则

**大体病变** 肠腺瘤表面多呈息肉状或结节状，通常有蒂与肠黏膜相连，表面较为光滑，分界清楚。肠腺瘤的主要临床症状是大便异常，且带有血便。肠道功能也会逐渐变得不正常。

**组织学病变** 可见肿瘤细胞排列成大量密集的腺体，腺体大小、形状不一（图6-2）。肿瘤细胞异型性不明显。肠腺瘤具有癌变的可能，它发生恶变的几率主要决定于腺瘤的大小、类型和上皮增生的情况。如果是超过1cm的肠息肉和重度的上皮异型增生，癌变的几率达到30%左右。

### 二、肠腺癌

肠腺癌可发生在小肠及大肠，犬肠腺癌常发生在十二指肠、结肠、直肠，猫肠腺癌常发生在空肠和回肠，禽肠腺癌多见于空肠。

**大体病变** 肿瘤呈结节状、溃疡状或环形等多种形状，灰白色或淡红色，体积大小不一。肠壁增厚，肿瘤向肠腔突起（图6-3），肠腔局限性狭窄，狭窄段质硬，可浸润至浆膜层。狭窄段近端扩张，远端萎陷，横行皱襞不规则增粗，肿瘤边界不清。

**组织学病变** 可见管状腺癌、黏液癌。管状腺癌形成大小不等、形状不一、排列不规则的腺样结构（图6-4）。黏液癌腺腔扩张，含有大量黏液。黏液聚集在癌细胞内，可见大量印戒细胞。

### 三、肠淋巴瘤

肠淋巴瘤（intestinal lymphoma）是一种肠道恶性肿瘤，发生在大肠和小肠，大肠的发生

图6-3　番鸭肠腺癌（1）
肿瘤向肠腔突起，呈菜花状，表面出血

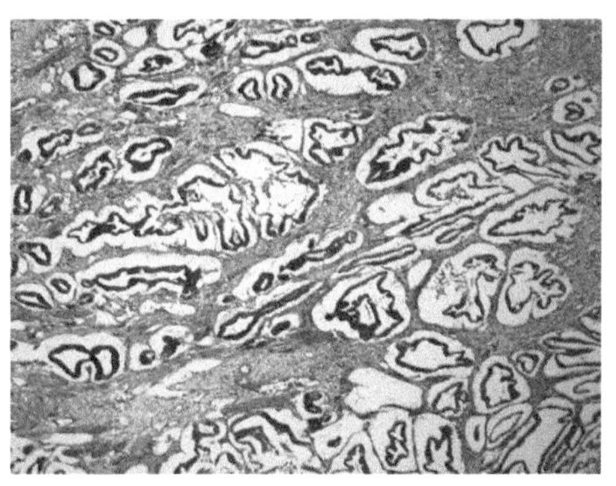

图6-4　番鸭肠腺癌（2）
黏膜腺体增生，腺腔大小不一，腺上皮呈多层排列，细胞异型性明显

率较高。牛、猫、犬肠淋巴瘤较常见。

小肠淋巴瘤一般起源于小肠黏膜下淋巴滤泡组织，向肠壁各层浸润，可发生于小肠任何部位，但由于远端小肠有较丰富的淋巴组织，故小肠淋巴瘤多见于回肠（约50%），其次是空肠（30%），十二指肠最少。小肠淋巴瘤单发或多发，多数病畜可触摸到腹部肿块，且肿块大小不等，一般质地较硬，表面呈结节状。

**大体病变**　肠淋巴瘤可分为息肉型、动脉瘤型、浸润缩窄型、溃疡型四种类型。息肉型淋巴瘤的主要病变是肿瘤呈息肉状突入肠腔内，常为多发性病灶。动脉瘤型淋巴瘤主要病变是沿肠壁黏膜下浸润生长，使肠壁增厚、变硬，失去弹性而呈动脉瘤样扩张。肿瘤环绕肠管，管壁僵硬，呈皮革状，表面为暗红色或灰白色，黏膜常有多个结节样隆起，管腔呈扩张状态，由于肠壁高度增厚，因此会形成较大肿块。浸润缩窄型淋巴瘤浸润肠壁，引起增厚、僵硬，蠕动消失，肠腔变窄，最后缩窄成很小的内径，往往引起肠梗阻。溃疡型淋巴瘤常为多发性，具有溃疡的特点，较大的溃疡常易发生出血和穿孔。可能观察到局部淋巴结肿大、脾肿大、肝肿大。

**组织学病变**　肿瘤细胞浸润黏膜下层及固有层，主要成分为淋巴母细胞、淋巴细胞，肿瘤组织内还可形成淋巴滤泡。

## 四、肠平滑肌瘤及平滑肌肉瘤

肠平滑肌瘤（intestinal leiomyoma）及肠平滑肌肉瘤（intestinal leiomyosarcoma）来源于肠壁黏膜肌层和固有肌层，肠道是平滑肌瘤的好发部位，肠平滑肌肉瘤较少发生。

肠平滑肌瘤呈单个或多个结节，体积大小不一，有完整包膜。肿瘤多向腔外或腔内外生长，可压迫周围组织，使之萎缩。切面均匀、致密，灰白或灰红色，可见肌纤维交织分布。镜下，肿瘤由平滑肌细胞组成，瘤细胞为梭形，核呈棒状。肿瘤细胞呈束状，分布紊乱。

肠平滑肌肉瘤切面呈灰褐色，鱼肉状，常伴有出血、坏死和囊变。镜下，平滑肌细胞大量增生，数量明显增多，呈束状，排列紊乱，肿瘤细胞呈长梭形，体积较大，有时可见瘤巨细胞。肿瘤细胞异型性明显，细胞核明显增大，核两端钝圆，深染，可见核分裂象。

动物肠道还可以发生纤维瘤、纤维肉瘤、血管肉瘤、肥大细胞瘤、类癌、胃肠道基质瘤等肿瘤。类癌源自肠道黏膜层的肠嗜银细胞，肿瘤含有分泌颗粒，免疫组织化学染色呈胃肠激素及细胞角蛋白阳性。胃肠道基质瘤源自多潜能干细胞，免疫组织化学染色呈波形蛋白（vimentin）及CD117阳性。

## 第四节　肝脏、胆管、胆囊肿瘤

对于动物肝胆肿瘤，不同物种间的发生率有一定差异。目前已知的动物高发肝胆肿瘤包括肝细胞腺瘤、肝细胞癌和胆管癌。家畜胆管腺瘤不常发，仅有极个别病例出现胆囊肿瘤。牛肝胆肿瘤的发病率由高到低依次是肝细胞癌、肝细胞腺瘤、胆管癌和胆管腺瘤，随后是发生在脉管和其他组织的肿瘤。在猫，10岁后胆管腺瘤最高发，其次是胆管癌，且雌性的发病率高于雄性。马的肝脏肿瘤更是非常罕见。

### 一、肝脏肿瘤

肝脏肿瘤泛指发生于肝脏组织的原发性肿瘤。本节中的肝脏肿瘤特指除胆管和胆囊特定位置外，肝组织内其他位置发生的肿瘤，包括肝细胞来源的肿瘤和非上皮性来源的肿瘤。

动物的肝脏肿瘤较为常见，在犬、猫、绵羊和牛等动物的内脏肿瘤中，其发生率仅次于淋巴肉瘤，尤其是上皮性来源的肝脏肿瘤发生率较高。良性的肝脏肿瘤很少发生转移，但恶性肝细胞癌可转移到肺脏。有研究显示，发生于肝细胞及胆管的肿瘤在牛的发病率分别是羊和猪的4倍、18倍。

动物肝脏肿瘤的发生原因较为复杂，其中霉菌毒素、化学性致癌物、寄生虫和病毒感染所致的肝脏肿瘤较为普遍。例如，黄曲霉毒素是公认的肝脏致癌物，黄曲霉毒素可致大鼠、火鸡和鸭等发生肝脏肿瘤，尤其雄性大鼠的肝细胞癌发病率更高。小剂量的黄曲霉毒素即可成功诱发猪肝细胞癌，并在淋巴结和腹腔器官出现转移。肝片吸虫的寄生可使肝脏发生肿瘤；犬、猫感染华支睾吸虫和猫后睾吸虫与患肝脏肿瘤有一定的关联。在家禽中，禽白血病病毒、马立克病病毒和禽网状内皮组织增生症病毒感染可导致肝脏肿瘤的发生。鸭乙型肝炎病毒（duck hepatitis virus B）可引起家鸭发生恶性肝细胞癌。

肝细胞分化来源的肿瘤类型包括肝细胞结节性增生（hepatocellular nodular hyperplasia）、肝细胞腺瘤（hepatocellular adenoma）/肝细胞瘤（hepatoma）、肝母细胞瘤（hepatoblastoma）、肝细胞癌（hepatocellular carcinoma）和类癌（carcinoid）等。非上皮性的肝组织肿瘤常见有血管肉瘤（hemangiosarcoma）、髓脂肪瘤（myelolipoma）和肝平滑肌肉瘤（hepatic leiomyosarcoma）等。

#### （一）肝细胞结节性增生

肝细胞结节性增生属于肿瘤样病变类型，是一种原因不明的肝细胞自发性结节增生。较常发生于老年犬，最早于6岁时开始生长，70%～100%的病例见于14岁的犬。结节性增生对犬而言，无性别和品种的倾向性。猪和猫也有发生的报道，但并不常见。没有证据显示该类病变是动物的肿瘤前病变或与肝再生有关。

**大体病变**　肉眼可见肝脏实质内散布有浅黄色、苍白色（肝细胞的脂质和糖原含量较高）或深红色（窦状隙毛细血管淤血）的圆形结节，呈单个或多个随机分布于肝组织内，同一肝脏可具有多种外观的结节。结节性增生无纤维被膜，通常比正常肝实质更软；有时结节隆起于肝表面；结节的直径从2mm到3cm或更大。从切面看，由于正常肝实质受到压迫和萎缩，在轻度冲洗后，结节可与邻近正常肝组织区分开来。

**组织学病变**　大量增生的肝细胞聚集，形成团块状，并压迫周围正常的肝组织。一个重要特征是，结节性增生保留了肝小叶的结构（其他类型的结节不存在这一特征）。但与正常肝脏实质相比，结节内的肝组织中央静脉不很明显，门脉区可能分隔更广。增生的肝细胞胞质内常因脂肪或/和糖原的增加呈空泡化而体积增大，细胞肥大、空泡化和增生是肿块形成的原因。细胞核类似于正常肝细胞，但核仁较大，有丝分裂少见。在犬，可见由伊藤细胞（Ito cell）、蜡样色素（ceroid pigment）和巨噬细胞形成的增生性结节，称为脂肪瘤肉芽肿。

**病理诊断**　在组织学上，肝细胞结节性增生很难与肝细胞腺瘤甚至腺癌区分开。通过细针穿刺从结节性增生区域获得的肝细胞的细胞学形态与正常肝细胞几乎相同，其肝细胞可能含有丰富的糖原或脂质空泡，但正常肝细胞中也可见到类似的空泡。结节性增生的直径通常小于3cm，而肿瘤的直径可能更大一些。因此，病变区域的大小可能对诊断有一定的帮助。

### （二）肝细胞腺瘤

肝细胞腺瘤可发生于犬、猫、牛、羊、猪等多种动物，以老龄动物多发，但有仔猪和幼龄反刍动物发生的报道。调查显示，肝细胞癌比肝细胞腺瘤更常见。由于肝细胞腺瘤很少被识别和缺乏明确的诊断标准，尚无足够的数据来确定其发病率，也无法明确其是否有性别或品种倾向。

**大体病变**　常以单个结节形式出现，偶尔出现两个或多个病灶同时存在；可见肝实质表面平滑的肿块，呈红棕色或淡黄色，常伴有黄疸。肿瘤的直径多介于2～12cm，有时形成较大的有蒂结构，直径可能会超过15cm。肝细胞腺瘤与周围正常的肝脏组织界限明显，有时会形成结缔组织包囊与周围组织分隔开（图6-5）。

**组织学病变**　肿瘤组织由大量增生且类似正常肝细胞的肿瘤细胞组成，瘤细胞排列成短绳索状、不规则的小管或假腺泡状，胞核较大，呈多孔状，核仁清晰。无有丝分裂，有时可见含有2～3个核的细胞。肿块区域失去正常的小叶结构，与周围组织界限明显（图6-6）；

**图6-5　犬肝细胞腺瘤（1）（Zachary，2017）**
肝细胞腺瘤通常是孤立的团块，直径2～12cm不等，肿瘤压迫但不会侵犯邻近的肝脏实质

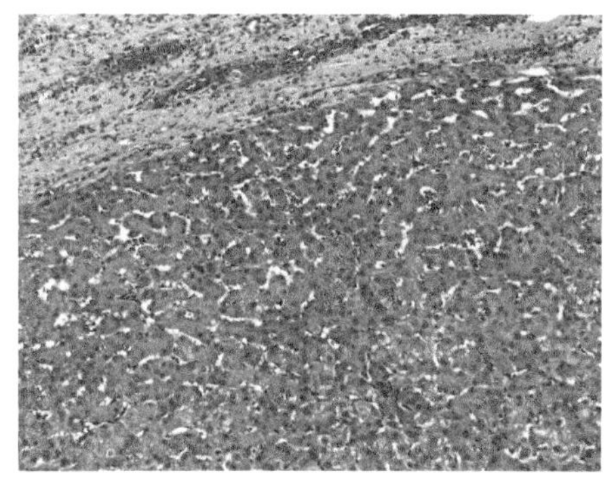

**图6-6　犬肝细胞腺瘤（2）（Meuten，2017）**
肝细胞腺瘤有部分包膜，缺乏正常的肝小叶结构，存在孤立的胆管或血管，肝细胞索排列整齐但比正常稍厚

肿瘤组织的中央静脉与门脉三角区的数量明显减少或消失。

**病理诊断** 肝细胞腺瘤可发生于多个物种，多数是孤立的，偶有多发，颜色可能与正常肝脏相似，也可能比正常肝脏细胞浅或深，相邻实质组织通常正常，边界明显。肝细胞腺瘤可能出现囊性窦状隙，瘤细胞可能广泛空泡化，肝细胞石蜡抗原1（hepatocyte paraffin 1，HepPar-1）阳性。肝细胞腺瘤通常不会在肝损伤和肝纤维化时发生。当局灶性的肝损伤后，纤维化的肝组织中可见肝细胞增生，常出现再生性结节。虽然再生性肝细胞增生有一些特征，如再生性肝细胞增生由肝板组成，其中的肝细胞呈局灶性或弥漫性空泡状，空泡内有糖原或脂质，但有时也很难与肝细胞腺瘤区分。

### （三）肝母细胞瘤

肝母细胞瘤在动物中比较罕见，尽管其具有更强的生长侵袭性和转移率（肝内和肝外转移），但通常认为是良性肿瘤，起源于肝祖细胞。马的肝母细胞瘤在年幼动物中较常见，如马胎儿、新生儿或年轻的成年马。肝母细胞瘤也在羔羊、猫、美洲驼和犬中有报道。

**大体病变** 肝脏表面有坚实的结节状肿块，多数单发，呈黄色或灰白色的小叶状结构，常伴有坏死和出血，直径1～20cm；也可见多个肿块。肿瘤结节不会侵入正常肝组织。在马和羊中，大多数肿瘤与邻近组织界限分明，无包膜。

**组织学病变** 肿瘤的实质由类似胚胎时期的肝细胞组成。胎儿型的上皮性肝母细胞瘤的瘤细胞由几乎为正常肝细胞大小的多边形细胞组成，胞质呈颗粒状或空泡状，核圆形至卵圆形，单个核仁；肿瘤细胞排列成索状、小梁状或腺泡状，瘤组织内部缺乏肝脏的正常结构。胚胎型瘤细胞呈多角形至梭形，比胎儿型瘤细胞小，通常缺乏细胞质，呈深的嗜碱性染色。上皮细胞和间质细胞混合型的肝母细胞瘤常包含不同数量的血管和间质成分，也可见类骨成分。虽然有细的纤维结缔组织隔膜支持肿块，但门管区不存在，核分裂象很少见。马肝母细胞瘤的胚胎型瘤细胞，含有很少的嗜碱性细胞质和大小均匀的深染细胞核；瘤细胞通常形成腺泡状、小管状和玫瑰花样结构。

**病理诊断** 肝脏表面多呈单发的坚实的结节状肿块，很少侵入到正常肝组织中。肿瘤细胞常排列成索状、小梁状或腺泡状。所有类型的肝母细胞瘤都有髓外造血发生。

### （四）肝细胞癌

肝细胞癌可发生于犬、猫、牛、羊、猪和马等多个物种，但犬可能比大多数其他物种有更高的发病率。因宠物的饲养周期更长，肝细胞癌的发病率偏高。在犬中，肝细胞癌最早发生于4～5岁，平均发生年龄约10岁。尚无明确的证据显示肝细胞癌与性别相关，但有调查显示，雄性比雌性更常见。猫的最早发病年龄为2岁（2～20岁不等），中位年龄为12岁，未发现与品种相关的肝细胞癌风险。有1岁羊和6月龄猪患肝细胞癌的报道。

**大体病变** 眼观可见肝组织表面和切面形成单个或多个隆起的结节和肿块（图6-7），大小不等，呈结节状或弥漫性生长。肝细胞癌与周围组织界限较为明显，或多或少会有界限，切面色棕红、淡黄、黄褐或斑驳状，常伴有坏死灶或坏死性出血性病灶。有时可见肿瘤外形成包囊，而结缔组织可穿透包囊侵入到肿瘤组织中。肿瘤可侵袭门静脉和后腔静脉，甚至可达脾和胃。肿瘤细胞常常转移到肺脏。

此外，在牛和绵羊中报道的低分化肝细胞癌或实性肝细胞癌，患肿瘤的肝脏比正常肝脏大4～5倍，表面和切面可见肚脐状、有玫瑰样边缘的灰白色小结节。门静脉淋巴结肿大，切

图6-7　猪肝细胞癌（1）
肿瘤呈大小不一的结节状，多发，与周围界限明显

面呈油腻状。

**组织学病变**　肿块内大量增生的癌细胞呈团巢状、小梁状或腺管样等不规则排列，肝小叶构造极度紊乱，汇管区不清晰（图6-8，图6-9）。癌细胞呈圆形、立方形、多角形或多形态性，细胞核大小不一。胞质丰富，嗜伊红，但比正常肝细胞着色稍淡。肿瘤实质内常见有双核或多核的巨细胞出现，同时可见大块区域出血、坏死。低分化肝细胞癌或实性肝细胞癌以癌细胞的明显多形性为特征，肿瘤区域有小的、深染的、高度多形性的细胞，同时伴有大的多面体细胞和泡状核细胞；细胞排列无序，不形成索状或腺泡状，结缔组织成分不明显；有时见有肿瘤巨细胞。

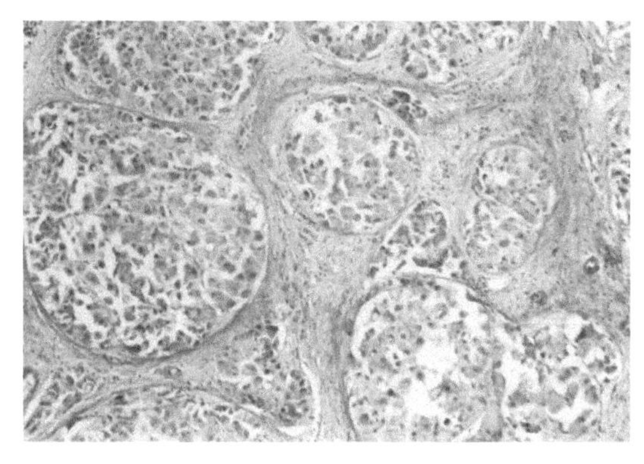

图6-8　猪肝细胞癌（2）
肝癌细胞形成团块，排列紊乱，异型性明显

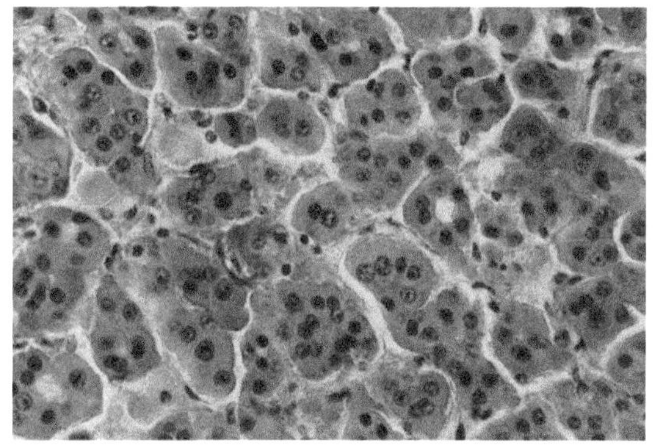

图6-9　马肝细胞癌
癌细胞类似肝细胞，但排列紊乱，无肝小叶结构，细胞核密集，有多量核分裂象

根据瘤细胞的排列方式不同，可将肝细胞癌分为小梁型肝细胞癌（trabecular hepatocellular carcinoma）和透明细胞型肝细胞癌（clear cell hepatocellular carcinoma）。

**1．小梁型肝细胞癌**　其特征是肝细胞呈索状排列，形成不规则厚度（5～10个细胞厚度）的小梁（图6-10），有时可达20个细胞的厚度。小梁型肝细胞癌有时也呈现出腺泡样排列，这种情况下可能会有囊泡形成（cystic formation），也可称为腺泡型肝细胞癌（acinar hepatocellular carcinoma）。肝细胞索被纤细的结缔组织基质包围（图6-11）。肿瘤细胞体积较大，近似圆形，胞质内有细小颗粒；细胞核有丝分裂少见，核仁明显。血管内常见有肿瘤细胞，转移风险较大。

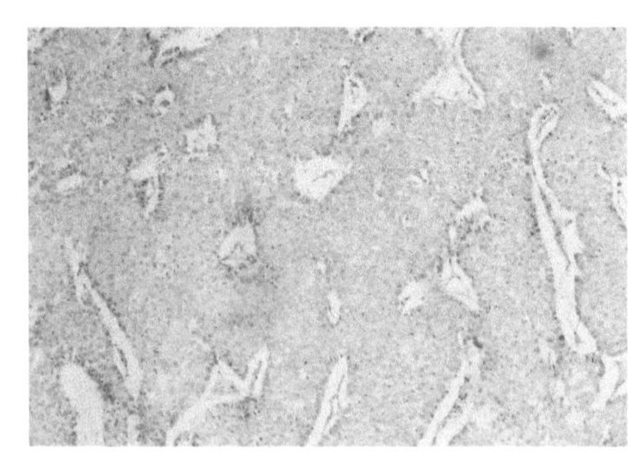

**图6-10 猪小梁型肝细胞癌**
肿瘤细胞排列呈条索状，条索由5～10个癌细胞并列组成，条索之间为窦状隙

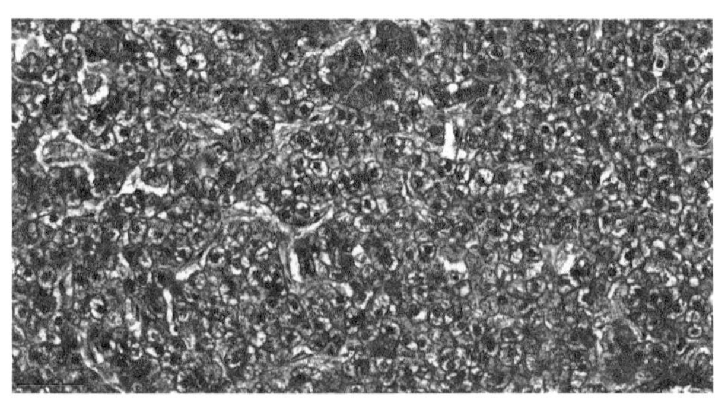

**图6-11 犬小梁型肝细胞癌**
肿瘤细胞形成不同层数的小梁状结构，可见双核及多核细胞

**2. 透明细胞型肝细胞癌** 该型肝细胞癌在犬中较为多见，牛和水牛也有病例报道。肿瘤的病灶根据瘤细胞的形态以及肿瘤对邻近实质的压迫程度来界定。肿瘤细胞呈大的圆形、椭圆形或不规则形状，细胞质透明或有细微颗粒（图6-12）；细胞核不均匀，从圆形、卵圆形到多叶状，形态各异，有时可见2～3个核；核仁明显，强嗜酸性，核内有1～2个甚至更多的核仁。细胞排列不规则，呈腺泡结构或短条索状。大多数窦状隙毛细血管因瘤细胞压迫而失去腔隙，肿块中很少见有胆管且分布不均。

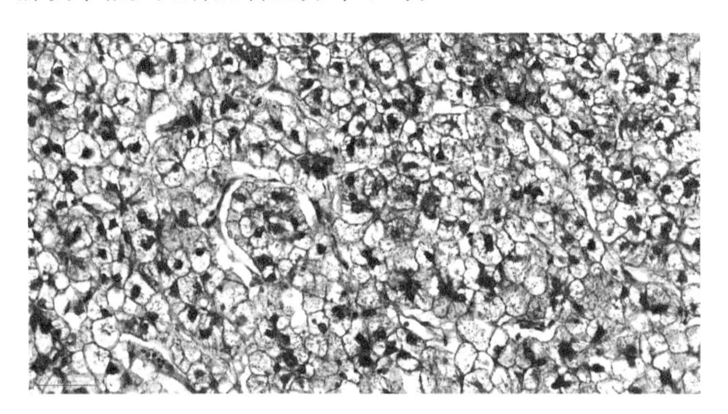

**图6-12 犬透明细胞型肝细胞癌**
肿瘤细胞呈大的圆形、椭圆形或不规则形状，细胞质透明或有细微颗粒

**病理诊断** 肝细胞癌可发生于多个物种，在肝内和局部淋巴结的播散比远处播散更频繁，可发生坏死和出血。肝细胞癌的肝细胞小梁厚度不规则，核分裂象多见，且髓外造血灶常见。患肝细胞癌的肝组织易碎且质地较软，而胆管癌的质地坚实，这些特征可以将二者区分开来。由于肝细胞癌易碎，所以常见因肿瘤破裂而导致腹膜积血或包膜上有血凝块。但是腹膜出血更常见于肝或脾的血管肉瘤。

## （五）肝类癌

肝类癌属于神经内分泌肿瘤。与原发性肝肿瘤相比，肝类癌较易发生于年轻的犬只；患病猫的年龄较大，多为3～17岁，平均发生年龄9岁。牛也有发生肝类癌的报道。

**大体病变** 猫的肝类癌可发生在肝脏、肝外胆管或胆囊，其他物种发生的类癌多位于肝内。犬的类癌多呈弥散性多个结节状凸起，呈灰色到褐色，质地较为坚实。但与胆管癌相比，类癌质地较软。散在多处有坏死、钙化和出血。猫的类癌在肝外更常见，不常转移到肝实质；根据肿瘤部位的不同，胆管和胆囊可能出现局部膨胀；肝外肿瘤的直径通常为1～3cm。

**组织学病变**　肿瘤组织内可见由较多纤细的结缔组织构成的小梁基质，把实质分割成多个小叶状结构，基质内有大量的微血管。成群的上皮样肿瘤细胞排列紧密，呈索状、片状、巢状或腺管状结构，有时呈现类似小叶状或玫瑰花结样排列。肿瘤细胞多为立方形、卵圆形或多形态性；细胞质丰富、嗜伊红，内含有细小的嗜银颗粒（argyrophilic granule）；细胞核大、深染，呈圆形或卵圆形，位于瘤细胞中央，核分裂象多见，核质比高。

**病理诊断**　肝脏类癌易与其他肝脏肿瘤相混淆。尤其类癌与胆管癌的大体病变相似，二者的鉴别难度较大。通常情况下，类癌形成的肿瘤体积比胆管癌小，但二者都可形成多个结节。类癌的结节中央可形成有腔的类似于胆管癌的腺泡和小管，但管腔较小，且无分泌物。胆管癌中常见到黏蛋白，过碘酸希夫（periodic acid-Schiff，PAS）染色阳性，类癌不具有该特征。肝类癌的特征是神经内分泌细胞，可以通过细胞质嗜银颗粒来识别，检测与类癌中神经元特异性烯醇化酶（neuron specific enolase，NSE）结合的抗体有助于其诊断，但不一定具有特异性。

### （六）肝血管肉瘤

肝脏的原发性血管肉瘤已有在犬、猫、羊、牛和猪发生的报道，尤其在犬和猫中是比较常见的肝脏恶性肿瘤，也是犬肝脏最常见的转移肿瘤。多数患原发性肝血管肉瘤的犬年龄在10岁以上。不同品种的犬患病的偏好性无科学依据，但德国牧羊犬报道的病例数较多。

**大体病变**　该肿瘤是犬、猫和牛常见的非上皮性肝脏肿瘤，属于恶性肿瘤，具有浸润性生长的特点。肝脏内可见单个的大肿块，或整个肝脏有多个肿块。肝脏表面形成暗红色的芝麻或樱桃大小不等的结节状肿块，有些血管肉瘤因缺少血液灌注而呈白色至浅黄色，表面平滑或呈凹凸不平的斑块状。在牛的肝脏甚至可见直径十几厘米大小的血管肉瘤肿块。肿瘤组织的切面几乎无结缔组织基质，所以特别易碎。

**组织学病变**　癌变的血管内皮细胞与薄层的纤维结缔组织基质形成血窦状结构或不完整的小血管，其中充满大量的红细胞和少量的单核细胞。血窦内多为流动性的血液，但也常见凝固而成的血栓，血栓若机化则生成纤维性的构造。血管内皮细胞较为肥大，甚至呈大梭形或近似圆形，细胞核大而圆，核仁明显，核分裂象多见。瘤细胞经免疫组织化学染色呈波形蛋白和凝血因子Ⅷ（coagulation factor Ⅷ）阳性反应。

**病理诊断**　肝脏血管肉瘤的血管内皮细胞增生、肥大，致使管腔充满内皮细胞而成索状，管腔内常充满红细胞，这一特征不同于淋巴管瘤。实体性血管肉瘤可通过内皮细胞标记"因子Ⅷ相关抗原"或内皮标记因子CD31与其他类型的肉瘤区分开来，这些因子在其他间质肿瘤不可见。牛的血管错构瘤是一种血管发育异常的病变，被描述为不同于肝脏或皮下的血管肉瘤的实体。其特点是间质丰富，有乳头状内折的异常血管并存在动脉和静脉，病变部位无肝实质。毛细血管扩张也是牛和老年猫的一种相对常见的病变，可通过内皮细胞分化良好的外观与血管肿瘤区分开来。肉眼观察病灶呈红色，呈扁平甚至凹陷状，不会隆起于肝脏表面。此外，犬的一种毛细血管扩张综合征也类似于血管肉瘤，但组织学检查可见内皮细胞分化良好，具有非肿瘤性。

区分原发性肝血管肉瘤和转移性病变的难度较大。对于累及多器官的血管肉瘤，其多中心起源的可能性也应被考虑，目前还没有明确的方法来确定其原发部位。最大的肿块通常被认为是最早的原发性病变，但是，肿瘤生长的限制可能因部位而异，所以这种假设不一定成立。例如，肝或脾等部位的生长环境可能比皮下部位更有利于肿瘤细胞生长。

### （七）髓脂肪瘤

髓脂肪瘤是较为罕见的肿瘤类型，在猫科动物的肝脏、脾脏和肾上腺多见，尤其在家猫和猎豹（cheetah）有较多的病例报道。髓脂肪瘤没有明确的临床症状，只有在剖腹手术或尸检时才会偶然发现。

**大体病变**　肝脏的髓脂肪瘤通常是多发性的，可能位于肝脏的多个叶。眼观可见肝脏表面形成灰白色或淡黄色的结节，部分肿瘤因出血呈暗红色，质地柔软易碎。结节的表面不规则，直径从几毫米到几厘米不等。

**组织学病变**　髓脂肪瘤是由髓样组织和成熟脂肪组织组成的良性肿瘤，肿块边缘常不规则，脂肪细胞与相对正常的肝细胞发生交错。肿瘤组织内形成类似于骨髓的结构，见有大量分化良好的脂肪细胞和造血组织，同时伴有巨核细胞（megakaryocyte）和不同成熟程度的红细胞和粒细胞的前体细胞。在不同生长期的肿瘤或者同一肿瘤内的不同区域，各种细胞类型的比例是可变的。通常，处于生长期的肿瘤组织中髓细胞组织多于脂肪组织。

**病理诊断**　肝脏的髓脂肪瘤必须与肝脂肪病区分，特别是存在髓外造血的情况下。髓脂肪瘤呈膨胀性生长特性，属于肿瘤性的。

### （八）其他肿瘤

犬、猫和牛的肝平滑肌肉瘤和纤维肉瘤均有报道。原发性的肝脏骨肉瘤已经在猫上有多次报道。由于这些肉瘤相对比较罕见，无性别或品种偏好性。患有原发性肝脏肉瘤的犬通常大于10岁。单例的原发性肝横纹肌肉瘤、肝淋巴管瘤和肝浆细胞瘤也有报道。二乙基亚硝胺可以实验性地致使犬产生原发性的肝纤维肉瘤。有血管外皮细胞瘤已被报道为牛的原发性肝肿瘤。

**大体病变**　原发性肝脏肉瘤与其他部位的肉瘤具有相同的外观特征。除了犬的原发性肝脏骨肉瘤和猫的肝横纹肌肉瘤，原发性肝肉瘤多数为灰淡白色坚硬的肿块。例如，平滑肌肉瘤发生时，肝脏表面与切面可见多个灰白色或粉红色的肿块，表面光滑或凹凸不平，质地坚实。有些平滑肌肉瘤发生广泛性坏死，呈暗黑色并有凹陷。肝脏的肉瘤可能具有侵袭性，并涉及胃肠道的邻近结构。

**组织学病变**　原发性肝脏肉瘤的组织学特点是起源细胞的典型表现。例如，平滑肌肉瘤的肿块组织由大量增生癌变的平滑肌细胞组成，细胞间的界限不明显。大量的瘤细胞呈现不规则的成束交错排列或漩涡状排列。瘤细胞呈纺锤形、长梭形或多形性，胞核呈现较为狭长的雪茄形或卵圆形，核分裂象多见，胞质嗜伊红淡染；有时出现多核巨细胞。瘤细胞经免疫组织化学染色呈波形蛋白阳性反应。

**病理诊断**　原发性肝脏肉瘤往往会出现侵袭性生长模式，属于典型的间质恶性肿瘤。这些肿瘤的局部组织浸润和转移已被报道。原发性肝脏肉瘤诊断的关键问题，是需要通过彻底的尸检来区分转移性病变和原发性病灶。仅依靠组织学不足以确定肿瘤是原发还是转移。一般来说，由于肝脏肉瘤不太可能有多个原发部位或来源，所以当肝内多发肿瘤时提示其为转移性来源。

## 二、胆管肿瘤

胆管肿瘤是指来源于胆管上皮细胞的肿瘤。其肿瘤类型包括良性的胆管腺瘤（biliary adenoma）或称胆管上皮细胞瘤（cholangioma）、胆管细胞腺瘤（cholangiocellular adenoma）和胆管囊腺瘤（biliary cystadenoma），以及恶性的胆管癌（bile duct carcinoma，cholangiocarcinoma，biliary carcinoma，cholangiocellular carcinoma）、胆管囊腺癌（biliary cystadenocarcinoma）和肝胆管癌（hepatocholangiocarcinoma）等。

动物胆管肿瘤的发生原因常常与化学性致癌物和病原感染有关。化学性致癌物，如黄曲霉毒素和亚硝胺已经被证实可诱发犬、猪、鸭的胆管肿瘤；黄曲霉毒素可以穿过母牛的胎盘屏障而使新生犊牛表现出腺瘤样胆管增生和小叶中心纤维化病变；华支睾吸虫（*Clonorchis sinensis*）感染犬和猫也可导致胆管癌的发生。

### （一）胆管腺瘤

胆管腺瘤又称胆管上皮细胞瘤，多见于老龄的犬和猫，其中猫的发病率更高；羊、猪和牛中也有报道，为良性的胆管肿瘤。也有学者认为，胆管腺瘤形成的单腔或多腔的囊性病变不是肿瘤。胆管腺瘤通常与胆管囊腺瘤等一起出现。暂无证据显示胆管腺瘤是胆管癌的前兆，但不能排除这种可能性。

**大体病变**　肿瘤组织在肝脏表面和实质形成灰白色的隆起肿块，呈结节状，与周围组织界限明显。有的结节形成凹陷，其中含有少量胆汁。

**组织学病变**　肿块的实质是由单层立方形的胆管上皮细胞与纤维结缔组织间质组成的大小不等的腺管样结构。立方形的胆管上皮细胞有适量的淡嗜酸性胞质，核呈圆形至椭圆形，泡状，核仁小或不明显；无典型的有丝分裂。

**病理诊断**　胆管腺瘤与胆管癌的区分可基于胆管腺瘤的细胞分化良好。胆管癌常见的局部浸润、周围纤维化、结缔组织形成，以及有丝分裂数量增加等相关特征没有在良性的胆管肿瘤中发现。

### （二）胆管囊腺瘤

胆管囊腺瘤也属于良性的胆管上皮细胞瘤，主要是由于腺瘤发生时，肿瘤上皮细胞的分泌物大量蓄积，致使腺腔高度扩张而形成囊状样。在猫科动物的发生率较高，牛和猪也有发生。

**大体病变**　眼观可见肝脏实质内形成囊肿样的团块，切面为囊腔状结构，其中含有深绿色或暗黑色的胆汁。

**组织学病变**　肿瘤的实质主要是由纤维结缔组织基质形成的大小不等的囊腔，囊腔内衬由单层扁平、立方或矮柱状的无规则排列的胆管上皮细胞构成，上皮细胞偶尔会向囊腔内延伸形成乳突状。胆管囊腺瘤内可见充满黏液和/或胆汁的小囊，上皮细胞常常因黏性的胆汁淤积而发生萎缩。一些含有胆汁的腺腔可能是先天性的，但有黏液形成的可能是肿瘤性的。

**病理诊断**　胆管囊腺瘤发生时，上皮细胞的分泌物大量蓄积而使腺腔高度扩张，呈囊状样。

### （三）胆管癌

可发生于犬、猫、绵羊、牛、马、山羊及猪。虽然该类肿瘤在多个物种都可见，但相对来说并不常见。在所有猫和犬的肿瘤中，胆管癌的比例不足1%。犬的恶性胆管肿瘤比良性胆管肿瘤常见，胆管癌发生的平均年龄为11.4岁，雌性发生率相对偏高。猫的胆管癌可能是最常见的原发性肝胆恶性肿瘤，患病猫的年龄常大于9岁，无明显的品种倾向。马胆管癌的发生年龄为12～23岁。牛的多发年龄为3～12岁，但3岁左右的牛更多见。胆管癌很容易经腹腔、淋巴和血流发生转移，多见于转移到脾、肾和淋巴结，有时转移于甲状腺、肾上腺、骨髓和肠壁等部位。

**大体病变** 肉眼可见肝脏表面形成多发性的肿块结节（图6-13），肿瘤凸出于肝脏表面。胆管癌的囊性区域常包含随机分布的黄棕色黏性液体，由大量囊性区域组成的变异性肿瘤称为胆管细胞囊腺癌。大部分胆管癌因大量的结缔组织存在而质地坚实，这种特征与柔软、易碎的肝癌有明显的不同。

**组织学病变** 肿块组织有大量肿瘤性胆管上皮细胞与纤维结缔组织基质形成不规则的腺体状或管腔状结构（图6-14，图6-15A），其中很少有胆汁存在。有时可见肿瘤细胞无规则排列，延伸形成细胞带。瘤细胞呈立方形、柱状或多形性；胞质内含有微细颗粒，胞核为大的球状囊泡核，核分裂象多见，核仁明显。在柱状细胞管状排列的病例中，可以见到由大的柱状细胞形成的乳头状增殖。肿瘤组织可侵入周围肝实质（图6-15B）。有时，因纤维结缔组织间质增多而使肿瘤具有硬化性，但多数情况下无肝硬化迹象。若肿瘤内有大量或较大的囊肿，可称为胆管细胞囊腺癌，其组织学特征包括不同体积的囊肿形成，囊肿内层有单层或多层的肿瘤性胆管上皮细胞。囊肿内常含有丰富的黏液分泌物，乳头状突起延伸至囊肿腔内。

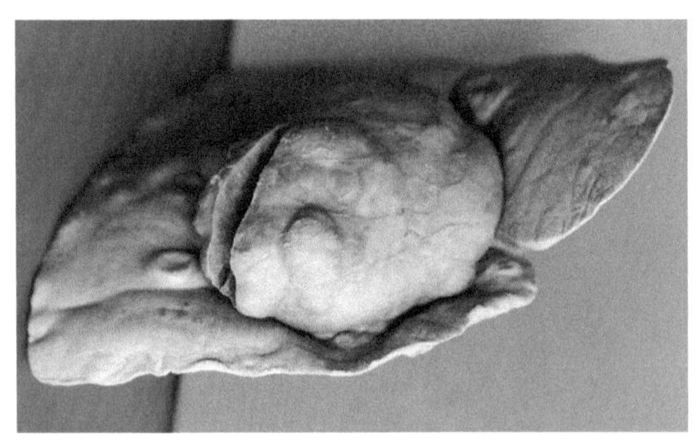

**图6-13 猪胆管癌**

肿瘤呈巨大的结节状，表面不平，隆起于肝表面

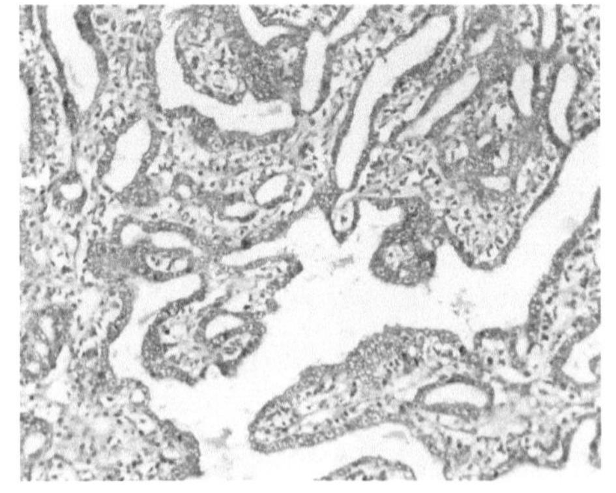

**图6-14 犬胆管癌**

肿瘤细胞形成不规则的腺体状或管腔状结构

**病理诊断** 胆管癌与类癌的大体病变相似，二者的鉴别难度较大。胆管癌形成的肿瘤体积较类癌大，但二者都可形成多个结节。胆管癌可见有包含黏液性到凝胶样物质的囊性空腔，这一眼观病理特征可与类癌鉴别。与类癌相比，胆管癌的组织学特征为具有腺泡、小管、管腔内分泌物、黏液、纤维增生等。胆管癌中常见到黏蛋白，PAS染色阳性，类癌不具有该特征。利用免疫组织化学染色可检测到胆管癌中细胞角蛋白和密封蛋白-7（claudin-7）

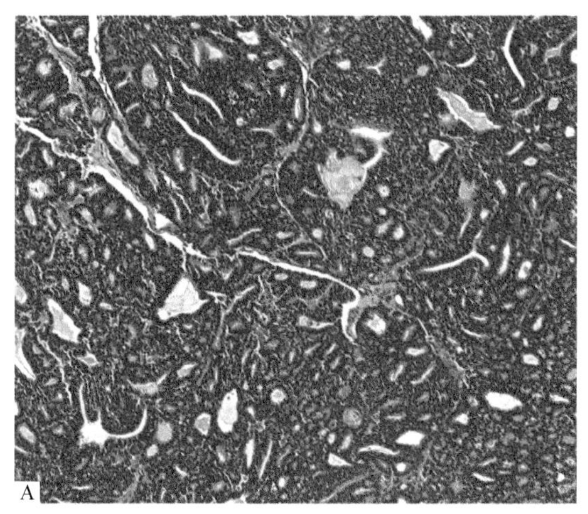


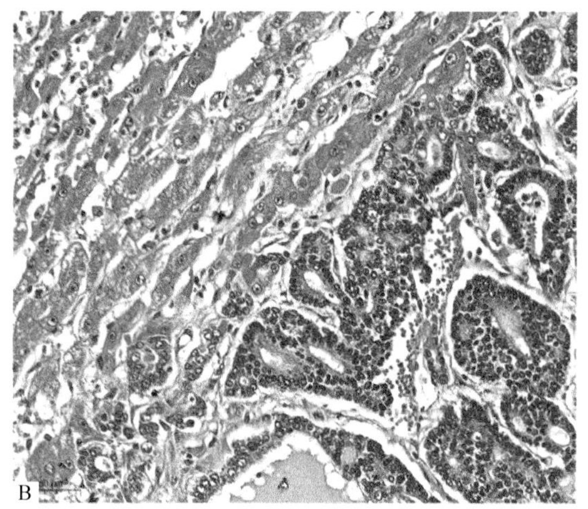


图6-15　猫胆管癌

A．肿瘤由不规则的腺体样结构组成；B．肿瘤细胞压迫并侵犯周围肝实质

（存在于正常和肿瘤胆管上皮）的阳性信号，类癌呈阴性。

胆管癌与肝癌的鉴别诊断。胆管癌的组织学特征为典型的腺泡或管状结构，上皮细胞排列成立方形和柱状，据此可区别于肝癌。但有时会出现肝细胞癌的假腺性变异。假腺性肝细胞癌与胆管癌的鉴别，可以通过胆管癌呈现的结缔组织增生、大量的有丝分裂现象和胆管上皮黏蛋白的产生等特征相区分；此外，虽然假腺性肝癌可以形成腺泡结构，但腺泡相对初级，腔内不含黏液。除了分化程度很低的肝细胞肿瘤外，HepPar-1对其他肝细胞肿瘤表现阳性，而对胆管肿瘤表现阴性，据此可通过免疫组织化学技术加以鉴别。也有用胆管上皮细胞标记阳性的密封蛋白-7来鉴别犬的胆管癌和肝细胞癌的报道。患肝细胞癌的肝组织易碎且质地较软，而胆管癌的质地坚实，这些特征可见将二者区分开来。

胆管癌与肝脏转移性腺癌的鉴别诊断。许多腺体恶性肿瘤的组织学特征是相似的，很难确定其具体的起源组织，多数依靠特异性标记物的免疫组织化学技术来区分。例如，组织特异性细胞角蛋白或密封蛋白，可用来特异性鉴别胆管上皮细胞。通过彻底的死后检查，排除其他部位发生原发性肿瘤的可能性之后，可做出原发性胆管癌的诊断。

## 三、胆囊肿瘤

胆囊肿瘤是指发生于胆囊的肿瘤。该类肿瘤多见于老年犬，有时伴发有胆结石；猫和貂的发生率较低，其他动物很少见。常见的胆囊肿瘤包括胆囊腺瘤（gallbladder adenoma）、胆囊癌（gallbladder carcinoma）和肿瘤样损伤（tumor-like lesions）等。家畜中，牛的胆囊腺瘤是最常见的胆囊上皮肿瘤之一。胆囊癌可发生于犬、猫、牛和猪。胆囊肿瘤好发的品种、年龄及性别偏好性尚无充足的信息。

引起胆囊肿瘤的原因不详。犬的胆囊上皮易受致癌性化学物质（如杀螨特等药物）的影响，但自然情况下无公认的胆囊致癌物。人类的胆结石与胆囊癌有关，但动物胆结石是否与胆囊癌相关，尚未得到证实。

### （一）胆囊腺瘤

**大体病变**　胆囊黏膜表面见有大小不等的结节状凸起，直径从几毫米到1cm，红色、黄色或灰色；结节表面有一定光泽，但略微粗糙，易碎。猫和牛的胆囊腺瘤具有相似的病变，通常呈乳头状或有蒂，并以粗柄附着于胆囊的底部。肿瘤坚实，表面有皱褶，内含大量内折或囊性空隙。牛的胆囊腺瘤直径5～7cm，可使胆囊变形。

**组织学病变**　镜下可见由柱状或立方上皮形成的黏液腺泡，结缔组织间质较少。腺泡可发生囊性扩张并伴有黏液物质积聚。发生囊性变体的肿瘤称为乳头状囊腺瘤。有时肿瘤呈乳头状特征，上皮呈棱柱状或立方形，位于丰富的结缔组织基质上。肿瘤的间质不丰富，由疏松且常常水肿的结缔组织组成，有时可见少量的淋巴细胞浸润，但肿瘤中无明显的炎症。

**病理诊断**　胆囊腺瘤呈扩张生长，多数有蒂，通常在胆囊腔内生长，对其他组织的影响不大。

### （二）胆囊癌

**大体病变**　胆囊癌是发生于胆囊上皮的恶性肿瘤，肿瘤在胆囊黏膜形成大小不等的菜花样赘生物，具有乳头状癌的特征（图6-16）。肿瘤可侵袭胆囊壁而快速生长，并可延伸到肝实质，甚至扩散至其他部位。胆囊壁内的矿化与犬胆囊癌有关。肿瘤组织在胆囊的颈处更加发达。

**组织学病变**　显微镜下可见瘤细胞呈高柱状或多形性，呈现乳头状和腺泡样增生，排列不规则（图6-17）。胞质内含有黏蛋白。瘤组织间结缔组织明显，属于典型的硬性癌；血管分布密集，并常见有单核细胞浸润。

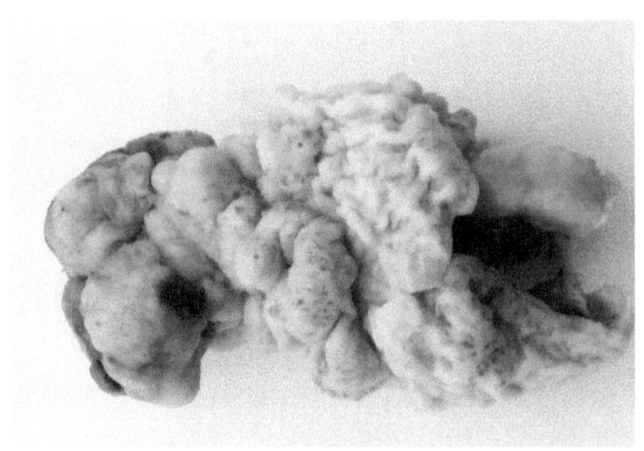

**图6-16　袋鼠胆囊癌（1）**
肿瘤呈菜花状，不规则，表面可见许多小囊泡

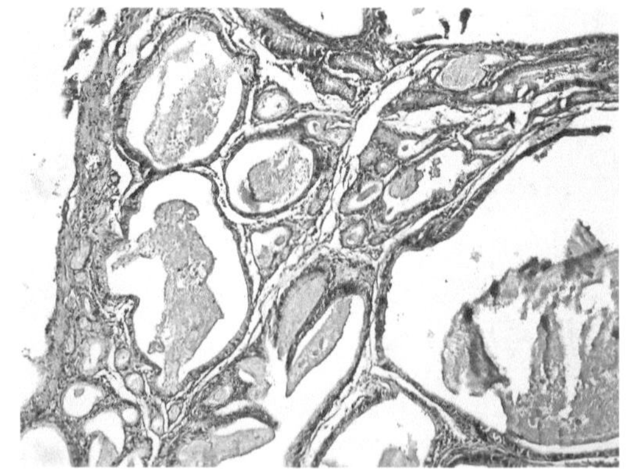

**图6-17　袋鼠胆囊癌（2）**
肿瘤细胞形成许多腺泡，大小不等，形状不规则，腺泡内有分泌物

**病理诊断**　胆囊癌呈扩散性生长，常侵入胆囊壁，并延伸至相邻的肝实质；胆囊癌容易发生转移，常侵犯腹腔浆膜表面、淋巴结和肺。

### （三）肿瘤样损伤

**大体病变**　胆囊中可见整个胆囊黏膜增厚，或胆囊内出现多个小囊肿，类似于肿瘤样的病变形成；黏膜呈灰白色。

**组织学病变** 囊肿内为单层的柱状上皮细胞，细胞顶端有丰富的正常胆囊上皮典型的细胞质黏液。有时候可见立方形的上皮细胞，偶尔可见鳞状细胞化生灶。增生的上皮细胞可从黏膜延伸至胆囊腔，形成乳头状突起。

**病理诊断** 肿瘤样损伤与胆囊腺瘤和胆囊癌不同的是，胆囊中常常会见到一些类似于肿瘤样的病变形成。例如，妊娠母羊和接受激素治疗的犬曾出现胆囊的囊性增生（cystic hyperplasia）病变，使整个胆囊黏膜增厚，也称腺瘤病（adenomatosis）或腺瘤性息肉病（adenomatous polyposis）。患有多发性内分泌肿瘤的老年犬胆囊内也会出现一些小囊肿，病变的黏膜内见有大量的直径1～3mm的小囊泡形成，导致黏膜弥漫性增厚，质地如同海绵。

## 第五节 胰腺外分泌肿瘤

胰腺肿瘤是指发生于胰腺组织的原发性肿瘤。有的恶性肿瘤可通过邻近组织（如胆管、十二指肠等）和淋巴结转移到胰腺部位。根据胰腺的分泌部位不同，主要分为胰腺外分泌肿瘤和胰腺内分泌肿瘤。其他的原发性肿瘤包括牛的周围神经鞘瘤和纤维肉瘤，以及猫的淋巴瘤、鳞状细胞癌和淋巴管肉瘤。

胰腺外分泌肿瘤通常见于老年的犬和猫，牛偶尔发生，在马、猪、山羊、绵羊等其他家畜中的报道极少，多数表现为胰腺增生。胰腺外分泌肿瘤包括来源于上皮的胰腺腺瘤（pancreatic adenoma）、胰腺癌（pancreatic adenocarcinoma），以及其他胰腺肿瘤。在所有动物中，胰腺癌比胰腺腺瘤更为常见，未见有胰腺腺瘤恶化的报道。

胰腺癌很少发生在4周岁以下的犬，未见有胰腺癌与性别、品种相关的好发性。尽管胰腺内无明显的易感部位，但胰腺右叶发生透明化癌的比例很高。大多数的犬胰腺癌均有转移现象，且常见有胰腺炎并发症。胰腺癌转移常发生于肝，也可向局部淋巴结、小肠和肺脏转移。据报道，伴有透明胰腺癌（hyalinizing pancreatic carcinoma）的犬中位生存期介于几天到19个月不等。胰腺癌在猫的平均发生年龄为11.6岁，但也比较罕见。超过80%的猫胰腺癌发生转移，以扩散至小肠或肝脏最为常见，也可向淋巴结和肺转移。

通常根据组织学或细胞学的病理变化对胰腺疾病做最后诊断。对腺泡腺癌（acinar adenocarcinoma）而言，一般通过穿刺液即可做出准确性较高的诊断；但对于导管腺癌（ductal adenocarcinoma），很难获得足够的细胞进行细胞学诊断。此外，继发性胰腺炎和胰周脂肪炎的存在可能会掩盖潜在的肿瘤。

### 一、胰腺腺瘤

**大体病变** 呈单发性，直径小于1cm。肿瘤周围有被膜包裹，常常压迫周围组织导致腺泡萎缩。

**组织学病变** 胰腺腺瘤可细分为导管上皮来源的导管腺瘤（ductal adenoma）和腺泡细胞来源的腺泡腺瘤（acinar adenoma）。导管腺瘤由排列在导管中的立方或柱状细胞组成，细胞质的空泡化较为普遍，尤其在顶端部分的柱状细胞更为明显。导管腺瘤可能出现假复层细胞、细胞大小不均一和囊肿形成。腺泡腺瘤可见分化良好的细胞排列在腺泡内，由纤细的纤维血管基质支撑。瘤细胞的胞质嗜酸性、透明。

**病理诊断** 胰腺的腺泡细胞增生/结节样增生（pancreatic acinar cell hyperplasia/nodular hyperplasia）在老年犬、猫中也很常见，需要与腺瘤进行区分。对屠宰牛的调查发现，胰腺结节样增生约占所有胰腺病变的三分之一。腺瘤的特征表现为单个结节，压迫周围组织，有纤维结缔组织包被，肿瘤细胞无法侵犯到周围组织。胰腺结节样增生时，形态大小不一，且为直径小于1cm的多发性病灶，无纤维结缔组织包被，不压迫周围组织。结节样增生内的细胞是胰腺外分泌细胞，通常呈腺泡状排列，也可见片状和团块状，细胞颜色从苍白到明亮的嗜酸性，与邻近胰腺的细胞着色特性不同。犬胰腺结节样增生常伴有纤维化、小叶萎缩和淋巴细胞浸润。无证据显示腺泡细胞增生易导致肿瘤。

胰腺的导管增生也常见于猫和反刍动物，与胰管结石和寄生虫感染有关（普塞利阔盘吸虫或牛腔阔盘吸虫），可能导致胰腺萎缩和纤维化。马偶尔也发生导管增生。

胰腺囊肿在猫、犬和羊中有报道。先天性囊肿常发生在胰腺实质外，由扁平的导管上皮和产生黏液的细胞组成。胰管的梗阻可引起猫的获得性滞留囊肿，含有胰腺分泌物，内衬扁平的导管上皮。此外，犬、猫的胰腺炎可进一步发展为假性囊肿，包囊内见有细胞碎片，较大的假性囊肿可压迫胆总管导致胆汁淤积。

## 二、胰腺癌

**大体病变** 犬胰腺癌多呈单发性，质地坚实，色苍白。由于具有浸润性，肿瘤在胰腺内弥漫性存在，很难与胰腺实质区分开。临床病理可见中性粒细胞增多，淀粉酶、脂肪酶和肝酶水平升高。猫胰腺癌以单发肿块常见，大多数的肿块直径大于1cm，但也可呈多发性或在胰腺组织中弥漫性渗透。部分猫可因肿瘤的发生出现脱毛现象，多见于面部、四肢的腹侧及内侧部位，但脱毛并不是胰腺癌所特有的表现，也可由胆管癌和肝细胞癌引起。牛和马的胰腺癌会出现严重的营养不良，可见胰腺周围脂肪的坏死和纤维化。

**组织学病变** 胰腺癌可细分为导管腺癌、腺泡腺癌和透明胰腺癌。

**1. 导管腺癌** 由立方或柱状细胞排列成小管及导管状，常伴有囊肿发生。细胞内可能含有胞质黏蛋白，在发育不良的导管中有大量的黏蛋白聚集。

**2. 腺泡腺癌** 由多角形细胞和极性细胞排列成腺泡状、小叶状及片状（图6-18）。当见有胞质酶原颗粒时，可直接诊断，但在低分化的肿瘤中，也可能见到酶原颗粒。肿瘤细胞的胞质呈嗜酸性颗粒状至空泡状，细胞核呈卵圆形，位于基底部。腺泡周围有少量的基质围绕，在实性肿瘤和片状肿瘤区域的周围，基质更加丰富。

**3. 透明胰腺癌** 仅在犬中报道，其特征是在间质或肿瘤细胞形成的管腔中有透明样物质存在（图6-19）。透明质物质尚未明确鉴定，但似乎不是淀粉样蛋白、层粘连蛋白、胶原或α1-抗胰蛋白酶。肿瘤细胞排列成导管状或腺泡状。肿瘤区域有大量的胞内和胞外黏蛋白，电镜下可检测到酶原颗粒。曾报道2例马的胰腺癌同时含有腺泡和导管成分的混合物。

**病理诊断** 胰腺癌的组织学变化差异较大，具有腺管外形的分化良好的腺癌到具有实性结构的未分化癌。未分化的胰腺癌中分化程度较低的肿瘤细胞呈片状或团状排列，极少数形成导管或腺泡的轮廓。在肿瘤细胞的胞质内一般不存在正常胰腺腺泡细胞中的酶原颗粒。

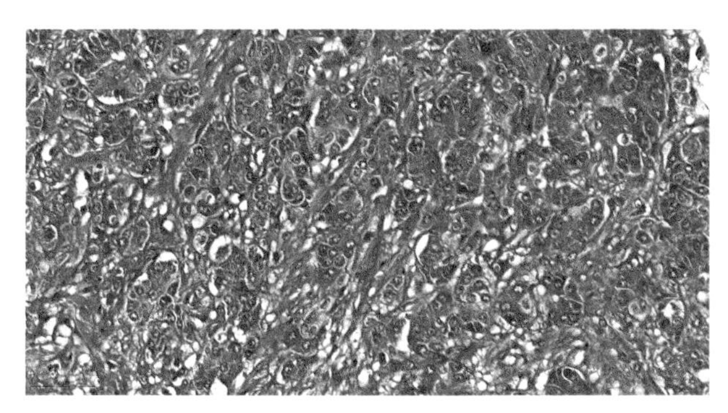

**图6-18 犬腺泡腺癌**
肿瘤细胞形成腺泡样结构，腺泡周围为纤维结缔组织

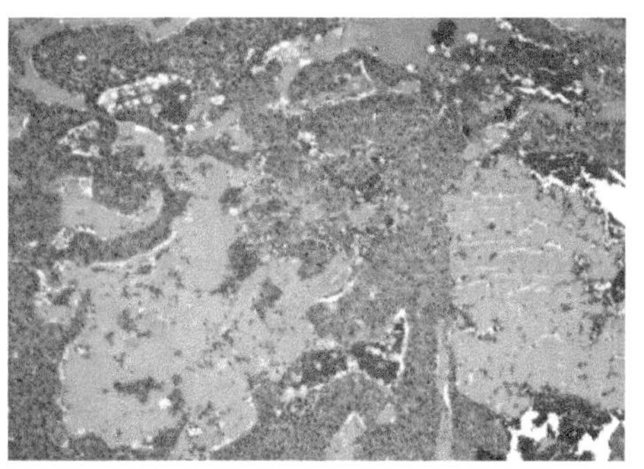

**图6-19 透明胰腺癌（Caswell，2015）**
间质或肿瘤细胞形成的管腔中有粉红色透明样物质存在

核分裂象很普遍。猫发生胰腺癌时，常可见独特的皮肤癌旁综合征，眼观表现体躯下对称性脱毛，病变区的毛囊和附件明显萎缩，表皮角质层缺失。

（孙 斌，贺文琦）

# 第七章　泌尿系统肿瘤

## 第一节　肾 脏 肿 瘤

原发性肾肿瘤在家畜中并不常见，通常在犬、猫和马身上是恶性的，而在牛身上是良性的。在犬中，大约70%是上皮细胞瘤，25%是间质瘤，5%是肾母细胞瘤。肾母细胞瘤起源于年轻犬的脊椎胸腰段。原发性肾肿瘤通常是单侧的，但也可能是多个或双侧的。在所有家畜肾脏中最常见的肿瘤是淋巴瘤，但淋巴瘤不是原发性的。

起源于肾脏，尤其是膀胱的大多数肿瘤很容易通过肉眼检查和组织学诊断。进一步帮助确认来源组织为肾起源的免疫组化标记物有配对盒基因8（paired box gene 8，PAX8）、CD10［脑啡肽酶（neprilysin）］、尿路斑块蛋白（uroplakin）、胃蛋白酶样天冬氨酸蛋白酶（novel aspartic proteinase of the pepsin family A，napsin A），是尿路上皮中蛋白质的特定标记。肾癌是少数具有细胞角蛋白和波形蛋白双重标记的肿瘤。

### 一、肾脏上皮性肿瘤

根据报告，60%～85%的犬原发性肾脏肿瘤起源于上皮细胞，60%～70%的猫原发性肾脏肿瘤起源于上皮细胞。虽然85%～90%的犬上皮性肿瘤和75%～100%的猫上皮性肿瘤被归为恶性肿瘤，但这种归类是主观的，可能会导致过度的癌分类。2015年的一项研究报告了有丝分裂计数（mitotic count，MC）的价值，可预测肾细胞癌（renal cell carcinoma，RCC）犬的生物学行为，并基于MC提供存活时间。报告的转移率在犬中为60%～70%，在猫中为50%，预计转移在马中会发生，但在牛中却很少见。

#### （一）肾腺瘤

肾腺瘤（renal adenoma）为源于肾小管上皮的良性肿瘤。多发于一侧肾脏，无明显的性别、年龄和品种偏好。

**组织学病变**　肾腺瘤无囊性，但与邻近皮质界限清晰。它们由分化良好的小管和腺泡组成，根据主要的组织学模式，可细分为管状、乳头状或实性。这三种类型可以混合出现。小管或乳头突出物上排列着单层的立方上皮细胞，有丰富的嗜酸性胞质。核是单个的，位于中央或基部，有一个核仁，核分裂象少见。在小管的基部有少量的纤维间质支撑。

#### （二）肾腺癌

肾腺癌（renal adenocarcinoma），又称肾细胞癌、肾癌，为源于肾小管上皮细胞的恶性肿瘤，在动物的肾脏肿瘤中较为多见，主要发生于犬、猫和马。雄性发病率高于雌性（比例约为2∶1）。在马属动物中可能出现疝气、消瘦、血尿、腹腔积血和病理性水肿等症状。犬、猫还可出现尿频和蛋白尿症状。当动物出现上述临床症状时，肿瘤多已到晚期，多数已经发生转移，预后不良。

**大体病变**　肿瘤多单侧生长，偶见于双侧肾。肿瘤与周围组织界限清晰，呈黄色或黄棕色，质软。肿瘤的大小差异较大，小的直径约为2cm，较大的肿瘤可占据80%的肾。体积较大的肿瘤常伴随局灶性出血、坏死和囊性退变。较大的肿瘤可以伸入肾盂、血管和肾周围的组织。发生在犬的肿瘤经常呈囊状，内含透明或者红色的液体。

**组织学病变**　肿瘤细胞呈条索状、管状和乳头状排列，并且这三者的混合型可共存于一种肿瘤组织中，其中管状排列最常见。每一种形态的肿瘤细胞又可进一步分为透明细胞型、嫌色细胞型、嗜酸性细胞型和混合型。可以以此区分肾腺癌和由肾盂处移行而来的肾癌。肾腺癌的肿瘤细胞呈嗜酸性，呈乳头状和管状排列。透明细胞型多发于实验动物和人，犬、猫少见。癌细胞胞质丰富，高度透明，可利用冰冻切片和超微结构观察予以确认，且细胞核呈圆形、致密，肿瘤细胞分化程度良好。嫌色细胞型嫌色细胞胞质内含有大量小的囊泡，淡染，网状或絮状排列。嗜酸性细胞型肿瘤是嫌色细胞型肿瘤的变型，嗜酸性细胞型多见于牛，肿瘤多呈乳头状，细胞质高度红染，呈颗粒状（图7-1）。

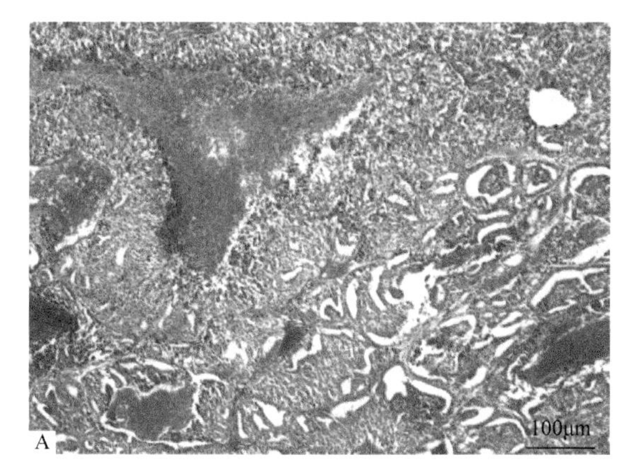


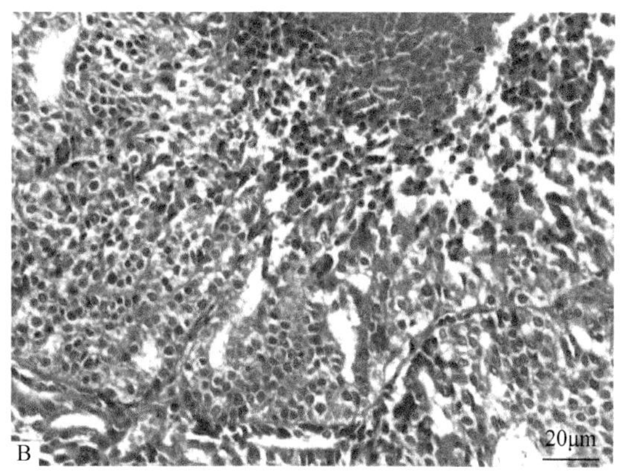


**图7-1　肾腺癌**

A．增生的肿瘤细胞呈实性或管状、乳头状排列，其间可见大小不等的片状红染的坏死区域，与周围组织界限清楚；B．增生的肿瘤细胞主要为肾上皮细胞，胞核蓝染呈圆形，胞质较丰富，红染，呈实性排列或管状排列，细胞之间界限较清楚。呈实性排列的肿瘤细胞被细索状红染的纤维结缔组织分隔成大小不等的小叶结构。可见较多的病理性核分裂象，坏死区域可见肿瘤细胞胞核固缩浓染、碎裂和消失

**病理诊断**　肾腺癌作为一种肾脏原发性的肿瘤需要和由其他器官移行而来的继发性肿瘤相区分，如果肿瘤仅出现于一侧或两侧的肾脏而不发生转移，则为原发性肾脏肿瘤，如果由一侧的肾脏移行到另一侧则为从其他器官移行而来的肿瘤。原发性肿瘤主要引起肾脏皮质区的损伤，而继发性肿瘤会引起髓质的损伤。碳酸酐酶Ⅸ、程序性死亡配体1可以作为肾腺癌的分子标记物。

### （三）肾嗜酸细胞瘤

肾嗜酸细胞瘤（renal oncocytoma）被认为来自肾集合管上皮，良性，罕见。

**组织学病变**　肿瘤由致密的、圆形或多边形的单核细胞组成，呈实性、巢状、索状或

管状，胞质呈强烈的嗜酸性、颗粒状。核圆形到椭圆形，核仁明显。可出现不等核增生、不等核变性（anisocytosis and anisokaryosis）和双核或多核肿瘤细胞。

## 二、肾脏胚胎性肿瘤

### （一）肾母细胞瘤

肾母细胞瘤（nephroblastoma）即胚胎性肾瘤（embryonal nephroma）是一种先天性肿瘤，该肿瘤还称为胚胎腺肉瘤、胚胎肾瘤和成肾细胞瘤。起源组织为后肾芽基，基质细胞和芽基由同一个干细胞发育而来。该肿瘤是胚胎上皮（肾小球芽和肾小管）、未分化芽基和不同数量的黏液性间质的混合物。雄性易发。犬、猫中半数病例发生转移。

**大体病变**　典型的肿瘤是单侧的，位于皮质。肿瘤可能局限于肾脏，也可能通过囊膜延伸，并附着在体壁或肠系膜上。但也有双侧肿瘤、多发肿瘤并侵犯骨盆。

**组织学病变**　其主要特征是胚胎上皮（肾小管和肾小球）、芽基和间质组织的混合。成簇的上皮细胞内陷到管腔内形成球状结构，排列在腔内的细胞几乎看不到细胞质，形成一圈“裸核”。肾小球和肾小管处于不同的分化阶段。胚胎时期的肾小球被不规则的肾小管包围，这些肾小管有大小不一的管腔（图7-2）。未分化的芽基细胞通常是主要的细胞。典型的模式是芽基细胞的增殖，其中心是肾小管和肾小球。所有这些结构被不同数量的未成熟、轻度嗜碱性、疏松间质包围。肿瘤周围可见片状未分化的母细胞样细胞，无可见的细胞质。囊性结构数量较少，排列有立方上皮或鳞状上皮，有脱落的上皮细胞或角蛋白。可出现纤维增生的区域，类似于纤维肉瘤。有肌肉分化和/或上皮化生，很少有软骨和/或骨的形成。

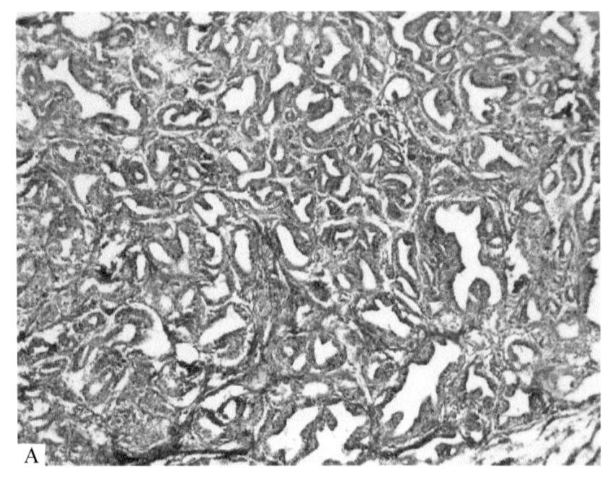


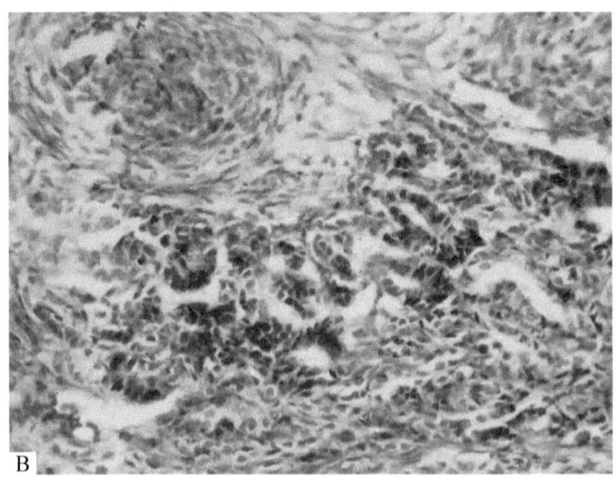


**图7-2　肾母细胞瘤**

A. 鸡肾母细胞瘤，肿瘤组织形成肾小管样结构，管壁上皮单层或多层；B. 兔肾母细胞瘤，肿瘤细胞分化极低，形成团巢状。少数上皮分化形成肾小管样结构

### （二）肾畸胎瘤

肾畸胎瘤（teratoma）是家畜肾脏中罕见的肿瘤，包含了所有三个胚层的细胞成分。肠道、淋巴、汗腺和毛发的存在对于诊断非常有帮助。

## 三、肾脏间叶性肿瘤

肾脏间叶性肿瘤可起源于肾脏的间叶组织。最常见的肿瘤是未分化肉瘤、纤维瘤/纤维肉瘤和血管瘤/血管肉瘤，也有平滑肌瘤/平滑肌肉瘤的病例，脂肪瘤、骨瘤、软骨瘤或恶性肿瘤的病例很少见。

### （一）肾血管瘤和血管肉瘤

肾血管瘤（hemangioma）和血管肉瘤（hemangiosarcoma）可以是继发，也可为原发。血管瘤局限于肾脏（图7-3），血管肉瘤通常通过肾包膜生长并引起出血。贫血和血尿是最常见的临床病理异常。

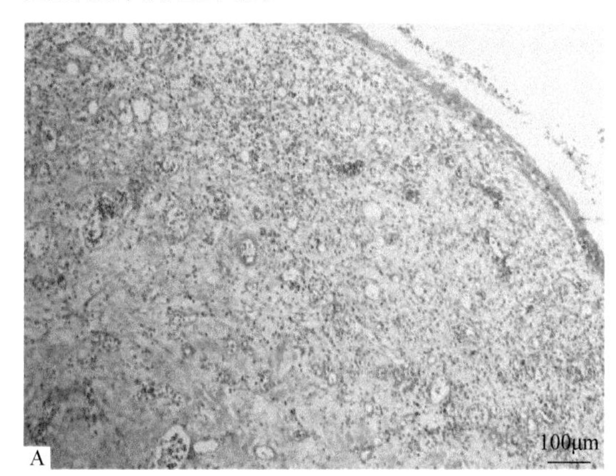


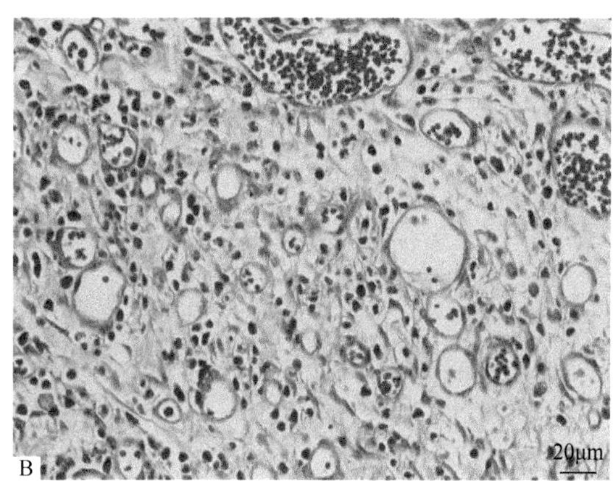


图7-3 肾血管瘤

A. 可见肿物皮下结缔组织疏松、水肿。肿物主要位于真皮层，形成大小不等、形状各异的管状结构，管腔内可见数量不等的红细胞；B. 大量新生成的血管样结构，管腔内可见数量不等的红细胞。肿瘤细胞呈梭形，胞质较少，呈嗜酸性，胞核圆形至长梭形，呈嗜碱性

### （二）肾纤维瘤和纤维肉瘤

肾纤维瘤（fibroma）和纤维肉瘤（fibrosarcoma）约占犬原发性肾肿瘤的5%，占猫原发性肾肿瘤的2%。界限清晰，单发或多发，通常位于皮质和髓质区。梭形细胞瘤具有杆形细胞核，无可见的细胞边界，胶原蛋白可适当地使用组织化学染色（Masson染色或Van Gieson染色）。

### （三）肾间质细胞瘤

肾间质细胞瘤（renal interstitial cell tumor）具有纤维瘤的所有特征。其显著特征是间质瘤中存在胞质脂滴，这可能需要进行超微结构观察才能证实。间质瘤基质为阿尔辛蓝（alcian blue）染色阳性，纤维瘤为阴性。

### （四）中胚层肾瘤

中胚层肾瘤（mesoblastic nephroma）是肾母细胞瘤的一种变种，是一种罕见的源自后肾母细胞的先天性间质瘤，见于幼犬。大体外观为白色至褐色，在皮质内单个生长。其组织

学类似于纤维瘤和肾间质细胞瘤。它们是细胞密度不同的纤维组织的良性生长，环氧合酶（COX-2）阳性。

#### （五）血管黏液瘤

血管黏液瘤（angiomyxoma）由分化良好的梭形细胞、丰富的黏液样间质和包绕的非肿瘤性肾成分组成，被认为起源于肌成纤维细胞。有病例伴发高钙血症。

### 四、转移性肿瘤

#### （一）肾淋巴瘤

肾淋巴瘤（lymphoma）是猫肾脏最常见的肿瘤，也是所有物种肾脏最常见的肿瘤之一。所有种类的淋巴瘤都会形成不同大小的多发性、肿胀、柔软的棕黄色肿块。组织学上为“典型”淋巴瘤细胞，特征为胞核圆形，胞质很少，无支持间质。通常很少有坏死或出血。

#### （二）肾上腺肿瘤

肾上腺皮质癌或嗜铬细胞瘤常发生于肾脏，是由循环转移或直接转移引起的。

## 第二节　肾盂和输尿管的肿瘤

肾盂和输尿管的肿瘤罕见，出现肿瘤时可能是移行细胞癌或鳞状细胞分化。出现在肾盂的移行细胞癌比膀胱少。在任何位置时，它们都可能引起肾积水并转移扩散到下尿路。有时它们可以以斑块或凸起的小结节散布在整个输尿管中。其他原发性或转移性肿瘤也可出现在肾周区域，但并不常见。

乳头状瘤也罕见，发生在骨盆，其特征是乳突由1～5层成熟的移行上皮排列，覆盖1层薄的纤维间隔。

## 第三节　膀胱和尿道的肿瘤

膀胱和尿道肿瘤占所有犬肿瘤的0.5%～1.0%，占所有犬恶性肿瘤的2%。在犬、猫和马中，大约90%的膀胱肿瘤是上皮性的，并且是恶性的，良性的膀胱肿瘤是罕见的。

### 一、膀胱良性上皮性肿瘤

#### （一）膀胱乳头状瘤

膀胱乳头状瘤（papilloma）是上皮细胞呈乳头样增生的病变。膀胱乳头状瘤分为典型型和内翻型，一型中偶见另一型少量成分的混合。典型乳头状瘤由单个或成簇的多个乳头组成，乳头表面覆盖与移行上皮非常相似的上皮细胞，细胞少于7层，呈伞状，无异型性。内翻型乳头状瘤约占肾盂、输尿管、膀胱和尿道肿瘤总数的2%，绝大多数发生在膀胱，典型症状是尿道塞和血尿，大约80%病变发生在膀胱三角区或膀胱颈，犬膀胱乳头状瘤占膀胱肿瘤的17%。

**大体病变**　泌尿道可见菜花状或凹凸不平的暗棕色状肿物，单个或多个，呈簇状。由于上皮细胞大量增生，导致泌尿道塞，膀胱肿大并且疼痛，排尿困难，可见血尿。

**组织学病变**　膀胱移行上皮明显增生（图7-4），局部呈乳头状并有分枝，乳头宽而短，同时组织间隙伴有出血、淤血。膀胱内可见息肉样的结节，表面覆盖正常的泌尿道上皮，下面有基底样细胞组成互相吻合的梁状结构。肿瘤周边细胞呈栅栏状排列，与皮肤基底样细胞相似，病变中还常见有鳞状上皮样结构，呈多层漩涡状。肿瘤实质常发生囊性变性，囊内有嗜酸性液体。

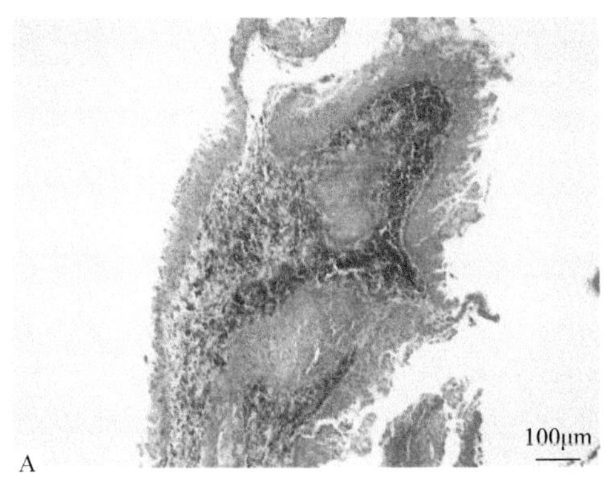


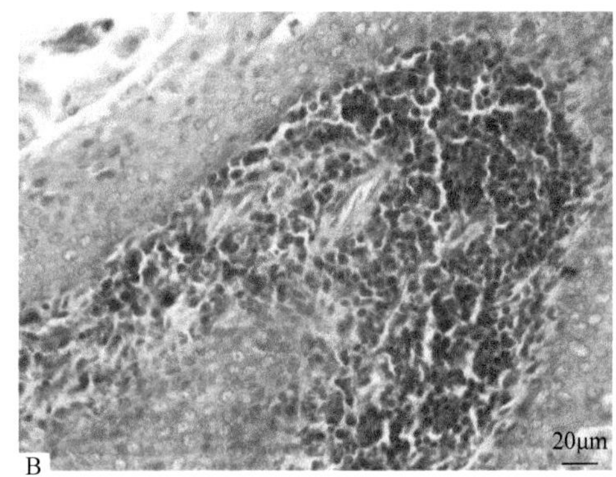


**图7-4　犬膀胱乳头状瘤**

A. 黏膜层明显增生，呈乳头状突入腔内，或以巢状细胞团伸入黏膜固有层。可见大面积的出血、淤血、炎性细胞浸润的现象；B. 增生的上皮细胞异型性不大，排列紧密，胞核呈椭圆形，核仁明显，嗜酸性的胞质丰富，细胞界限不明显

**病理诊断**　内翻型乳头状瘤需要与移行细胞癌进行鉴别，移行细胞癌细胞体积较大，有一定量的淡嗜酸性胞质，有时可见胞质丰富，呈强嗜酸性。癌细胞界限不清楚，具有一定程度的细胞不典型性和核分裂象。可见圆形或卵圆形的癌巢向间质浸润，在局部形成典型的浸润，移行细胞癌的乳头长并且非常明显，乳头表面覆盖的上皮细胞多于7层。而内翻型乳头状瘤很少见鳞状细胞化生，内翻型乳头状瘤的乳头短而小，覆盖的上皮细胞少于6层。

### （二）膀胱腺瘤

这是一种非常罕见的肿瘤，至少很少被诊断出来。腺瘤与乳头状瘤大致相同。区别特征是腺体的形成和组织浸润固有层，但不侵入深层肌肉层。肿瘤由分化良好的柱状上皮组成。有移行上皮，也可能有鳞状细胞化生。腺体或囊性空间由单层上皮排列，含有数量不等的黏蛋白。可能有脱落的上皮细胞与黏蛋白混合。

## 二、膀胱恶性上皮性肿瘤

### （一）膀胱移行细胞癌

移行细胞癌（transitional cell carcinoma，TCC）是犬最常见的膀胱原发性恶性肿瘤，发病率占犬膀胱肿瘤的2/3。猫很少发生膀胱肿瘤，TCC也是猫最常见的膀胱肿瘤类型。膀胱的其他肿瘤类型还包括鳞状细胞癌、腺癌、未分化癌、横纹肌肉瘤、淋巴瘤、血管肉瘤、纤维瘤及其他间质性肿瘤。TCC的发病原因尚不完全清楚，但有研究显示，除草剂和杀虫剂的应用在该病的发生过程中起到重要作用。该肿瘤的转移率较高（约50%），主要的转移部位是局部淋巴结和肺，此外，肿瘤还能转移至腹膜和骨骼。通过病史和发病特征进行初步诊断，影像学检查可发现膀胱内占位性病变，尿沉渣细胞学检查可能发现肿瘤性移行上皮细胞。该肿瘤的确诊需通过活检采样进行组织病理学检查。治疗方案包括肿瘤的手术切除和以卡铂为基础药物的化疗；此外，使用COX-2抑制剂（如吡罗昔康）对肿瘤的控制也有效。TCC预后不良，接受治疗的患犬平均存活时间10～15个月。

膀胱移行细胞癌主要发生于老年犬，平均年龄为9～11岁。雌性犬发病率约为雄性犬的2倍，去势雄性犬也易感。常见品种包括万能梗、比格犬、苏格兰梗等。猫的TCC没有性别和品种差异。

**大体病变**　TCC主要位于膀胱颈或膀胱三角区黏膜，呈单个或多个乳头状突起肿物或表现为膀胱壁增厚。肿瘤大小不一，可能仅局限于黏膜层（原位癌），也可能增大明显，占据整个膀胱。由于膀胱内的占位性病变，会造成泌尿道部分或完全阻塞。TCC可同时发生在输尿管和雄性犬的前列腺。常见的临床症状主要是由肿瘤阻塞造成的排尿异常，包括排尿困难、痛性尿淋沥、血尿、尿失禁等。患TCC的猫还可能表现出里急后重、便秘、直肠脱出、厌食等症状，触诊时可发现后腹部肿物。此外，由于肿瘤的转移，可能引起局部淋巴结病、呼吸困难、腹腔积液、疼痛等临床表现。

**组织学病变**　TCC由多形性或退行性移行上皮构成。肿瘤性移行上皮细胞以不规则的形态覆盖黏膜表面，以巢状或腺泡状细胞团的形式侵入黏膜固有层，并可出现在肌层和黏膜下层的淋巴管中（图7-5）。

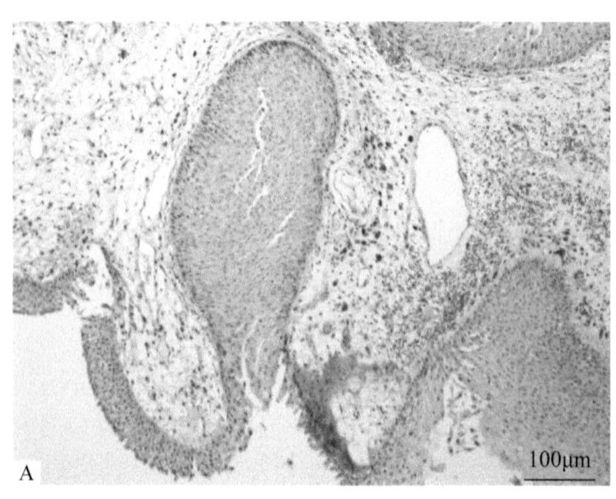


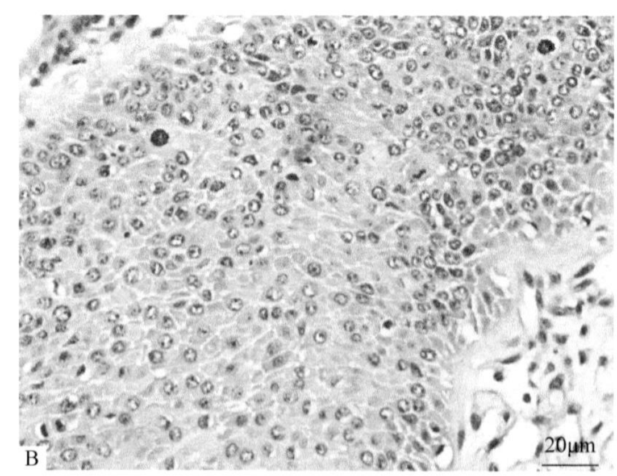


**图7-5　犬膀胱移行细胞癌**

A. 膀胱黏膜上皮明显增厚，由多层上皮细胞构成，局部有破溃，有片状出血；B. 增生的上皮细胞胞体较大，胞核蓝染呈椭圆形、圆形，核仁清晰，胞质粉染，细胞之间界限清晰，可见大量核分裂象

移行细胞癌可分为以下几种类型。

**1. 移行细胞原位癌**　癌细胞局限于膀胱黏膜内，不穿越基底膜，细胞从轻度异型增生至重度异型增生，细胞出现多形性，上皮厚度增加。上皮细胞易脱落，尿液细胞学检查常常可见恶性细胞。

**2．乳头状移行细胞癌（非浸润性）**　由多个细长且常有分支的乳头构成，乳头被覆上皮细胞常超过7层，细胞从异型性小、核分裂象罕见（乳头状癌，低级别）到异型性明显、核分裂象易见（乳头状癌，高级别）。乳头基底部与正常膀胱组织分界明显。

**3．浸润性移行细胞癌（非乳头状）**　肿瘤细胞浸润至固有层、肌层，在黏膜固有层和肌层内可见不规则的细胞巢、小的细胞条索或单个肿瘤细胞，肿瘤细胞的细胞质丰富，弱嗜酸性或强嗜酸性，核分裂象多少不等。在移行细胞癌内可能会出现灶状的鳞状细胞区或腺体结构区，这是因为移行上皮细胞常会发生鳞状分化或腺性分化，这些肿瘤仍诊断为移行细胞癌，可称为伴鳞状分化或腺性分化的移行细胞癌。

**4．乳头状浸润癌**　肿瘤兼有乳头状移行细胞癌及浸润性移行细胞癌的生长方式。

**病理诊断**　需要将TCC与良性肿瘤（如乳头状瘤）或非肿瘤性增生（如息肉、膀胱炎）进行鉴别。TCC可能表现为膀胱内息肉样、菜花样或乳头状肿物，形态可能与乳头状瘤相似，但体积较大、基部较宽。从发病部位来看，TCC主要发生在膀胱三角区，但膀胱炎主要发生在膀胱顶部靠腹侧区域。从组织学特征来看，膀胱炎以明显的炎性反应为特征，慢性炎症过程中增生的移行上皮细胞多分化良好，细胞形态较均一，分裂指数较低；且增生的细胞不会侵入肌肉层。而肿瘤性的移行上皮细胞恶性特征明显，细胞排列紊乱，侵入深层的肌肉，容易发生转移。

### （二）膀胱鳞状细胞癌

与其他膀胱肿瘤相比，患有鳞状细胞癌（squamous cell carcinoma）的犬或猫没有独特的大体病变特征。肉眼不呈乳头状，浸润性，与TCC难以区分。与TCC的区别在于胞质角化、细胞间桥和角蛋白珠的形成。在TCC有鳞状细胞分化的区域也应归入TCC。鳞状和腺上皮化生在犬TCC中是相当常见的。纤维组织增生是任何器官鳞状细胞癌的特征。

### （三）膀胱腺癌

膀胱腺癌最可能的起源是移行上皮细胞的化生，但尿道残余是另一个来源。

**组织学病变**　与TCC相似，腺癌以乳头状或非乳头状的形式生长，并浸润膀胱壁至不同的深度，均具有相同的恶性行为。组织学特征是腺泡、小管和/或腺腔及分泌产物的形成。内衬上皮为柱状、立方、杯状细胞和一些移行细胞。大多数肿瘤必须具有腺体特征才能确诊。用HE染色可以明显地显示黏蛋白的产生，用黏蛋白染色可以更清楚地显示黏蛋白的产生。

**病理诊断**　鉴别诊断的重点是确定腺癌来自膀胱，而不是前列腺腺癌、子宫癌或直肠癌的转移。基本上所有转移性病变都在膀胱壁而不在黏膜上。这种普遍性的例外是前列腺腺癌。前列腺腺癌可转移在膀胱黏膜表面，并扩散到膀胱壁。对雄性犬的膀胱腺癌（罕见）的任何诊断都应在没有并发前列腺腺癌的前提下进行。在犬中，前列腺腺癌比膀胱腺癌更为常见。提示腺癌是膀胱原发癌的标准是：①在其他可能起源的部位没有肿瘤；②黏膜发生瘤变；③非肿瘤性尿路上皮向肿瘤上皮的转变（与正常尿路上皮和肿瘤上皮界限清晰相反）；④相邻区域发生原位癌；⑤腺癌中可见尿路上皮区域。可以尝试使用尿路上皮特异性蛋白Ⅲ（uroplakin Ⅲ，UP Ⅲ）进行鉴别诊断，因为有报道发现膀胱腺癌UP Ⅲ为阳性，表明该腺癌可能起源于化生性尿路上皮。膀胱三角区中的肿瘤和局限于黏膜表面的肿瘤更有可能是膀胱起源的。仅发生在膀胱壁或浆膜中的肿瘤应被视为转移灶，如果同时在黏膜和膀胱壁中发生瘤变，需以上述标准进行鉴别是原发性或转移性肿瘤。如果肿瘤转移到膀胱，则其他器官也有转移。

### （四）膀胱未分化癌

当肿瘤细胞类型无法识别时，可将其命名为未分化型。它不适用于能被识别为某种组织学类型但高异型性的原发性膀胱肿瘤。未分化的癌细胞呈实性片状增生，没有原始结构或细胞学模式。细胞质不清楚，核卵圆形，密集在一起。

## 三、膀胱间叶性肿瘤

### （一）膀胱平滑肌瘤和平滑肌肉瘤

膀胱平滑肌瘤（leiomyoma）和平滑肌肉瘤（leiomyosarcoma）主要发生在犬，在其他物种中罕见。犬发病年龄在2～14岁，平滑肌瘤发生的平均年龄为12.5岁，平滑肌肉瘤为7岁。尽管是恶性的，但转移非常罕见，可能发生局部浸润和复发。

**大体病变** 平滑肌瘤常见于下泌尿道和生殖系统，产生片状、膨出的白棕色结节，突出膀胱腔或扩张肌壁。

**组织学病变** 该肿瘤起源于膀胱壁的平滑肌，由梭形细胞组成长柱状或栅栏状结构。细胞边界通常不清；核呈椭圆形，但如果在横断面上切割，则呈圆形（图7-6）。有浸润性且核分裂象增多时，肿瘤可归类为平滑肌肉瘤（图7-7）。有丝分裂计数和核仁组织区嗜银染色（argyrophilic nucleolar organizer region，AgNOR）可用于区分犬肠、生殖器和泌尿道的良性和恶性平滑肌肿瘤：平滑肌瘤的有丝分裂指数为0.05，平滑肌肉瘤的有丝分裂指数为1.65，或5个核分裂象/ 400HPF与1～2个核分裂象/400HPF可以区分这些诊断。

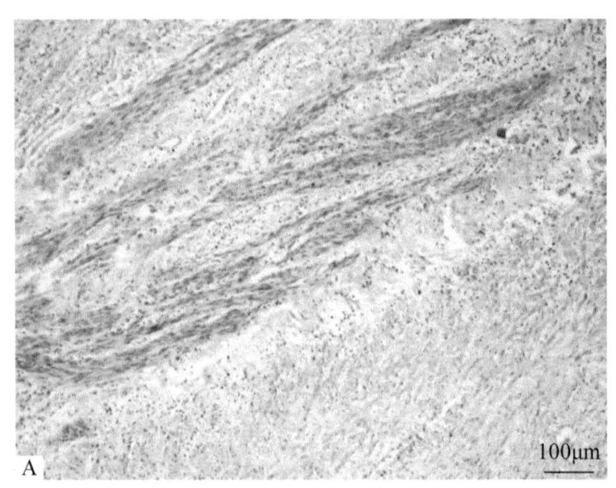


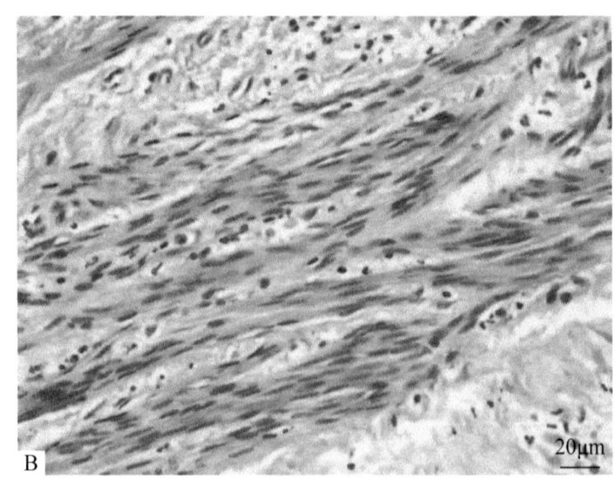


**图7-6 犬膀胱平滑肌瘤**

A．呈平行束状排列的平滑肌纤维，与周围淡染的组织界限清楚；B．平滑肌细胞，胞体呈梭形，胞核呈两头较钝的椭圆形或梭形、蓝染，胞质红染；少量中性粒细胞浸润

### （二）膀胱横纹肌肉瘤

膀胱横纹肌肉瘤（rhabdomyosarcoma）多见于犬，尤其是幼犬（1～2岁），猫和马偶发。雌雄发病率比例为2∶1。膀胱横纹肌肉瘤常呈葡萄串样外观，因此也被称为葡萄状肉瘤。膀胱横纹肌肉瘤来源于膀胱三角区并向膀胱内层生长，恶性程度较其他部位的横纹肌肉瘤高，

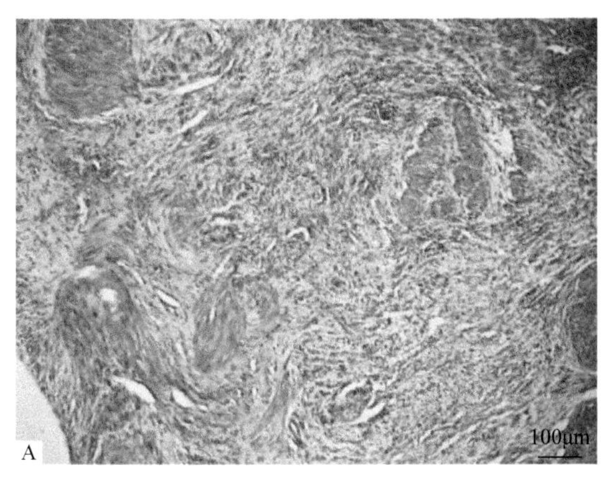


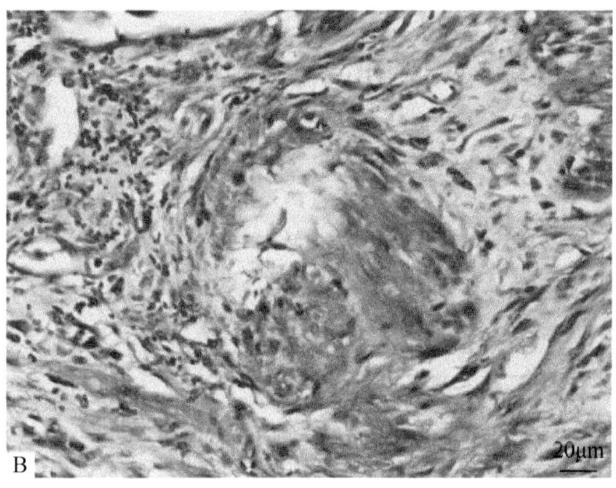


图 7-7　猫膀胱平滑肌肉瘤

A．增生的肿瘤细胞呈漩涡状或波纹状排列；B．增生的肿瘤细胞主要呈梭形，胞核蓝染较深呈梭形、椭圆形或不规则形，胞质红染；可见出血

易向淋巴结和血液转移，生长比较迅速。目前的治疗手段主要包括手术切除配合放疗和化疗，但因为该肿瘤的恶性程度高，对放疗和化疗不敏感，因此患畜的生存率低。

**大体病变**　肿瘤呈半透明，大小不等，切面多呈灰红或灰白色，质地较嫩似鱼肉，较大的肿瘤呈坏死出血及囊状变性。发生膀胱横纹肌肉瘤的幼畜常伴有膨胀性骨病，可能是因为神经性的刺激和肿瘤的空间占位性刺激所引起。肿瘤被移除后，骨病就会消失。

**组织学病变**　肿瘤主要由未分化的黏液组织、结缔组织、横纹肌和平滑肌组成。分化程度较高的肿瘤的肌纤维呈线状，交叉排列。分化程度低的肿瘤细胞排列呈片状、管状、肉瘤状，核分裂象多见（图7-8）。肿瘤可分为胚胎型、腺泡型和多形型。胚胎型横纹肌肉瘤的肿瘤表面被正常黏膜上皮覆盖，在上皮下有“形成层”，主要由数层小圆形或短梭形与表面平行排列、分化不良的横纹肌母细胞形成的密集带构成。瘤细胞呈小圆形，胞质少，呈浸润性生长。腺泡型的肿瘤细胞呈不规则的腺泡状排列，肿瘤细胞间有数量不等的纤维结缔组织，腺泡腔内细胞呈小圆形，分化不良，偶见排列呈花环状的多核巨细胞。多形型的横纹肌肉瘤主要由异型性的横纹肌母细胞组成。细胞体积较大，呈多角形或梭形，胞质丰富，核分

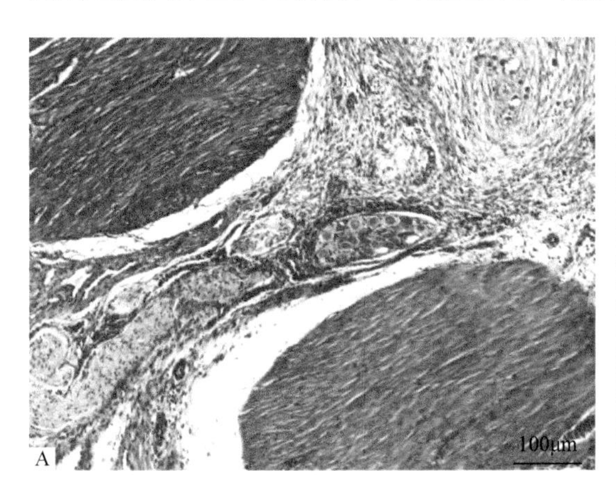


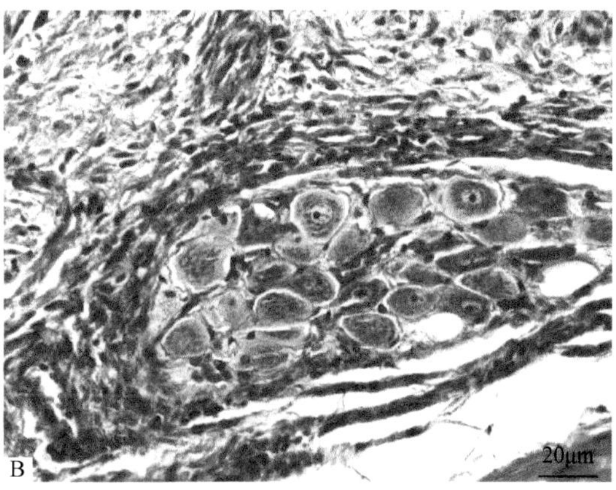


图 7-8　犬膀胱横纹肌肉瘤

A．可见大面积增生的结缔组织区域及血管内堆积的瘤细胞形成栓子，病变区域与正常平滑肌区域分界较为清晰；B．瘤细胞呈圆形或椭圆形，胞质丰富蓝染，胞核较大，存在明显异型性

裂象多见，细胞排列不规则。

**病理诊断** 膀胱横纹肌肉瘤的临床表现主要包括尿痛、尿频、下腹部出现肿块，并在疾病晚期出现贫血和肾积水，和其他恶性肿瘤基本相似。可利用横纹肌肉瘤细胞对肌球蛋白、结合蛋白和波形蛋白呈阳性染色，并同时配合免疫组化和电镜辅助诊断来确定来源。

### （三）膀胱纤维瘤和纤维肉瘤

膀胱纤维瘤（fibroma）和纤维肉瘤（fibrosarcoma）与传统的在原发部位发现的肿瘤有相同的特征。

**组织学病变** 促进肿瘤形成的特征是病变形成肿块，纤维组织增生丰富，没有嗜酸性粒细胞或粒细胞生成，并且膀胱中也存在纤维肉瘤。纤维中有嗜酸性粒细胞是良性病变的标志。嗜酸性粒细胞生成和纤维组织增生可能是由于嗜酸性粒细胞、成纤维细胞和嗜酸性粒细胞生成素之间的协同关系所致。无论如何，病变具有诊断性的光学显微镜特征和良性的临床病程，并且手术切除是治愈性的。

**病理诊断** 纤维瘤位于膀胱壁，在肌肉和黏膜之间。纤维肉瘤浸润肌肉层，有更多的细胞核，更少的细胞质和增加的核分裂象。两者均未被包膜，但边界清晰。

### （四）膀胱血管瘤和血管肉瘤

膀胱血管瘤（hemangioma）和血管肉瘤（hemangiosarcoma）在牛中常见，其他物种不常见。可以是良性（图7-9）或恶性的（图7-10）。外观可能与息肉、外伤或其他来源的充血肿瘤混淆。分化较差的肿瘤，如果用与因子Ⅷ相关抗原的抗体染色阳性，则可以确诊。

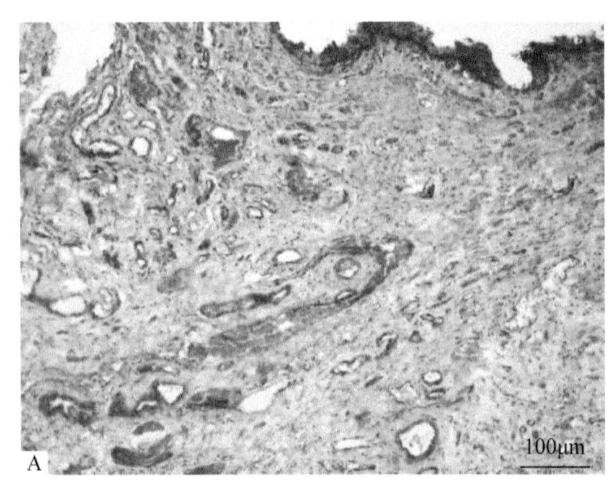


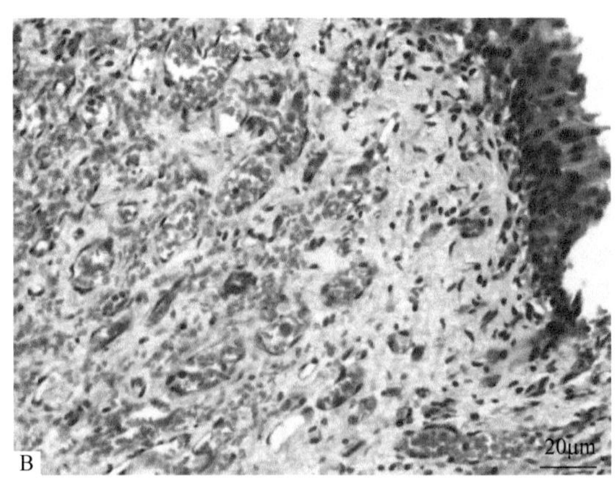


**图7-9 犬膀胱血管瘤**

A．在黏膜下层可见大量血管伴随着出血与淤血，血管大小不一，形态各异；B．大小不一的血管管腔，由单层上皮细胞均匀包围，胞核深染，呈嗜碱性，核仁不清晰，含有大量红细胞

## 四、转移性膀胱肿瘤

除了淋巴瘤和前列腺、直肠或子宫肿瘤的膀胱转移外，其他膀胱的继发性肿瘤是极其罕见的。大多数转移在膀胱壁，而不是黏膜表面。例外是起源于前列腺尿道的前列腺腺癌或TCC，这两者都可通过细胞或碎片移出并植入黏膜表面而扩散到黏膜。

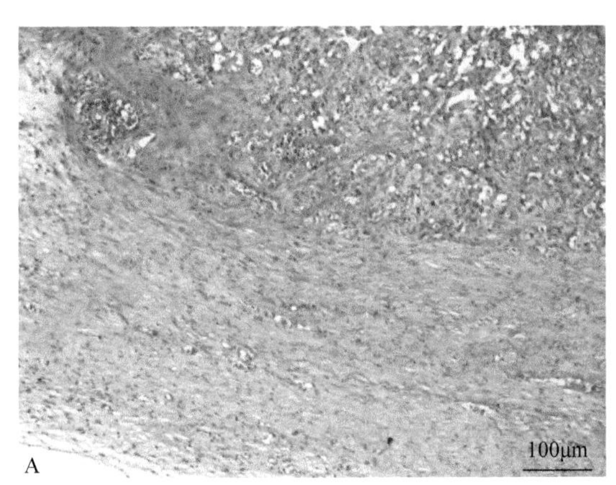


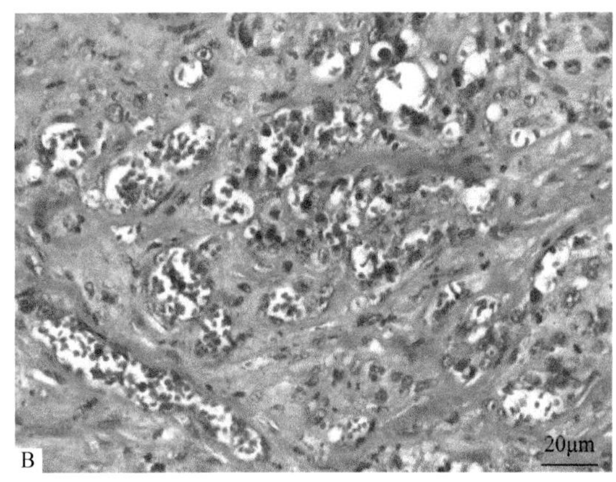


**图7-10 犬膀胱血管肉瘤**

A. 膀胱肌层排列成环形，其内可见有大量的呈小梁状结构的细胞团，局部可以看到明显的血管结构；B. 血管内皮细胞的细胞核呈扁平长梭形、致密、嗜碱性，胞质嗜酸性、胞质量少，核分裂象多见。边缘部分血管管腔小，由椭圆形的尚未成熟的内皮细胞细胞核围绕而成

## 五、原发性尿道肿瘤

原发性尿道肿瘤是罕见的，一项回顾性研究表明，来自14家兽医教学医院的96.6万人次就诊的犬中，只有40只犬患有尿道肿瘤。原发性尿道肿瘤主要出现在犬和猫身上，形态分类与膀胱肿瘤相似。在犬中，雌性多发，雄性犬患肿瘤的频率较低，可能是由于前列腺分泌物，大约2ml/h，它会稀释残留在尿道的尿液和任何潜在的致癌物质。

原发性尿道肿瘤发生在年龄较大的犬（平均10.4岁），其中比格犬占多数。血尿和尿痛淋沥是最常见的临床症状。大约三分之一的病例可见转移，最常见的部位是局部淋巴结。在115例下尿路肿瘤报告中，14例仅位于尿道，均诊断为恶性。据报道，大约有三分之一的犬并发膀胱恶性肿瘤。

103例犬尿道肿瘤中，TCC 51例，SCC 27例，腺癌9例，共占84%。其他报告的肿瘤包括腺瘤、未分化癌、黏液肉瘤、血管肉瘤和胚胎型横纹肌肉瘤。尿道鳞状细胞癌的高发病率可能是尿道鳞状上皮的比例增加所致。母犬的尿道远端三分之二由鳞状上皮组成，近端三分之一由移行上皮组成。雄性犬的整个尿道由移行上皮组成，只有尿道外开口由鳞状上皮组成。

患有尿道或膀胱肿瘤的犬比同时患有尿道和膀胱肿瘤的犬有更好的预后和更长的生存期。

（杨利峰）

# 第八章　生殖系统肿瘤

## 第一节　子 宫 肿 瘤

### 一、子宫上皮性肿瘤

#### （一）子宫腺瘤

子宫腺瘤（adenoma of the uterus）是来源于子宫内膜腺体的一种良性肿瘤，由分化良好的子宫内膜腺组织构成散在结节，十分少见。

**大体病变**　子宫腺瘤呈结节状或息肉样，单发或多发，突出于子宫黏膜表面，伸入子宫腔。

**组织学病变**　肿瘤由致密的结缔组织和分化良好的腺泡结构组成，腺泡衬以单层上皮细胞，有时腺泡中有分泌物（图8-1），有时肿瘤细胞形成乳头样伸入子宫腔（图8-2）。肿瘤细胞呈多边形，细胞界限清楚，核大，核仁明显，罕见核分裂象。

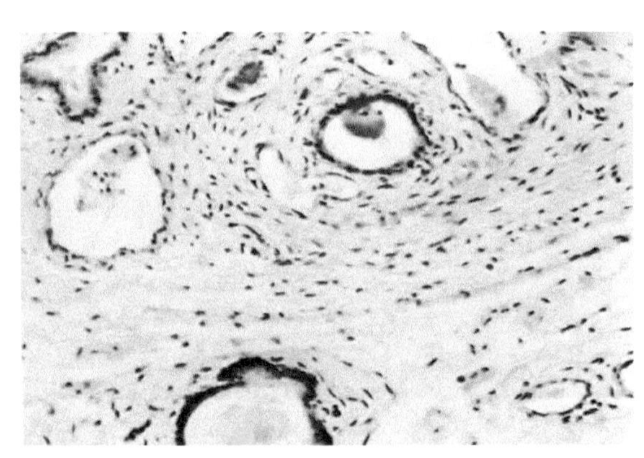

**图8-1　牛子宫腺瘤（陈怀涛，2012）**
母牛子宫肿瘤组织含有大量结缔组织，内分布由单层上皮细胞组成的腺泡结构

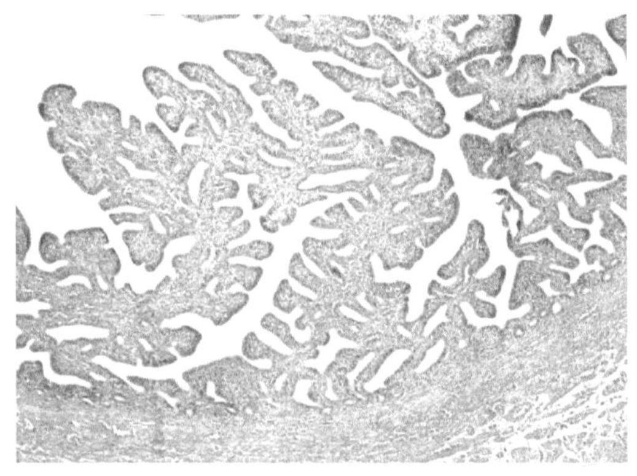

**图8-2　兔子宫腺瘤（Chambers et al.，2014）**
母兔子宫肿瘤组织以单层上皮细胞形成腺管样结构，并以乳头状伸入子宫腔

**病理诊断**　组织学上，子宫腺瘤以内膜单层上皮细胞形成腺泡和结缔组织增多为主要特征。但要与子宫内膜异位、囊性子宫内膜增生、子宫内膜息肉、胎盘位点复位不全等非肿瘤性增生相区分，尽管有时很难分辨。子宫内膜异位是指在子宫肌层中出现子宫内膜，子宫内膜腺增多；有基质支持的子宫内膜腺常靠近大血管；常见于犬，在猫、牛和猪也见有报道。囊性子宫内膜增生是指子宫内膜和基质弥漫性增生，这种增生可能是雌激素或孕激素刺激的结果。子宫内膜息肉是子宫内膜腺和间质成分的一种局灶性增生，息肉由增生的子宫内

膜间质内扩张的子宫腺组成，常以无蒂或有蒂肿块的形式从子宫内膜伸入受累子宫腔，间质常有水肿。胎盘位点复位不全大多发生在3岁以下的母犬，幼犬出生后持续排血，肉眼检查子宫可见胎盘附着位点肿大。子宫的肿大区域，其基质中出现具有丰富嗜酸性胞质的大细胞，这些大细胞团块的周围是淋巴细胞、浆细胞和载有含铁血黄素的巨噬细胞。

### （二）子宫腺癌

子宫腺癌（carcinoma of the uterus）是来源于子宫内膜腺体的一种恶性肿瘤，较多见于母兔和6岁以上母牛，其他家畜罕见。在母牛是三种最普通的肿瘤之一，仅次于淋巴瘤和眼癌。母牛往往不表现明显临床症状，在屠宰时才发现或者在发生淋巴结和肺脏转移时发现。多发生于子宫角。

**大体病变**　子宫形态可表现为子宫壁弥漫性增厚，子宫内膜表面有息肉状增生物或局部子宫黏膜增厚或形成结节。在子宫腔内可见增生的肿瘤（图8-3），肿瘤切面可见囊泡（图8-4）。在母犬和母猫往往表现为一种非硬化的腺癌，通常会发生一个使黏膜变形明显的团块。可发生广泛性转移。

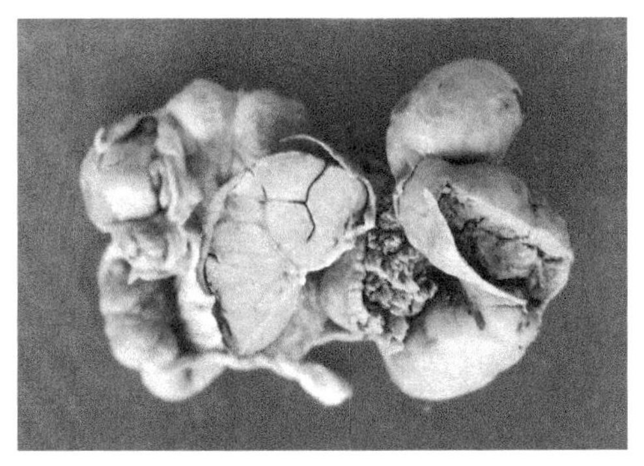

**图8-3　兔子宫腺癌（1）**

子宫体显著膨大，肿瘤向子宫腔内突起，在子宫腔内形成菜花状的增生物

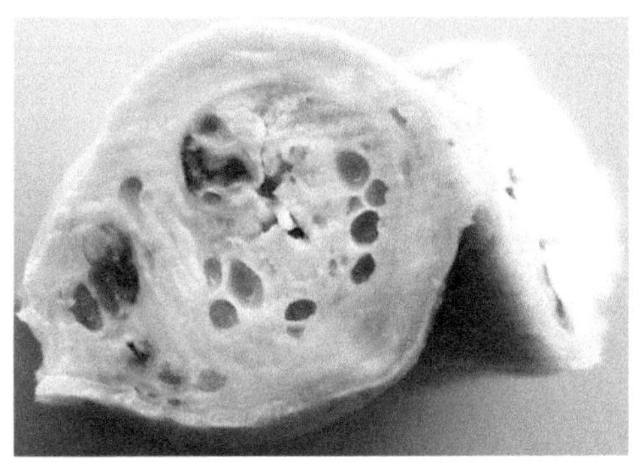

**图8-4　犬子宫腺癌（1）**

子宫腔内充满肿瘤，肿瘤组织中形成许多囊泡

**组织学病变**　肿瘤细胞多形成大小不等的腺泡（图8-5，图8-6），也可呈索状或巢状分布，可侵袭至子宫内膜深处和子宫肌层，在整个肌层的肌束间散在分布一丛丛瘤细胞，有时分布在血管间隙内；向髂内淋巴结和肺的转移率很高。在母犬和母猫，肿瘤组织是一些分化良好的腺体结构，形成明显的管腔，衬以高柱状细胞。

**病理诊断**　组织学上，子宫内膜腺体细胞增生，由多层瘤细胞组成腺管样结构，肿瘤细胞异型性大，有核分裂象。但也要与子宫腺瘤和子宫内膜异位、囊性子宫内膜增生、子宫内膜息肉、胎盘位点复位不全等非肿瘤性增生相区别，具体见子宫腺瘤的病理诊断部分。

## 二、子宫间叶性肿瘤

### （一）子宫平滑肌瘤

子宫平滑肌瘤（leiomyoma）是来源于子宫肌层的一种良性肿瘤，是子宫肿瘤中最常见的一种，常见于母牛、母猫、母猪和母犬。在犬上该类肿瘤占子宫肿瘤的85%～90%。其发生与

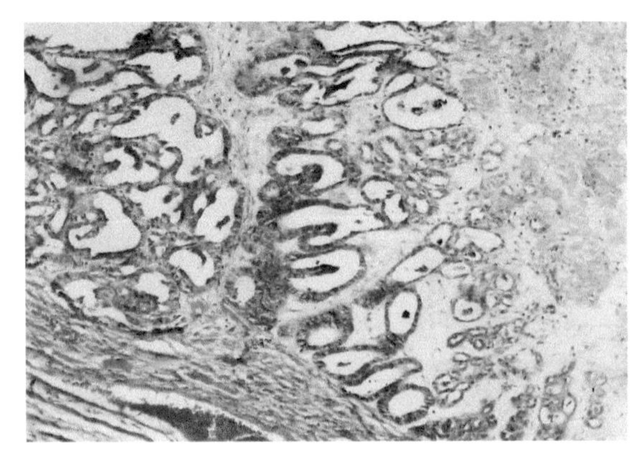

**图8-5 兔子宫腺癌（2）**
肿瘤由大量腺体组成，腺腔不规则，腺体大小不一，肿瘤细胞形成乳头状突起，腺上皮多层，核浓染

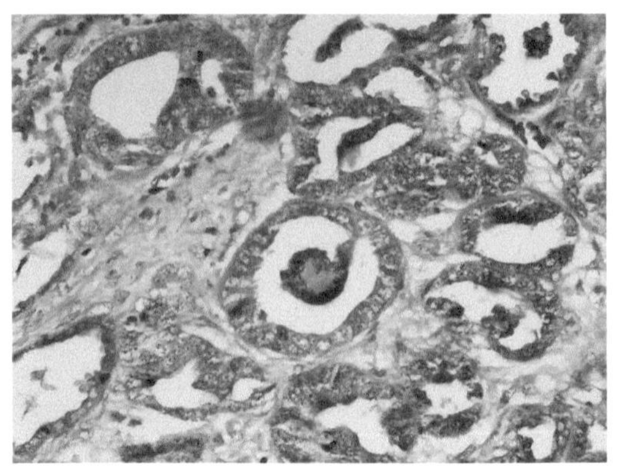

**图8-6 犬子宫腺癌（2）**
肿瘤细胞形成腺泡结构，腺泡由多层细胞组成

年龄增长有关，在未生育过的雌性动物中更易发生。通常子宫平滑肌瘤与阴道平滑肌瘤伴发。

**大体病变** 肿瘤在子宫肌层呈结节状，可突出于子宫腔，质地硬，颜色呈白色（图8-7，图8-8）。

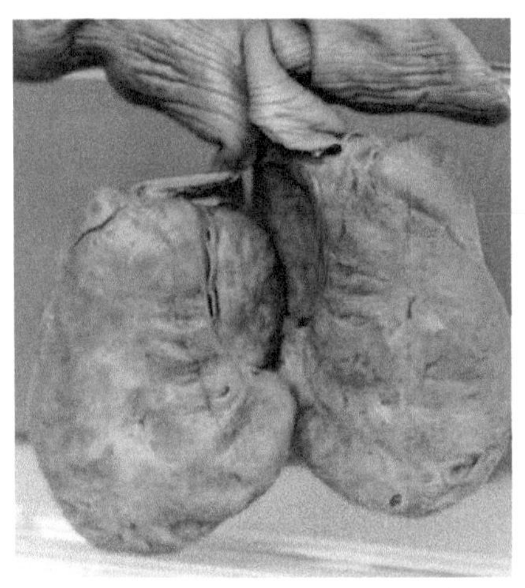

**图8-7 猪子宫平滑肌瘤**
肿瘤呈椭圆形，外有包膜。肿瘤内肌纤维排列不规则，呈编织状

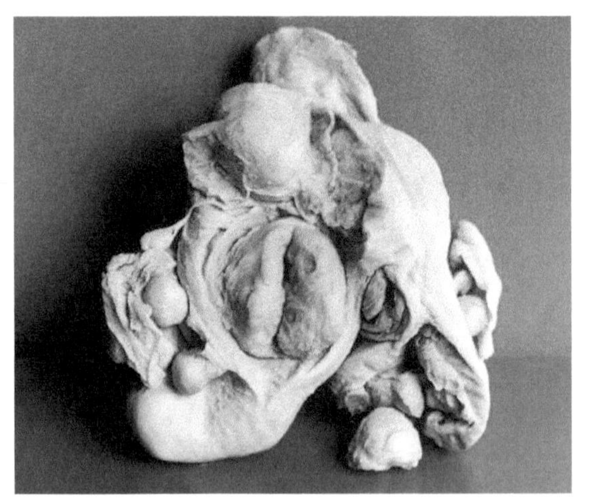

**图8-8 牛子宫平滑肌瘤（1）**
肿瘤多发，呈球形，外有包膜，界限清楚

**组织学病变** 肿瘤由相互交织的平滑肌细胞束组成（图8-9），其中常夹杂胶原纤维。平滑肌细胞束排列呈漩涡状，细胞分化比较成熟（图8-10）。

**病理诊断** 组织学上，子宫平滑肌瘤由分化程度良好的平滑肌束组成，肿瘤细胞异型性小。

### （二）子宫平滑肌肉瘤

子宫平滑肌肉瘤（leiomyosarcoma）是来源于子宫肌层的一种恶性肿瘤，很少见，在母猫、母牛、母犬和母马曾有过报道。

**大体病变** 与平滑肌瘤相似，肿瘤呈结节状，可突出于子宫腔，有时难以肉眼辨认。

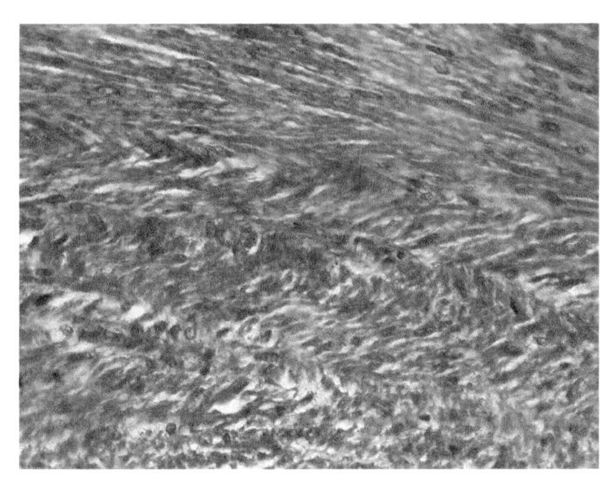

图8-9　犬子宫平滑肌瘤
肿瘤细胞呈梭形，排列纵横交错，核细长，两端钝圆

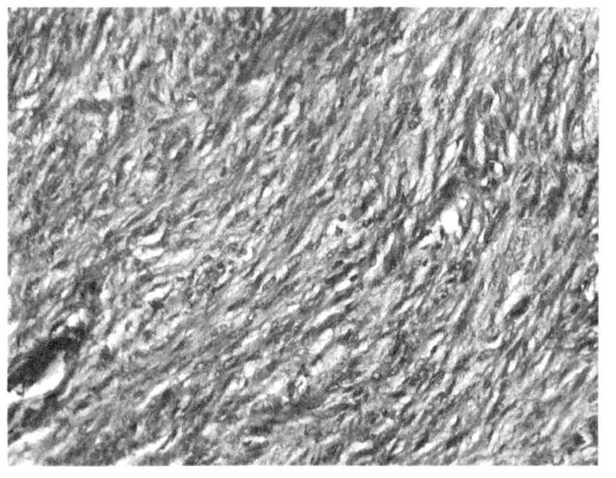

图8-10　牛子宫平滑肌瘤（2）
肿瘤细胞呈长梭形，为分化比较成熟的平滑肌细胞

**组织学病变**　肿瘤由平滑肌细胞束组成，肿瘤细胞数量多（图8-11），胞核大而深染，具有明显异型性（图8-12）。

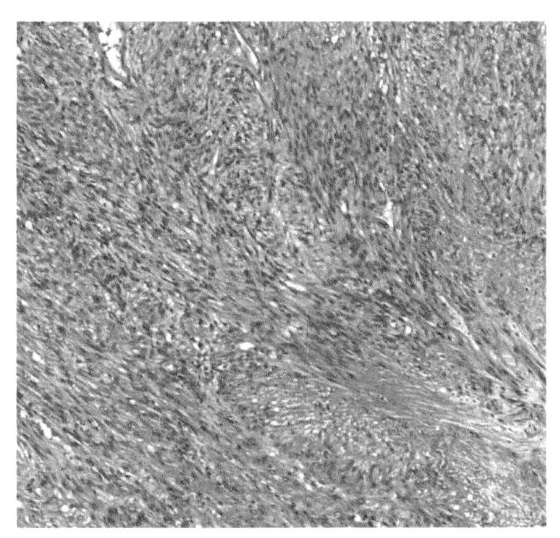

图8-11　子宫平滑肌肉瘤（1）
肿瘤细胞排列成交错束状，核较大，呈梭形或卵圆形

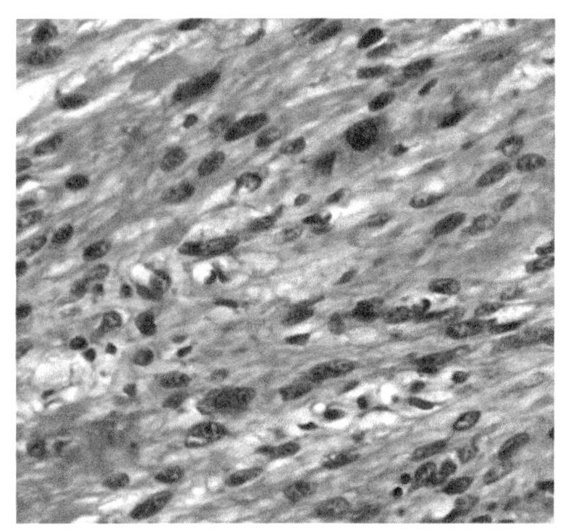

图8-12　子宫平滑肌肉瘤（2）
肿瘤细胞核大小不一，异型性明显

**病理诊断**　组织上，子宫平滑肌肉瘤的瘤细胞分化程度有高有低，瘤细胞呈梭形或多边形，异型性大；对分化较低的肿瘤可通过免疫组织化学α-平滑肌肌动蛋白（α-SMA）染色辅助诊断。子宫间质肿瘤除了平滑肌瘤和平滑肌肉瘤外，还有纤维瘤、纤维肉瘤、脂肪瘤、淋巴肉瘤。纤维瘤是发生于子宫壁的良性肿瘤，质硬，色白，呈球形，偶尔见于母犬和母牛；可单发或多发，由大量致密的胶原纤维组织构成。纤维肉瘤是一种非常罕见的肿瘤，只在母牛、母马和母犬有少量病例报道。脂肪瘤是一种发生于母犬子宫阔韧带的罕见肿瘤，由成熟的脂肪细胞组成。淋巴肉瘤在母牛多见，在母犬、母猪、母马和母猫很少见。

## 第二节　卵巢肿瘤

卵巢肿瘤在犬、猫少见，部分原因是大部分犬、猫已经进行常规的卵巢、子宫摘除手术，该病在犬中的发生率为0.5%～1.2%，在未绝育的母犬中发生率为6.25%，在未绝育的猫中发生率仅为0.7%～3.6%，大部分的卵巢肿瘤发生在老年母犬中（6岁以上），而在猫中发生的平均年龄在6.7岁。犬卵巢肿瘤较为复杂，有多个肿瘤类别，根据WHO对人类卵巢肿瘤的分类系统进行分类，犬卵巢原发肿瘤可分为：上皮性肿瘤、性索间质肿瘤、生殖细胞肿瘤和间叶性肿瘤。

## 一、卵巢上皮性肿瘤

卵巢上皮性肿瘤起源于卵巢的外侧表面，是最常见的卵巢肿瘤，恶性肿瘤较多见，且尺寸较大，恶性肿瘤组织学上分为：乳头状腺癌、腺腔样腺癌和未分化上皮癌。

**大体病变**　卵巢上皮性肿瘤可以是单侧也可以是双侧的，表现为囊性的或多结节性的肿物，肿瘤切面通常有多个包囊，包囊内含有薄的黄色或棕色液体。肿瘤也可表现为菜花样的增生，突出于卵巢表面，并累及邻近组织。

**组织学病变**　卵巢腺瘤（ovarian adenoma）和卵巢腺癌（ovarian adenocarcinoma）的肿瘤细胞通常呈乳头状或树枝状伸向卵巢的囊腔（图8-13）。肿瘤细胞排列成腺体状，形成腺腔，上皮为单层或多层立方或柱状上皮细胞（图8-14）。卵巢囊腔壁通常内衬单层或多层上皮细胞，囊腔内可能含有蛋白性物质。间变性（anaplastic）癌缺乏典型的乳头状，而是由广泛的、无序排列的肿瘤细胞索组成。在没有转移或明显的血管侵犯的情况下，恶性肿瘤鉴别诊断的特征是体积较大，存在坏死、出血、细胞异型性，以及肿瘤细胞堆积的倾向，尤其是间质的入侵。恶性肿瘤可侵犯囊肿壁、结缔组织乳头或邻近的卵巢间质。此外，恶性肿瘤还可以延伸到邻近组织。

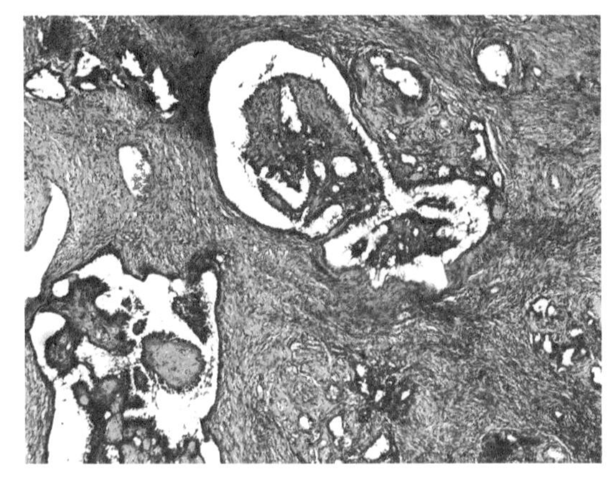

**图8-13　犬卵巢腺癌（1）**

肿瘤实质内可见多量腺腔结构，腺腔内多见乳头状或树枝状的结构

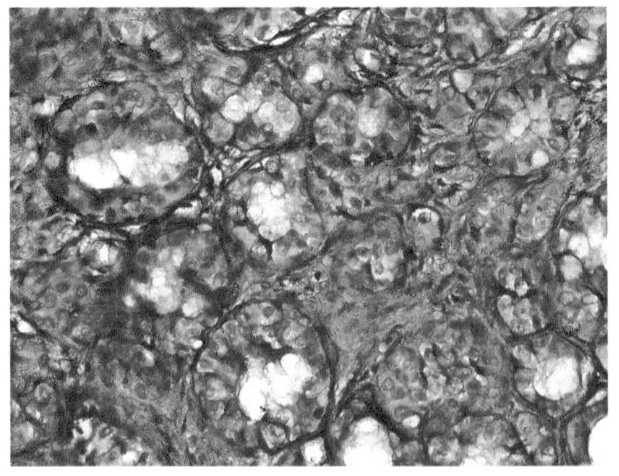

**图8-14　犬卵巢腺癌（2）**

腺体形成，大小不等，腺腔由立方形或圆柱状的上皮细胞呈单层或多层排列，细胞核呈圆形或椭圆形

**病理诊断**　犬卵巢上皮性肿瘤经常起源于表面下上皮组织（subsurface epithelial structure，SES），并且SES增生率随着年龄的增长而增加。因此，SES可以同时发生增生和肿瘤，并且难以鉴别诊断。然而，正常情况下，SES通常不会超出初级卵泡而延伸到卵巢，SES肿瘤可以侵入或代替性腺或向其表面突出。SES腺瘤与增生的区别是前者具有局域性，而SES增生呈多中心分布，两种情况可以同时存在于老龄母犬的卵巢中。

免疫组化染色被越来越多地应用于动物卵巢肿瘤的诊断中。卵巢上皮增生和增生的肿瘤细胞均呈角蛋白浓染，也可能对波形蛋白呈阳性染色。波形蛋白阳性染色反映了卵巢表面上皮的间皮来源。相反，来自卵巢性索间质成分的肿瘤呈波形蛋白阳性，而细胞角蛋白阴性或弱表达。

## 二、性索间质肿瘤

性索间质肿瘤（sex cord stromal tumor）起源于卵泡膜细胞、颗粒细胞或黄体细胞。在家畜中，性索间质瘤也是常见的卵巢肿瘤，肿瘤可以发生于各个年龄段，但是以老龄动物多见。

**大体病变**　肿瘤体积通常较大，呈多结节，单侧或双侧，有或无囊性区，或伴随出血坏死区。囊性区的囊腔中通常含有少量黄色至红色的稀薄液体。

**组织学病变**　该肿瘤的分类基于主要的细胞类型，然而需要强调的是，一个单一肿瘤中往往存在不止一种细胞类型，并且单个肿瘤的不同区域存在显著的组织学差异。

**1. 卵巢颗粒细胞瘤**　卵巢颗粒细胞瘤（granulosa cell tumor）是最常见的性索间质肿瘤，由不规则的颗粒细胞聚集而成，颗粒细胞被梭形细胞构成的基质分隔开，形成无规则的滤泡结构。在滤泡结构中颗粒细胞堆积成多层细胞，周围排列成栅栏状（图8-15）。有些肿瘤形成的滤泡结构可能不那么突出。肿瘤颗粒细胞呈实性片状、索状、小梁状或巢状排列，但是在同一肿瘤的不同部位可能出现多种不同的模式。一些颗粒细胞瘤的外观与睾丸支持细胞瘤非常相似，尤其是在母猫和母犬，这种肿瘤细胞呈纺锤形，排列成小管，并且被纤维间质分开，因此将此外观的肿瘤命名为卵巢支持细胞瘤。一些颗粒细胞瘤，尤其在母马，可出现大小不一的明显黄体化区域，该区域的特征是多面体细胞的聚集，该细胞具有丰富空泡的嗜酸性胞质，通常向卵泡结构的边缘突出。在一些颗粒细胞肿瘤中存在考尔-埃克斯纳（Call-Exner）小体（图8-16），这是一个很好的诊断特征。Call-Exner小体中的肿瘤细胞排列成放射状聚集体，并且其中央具有小的腔隙，腔隙内含有嗜酸性分泌物。

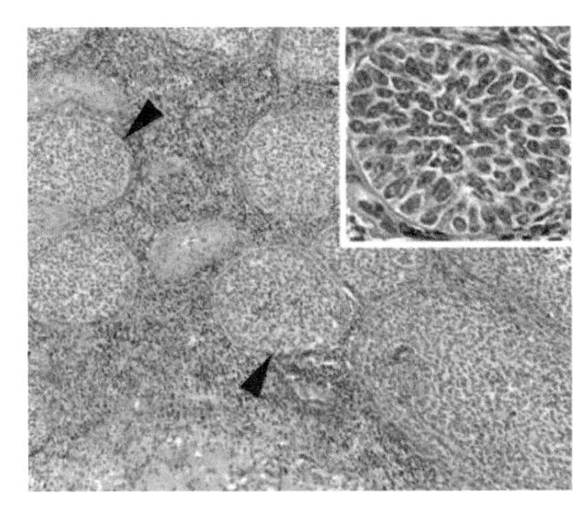

**图8-15　犬卵巢颗粒细胞瘤（1）**
**（Durkes et al.，2012）**
肿瘤内可见圆柱形、纺锤形或多边形的肿瘤细胞排列成界限清楚的滤泡结构，具有结缔组织包膜（黑色箭头）。肿瘤细胞胞质丰富，细胞边界模糊，细胞核呈椭圆形，核仁不清楚

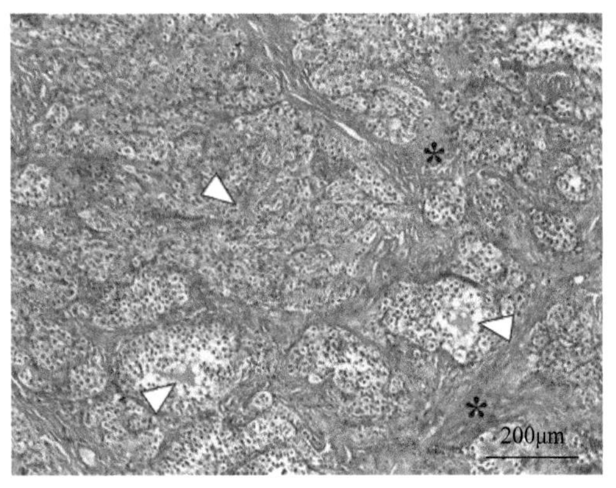


**图8-16　犬卵巢颗粒细胞瘤（2）**
**（Oviedo-Peñata et al.，2020）**
滤泡结构内可见粉红染的Call-Exner小体（白色箭头），滤泡周围有丰富的间质（星号）

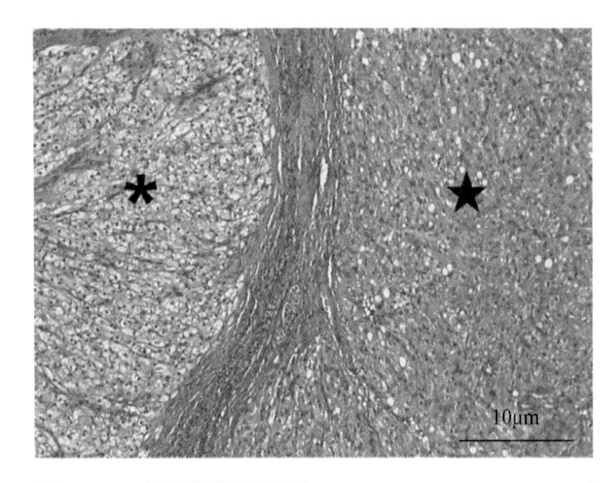


**图8-17　犬卵巢黄体瘤（Ferré-Dolcet et al., 2020）**
左侧的卵巢组织显示正常的黄体（星号）和无包膜、无浸润的结节状病灶，细胞排列呈束状并被薄的纤维组织分隔（星形）。结节状病灶内的细胞呈多边形，细胞质适中且丰富，有时呈空泡状，细胞核呈圆形且位于中央

**2. 卵泡膜细胞瘤**　卵泡膜细胞瘤（theca cell tumor）由不规则的、松散排列的梭形（纺锤形）细胞聚集组成，具有拉长的细胞核，胞质中含有脂质空泡（是类固醇激素产生的标志）。

**3. 黄体瘤**　黄体瘤（luteoma）由多个肿瘤细胞小叶组成，小叶间由结缔组织间质分隔，肿瘤细胞呈多边形，具有丰富的嗜酸性胞质，并且胞质中含有脂质空泡（图8-17）。

**病理诊断**　鉴别卵泡膜细胞瘤和间叶细胞肿瘤如平滑肌瘤和纤维瘤是困难的，但是卵泡膜细胞瘤可以产生类固醇激素，可以在血液中被检测到。此外，卵泡膜细胞瘤胞质中的脂滴可被脂肪染色检测，如苏丹Ⅲ染色。如有必要，可使用免疫组化染色来鉴别肌肉或胶原蛋白，以区分卵泡膜细胞瘤和间叶细胞肿瘤。但动物的性索间质肿瘤的免疫组化尚未广泛使用，且存在一定争议。

## 三、生殖细胞肿瘤

生殖细胞最初在卵黄囊出现，慢慢分化形成生殖嵴，在卵泡形成过程中，生殖细胞和性索细胞膜促使卵泡形成，恶性胚胎瘤（dysgerminoma）和畸胎瘤（teratoma）是家畜常见的两种生殖细胞肿瘤。

### （一）卵巢恶性胚胎瘤

恶性胚胎瘤相当于睾丸的精原细胞瘤，是一种家畜中不多见的卵巢肿瘤，但是已在大部分的物种中有描述。其在母犬中最常见的是源自未分化的生殖细胞。鬃狼的恶性胚胎瘤的发病率特别高。年龄大的动物通常容易多发，偶尔可能会表现出雌激素分泌亢进的迹象。

**大体病变**　恶性胚胎瘤是一种巨大的肿瘤，可使卵巢呈球形或卵圆形肿大，切面表现为白色或灰色，质地坚实，有时可发生出血和坏死，以及形成大小不一的囊肿。

**组织学病变**　恶性胚胎瘤的细胞密度非常大，肿瘤细胞排列成宽片状、索状和巢状，被间质中结缔组织间隔隔开，肿瘤细胞类似原始生殖细胞，细胞较大，呈多面体，细胞核呈空泡状，核仁明显，细胞质呈嗜碱性。核分裂象多见，经常可见多核瘤巨细胞和淋巴细胞。

**病理诊断**　生殖细胞肿瘤尤其是恶性胚胎瘤，呈波形蛋白阳性，胎盘碱性磷酸酶（placental alkaline phosphatase，PLAP）、细胞角蛋白（CK）、肌间蛋白、S100、CK（AE1/AE3）、抑制素α（inhibin-α，INH-α）阴性。

### （二）卵巢畸胎瘤

卵巢畸胎瘤包含至少来自两个胚层，常常是三个胚层及以上的组织，家畜中不多见，在犬中较为常见。在发生畸胎瘤的卵巢内可以看到任何组织，这些组织通常分化良好，可能出现几乎是任何器官来源的组织（除了卵巢和睾丸）。

**大体病变**　畸胎瘤使得卵巢呈球形或卵圆形扩张，切面呈实性或囊性区域，后者可能含有皮脂腺和毛发，也可能存在多种其他组织可，如骨、软骨和牙齿（图8-18）。

**组织学病变**　大多数畸胎瘤是良性的，由分化良好的成熟组织组成（图8-19），但是任何组成畸胎瘤的组织都可能是恶性的。恶性畸胎瘤较罕见，但是在母犬和母马中有相关的报道。恶性畸胎瘤主要由和胚胎发育相似、分化未完全的组织组成，转移率高达50%。

**图8-18　犬卵巢畸胎瘤（1）（Oviedo-Peñata et al.，2020）**

卵巢肿物内可见毛发（白色星号），软骨和骨组织（红色箭头）

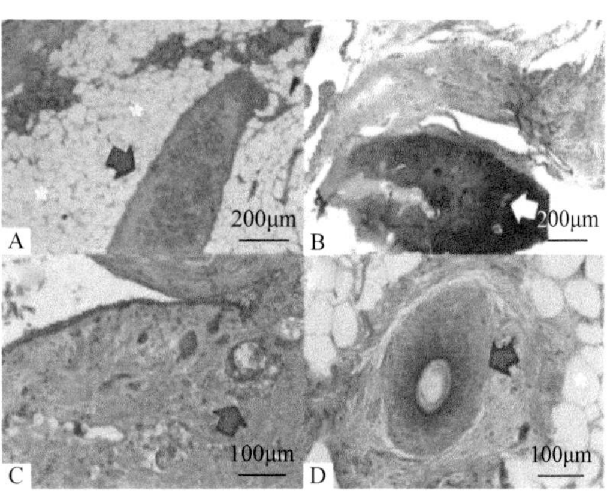


**图8-19　犬卵巢畸胎瘤（2）（Oviedo-Peñata et al.，2020）**

肿瘤组织内可见软骨（A红色箭头）、骨组织（B白色箭头）、毛囊、毛发结构（C，D红色箭头）和脂肪组织（白色星号）

## 四、卵巢间叶性肿瘤

卵巢间叶性肿瘤（mesenchymal neoplasm）较少见，已报告的肿瘤类别有：血管肉瘤、血管瘤和平滑肌瘤。

# 第三节　乳 腺 肿 瘤

乳腺肿瘤在中年至老年犬和猫上常见，其他动物少见报道，可能跟大部分经济动物在青壮年或未达到乳腺肿瘤发生年龄就被屠宰有关。在犬，6岁以上发生乳腺肿瘤的危险性明显增加，平均发病年龄为10～11岁，贵宾犬、可卡犬、波士顿梗、腊肠犬易发，常见于后侧乳腺（第四和第五对乳腺），占65%～70%；临床上直径小于1cm的小肿瘤多是良性的，而大于3cm的肿瘤可能是恶性，但均需要进行组织病理学检查和评估；据报道，在检测的乳腺肿块中约有50%是恶性的，但考虑到患犬不仅仅有一个肿块，因而其恶性乳腺肿瘤的发生率要比50%高。猫乳腺肿瘤发病率较犬低，是仅次于皮肤肿瘤和淋巴瘤的第三大肿瘤，约占猫所有肿瘤发生率的16%，占母猫肿瘤发生率的25%，常发生在8～12岁，绝大部分发生在未绝育的母猫，短毛猫和暹罗猫易发；85%～95%的猫乳腺肿瘤为恶性，具有高度侵犯性，淋巴管浸润和淋巴结转移明显高于犬。乳腺肿瘤的发生与年龄、品种和激素分泌有关，据报道实施子宫、卵巢切除可很大程度降低乳腺肿瘤的发病率，在犬上，在第一次发情前实施子宫、卵巢切除，乳腺肿瘤的发生率仅为0.05%，第一次发情后实施其发生率增加至8%，而第二次发情后实施则高达26%。

乳腺上单发性或多发性肿块，突出于体表，大小不一，形态各异，可移动或固定于体壁上，有时伴有溃疡，质地较硬。切面颜色灰白色，常伴有出血和液体渗出，有时可见数量不等的囊泡。炎性乳腺癌是比较特殊的，可伴有或不伴有乳腺结节，其特征是临床病程剧烈，突然出现水肿、红斑、溃疡、乳腺僵硬和发热。

尽管一些临床症状（快速生长，肿瘤的大小、溃疡及对皮肤和下层组织的固定）可能是恶性肿瘤的指征，但不能作为乳腺肿瘤良、恶性判定标准。良性和恶性犬乳腺肿瘤的细胞学区分是比较困难的，其准确性约为20%。因此，组织病理学是确定诊断的最佳方法，包括肿瘤类型、良性与恶性、分级和预后。基于组织病理学的乳腺肿瘤良、恶性判定标准见表8-1。

表8-1　乳腺肿瘤良性和恶性的区别

| 良性 | 恶性 | 良性 | 恶性 |
|---|---|---|---|
| 界限清楚 | 界限不清楚 | 多是单核 | 核多形性 |
| 边缘光滑 | 边缘不规则 | 没有血管和淋巴管侵犯 | 可能伴有血管和淋巴管侵犯 |
| 外周有致密的结缔组织 | 外周有未成熟的结缔组织 | 没有淋巴结转移 | 可能伴有淋巴结转移 |
| 中心坏死，缺少血管供应 | 多灶性坏死，与肿瘤生长速度有关 | | |

犬乳腺肿瘤可分为良性肿瘤、恶性上皮瘤、恶性上皮瘤（特殊型）、恶性间质肿瘤（肉瘤）和癌肉瘤（恶性混合腺瘤）。猫乳腺肿瘤的发生率比犬低，但绝大部分都是恶性肿瘤，其分类与犬相似，但有些亚型在猫中很少发现。乳腺肿瘤在其他动物如母牛也有发生，但其发生率更低，目前还未见具体详细分类。现将常见的良性和恶性乳腺肿瘤组织病理学进行简单介绍。

## 一、乳腺良性肿瘤

### （一）乳腺简单腺瘤

乳腺简单腺瘤（adenoma）是界限分明的非浸润性结节性病变，外周往往由结缔组织包裹，对周围腺体组织产生压迫。腺上皮细胞增生排列成腺管样，有时在管腔内可见嗜酸性分泌物，间质中结缔组织和血管较少，可有浆细胞和淋巴细胞浸润。腺管上皮细胞呈单层立方形到柱状细胞，胞质嗜酸性；胞核位于中央，呈圆形至椭圆形，染色质细腻，核仁小、居中；细胞异型性小，核分裂象少；肌上皮细胞不明显（图8-20）。

### （二）乳腺导管内乳头状腺瘤

乳腺导管内乳头状腺瘤（intraductal papillary adenoma）呈乳头状或树枝状生长，基本形态是导管上皮与间质增生。表面被覆单层立方或柱状上皮，其下为一层不太明显的肌上皮细胞，中心有纤维血管轴心；轴心基质有时有淋巴细胞和浆细胞浸润，罕见核分裂象（图8-21）。导管可能变得非常扩张，充有分泌物、炎性细胞和巨噬细胞；也可能发生硬化，但具体原因尚不清楚。

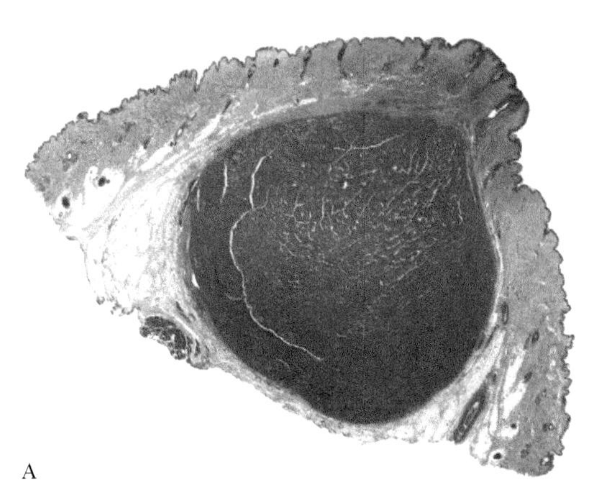

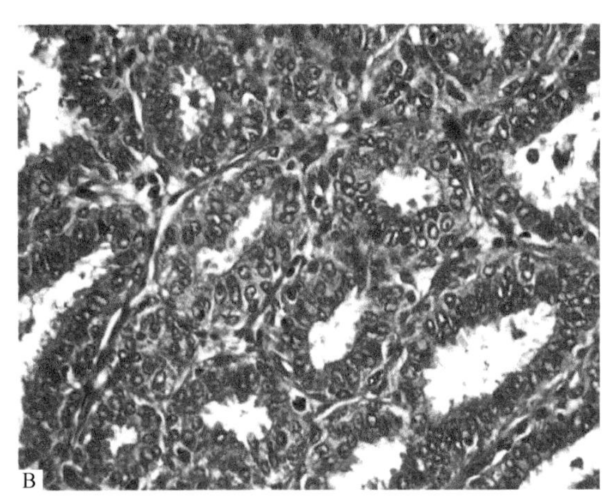

图8-20 乳腺简单腺瘤（Bearss et al.，2012）

A. 呈结节状，外有结缔组织包裹；B. 高倍镜下肿瘤细胞围成管样或腺泡样，肿瘤细胞呈柱状，由1～2层细胞构成，未见明显核分裂象，间质有少量结缔组织和血管

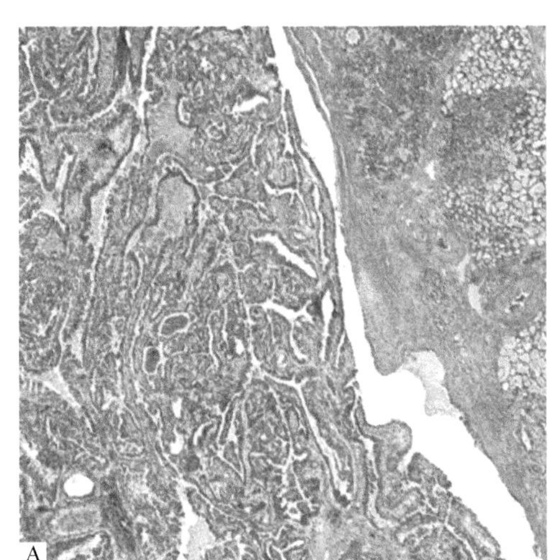

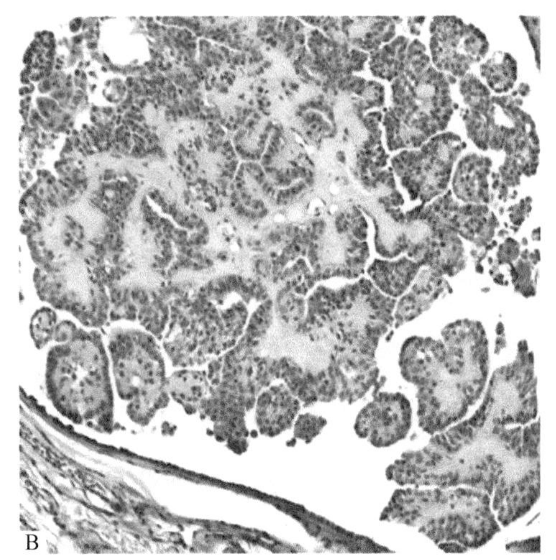

图8-21 乳腺导管内乳头状腺瘤（Meuten，2017）

A. 扩张的导管内有一乳头状增生性肿瘤，肿瘤内的导管内衬一层由结缔组织基质支撑的上皮细胞，小叶型增生；B. 导管内乳头状腺瘤由单层细胞组成，内有轻微硬化的结缔组织基质

## （三）乳腺导管腺瘤

乳腺导管腺瘤（ductal adenoma）形成狭缝状腔，通常存在于扩张的导管管腔内，由双层细胞排列组成，具有两个不同的行（导管和基部）。形成管腔的细胞呈立方形至柱状，细胞界限模糊，细胞核呈圆形至椭圆形，位于中央至基部，细胞异型性小，少见核分裂象（图8-22）。有时导管上皮细胞鳞状细胞化生，胞质可见透明角质颗粒，管腔有角质化红染碎片。

## （四）乳腺纤维腺瘤

乳腺纤维腺瘤（fibroadenoma）由立方形或柱状细胞围成腺管，细胞异型性小，核分裂象少见。腺管被大量疏松结缔组织围绕，可能含有黏多糖物质（图8-23）。病程久的纤维腺瘤有更密集的纤维结缔组织包裹，其基质可发生玻璃样变。

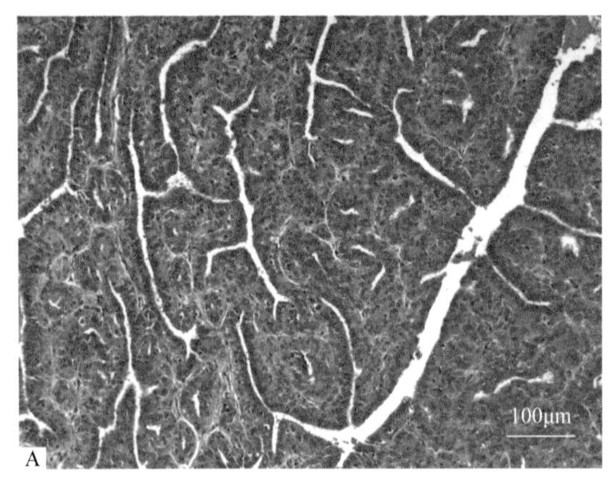


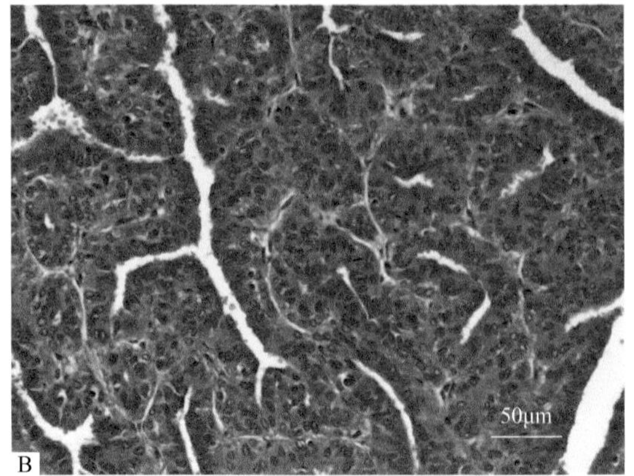


**图8-22　乳腺导管腺瘤**

A．低倍镜下肿瘤组织呈现不规则缝隙结构；B．高倍镜下纤维血管基质由双层细胞排列组成，腔内肿瘤细胞呈立方形

### （五）乳腺腺肌上皮瘤

乳腺腺肌上皮瘤（myoepithelioma）具有上皮（包括腺上皮和导管上皮细胞）和肌上皮增生（图8-24），在犬常见，这两类细胞群数量和基质结缔组织多少在不同病例中是不一样的。上皮细胞呈立方形至柱状，细胞围成管形，有中等量的嗜酸性细胞质，细胞核呈圆形至椭圆形，细胞异型性小，少见核分裂象。肌上皮由梭形细胞至星形或圆形细胞组成，细胞边界不清，细胞核呈圆形或梭形，染色质细腻，单个核仁。有时基质可见嗜碱性黏液性物质。

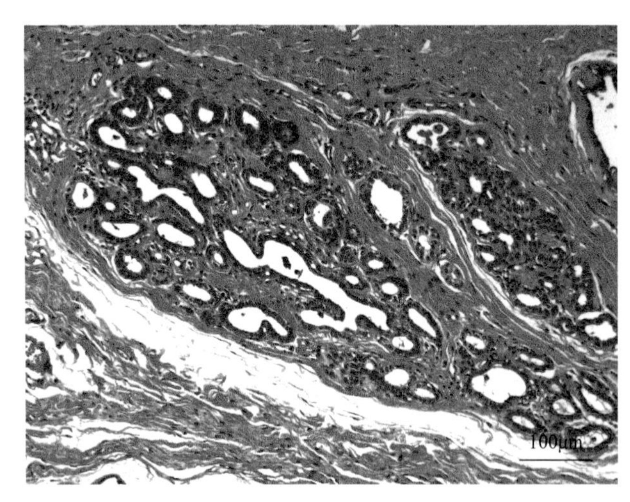


**图8-23　乳腺纤维腺瘤**

肿瘤组织由立方形或柱状细胞围成腺管样结构，周围大量结缔组织包裹

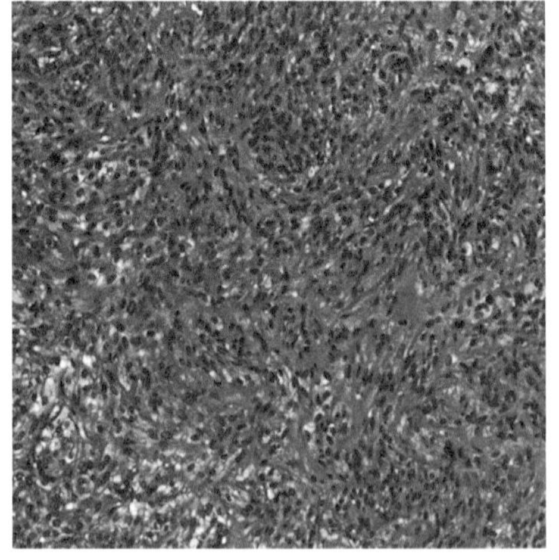

**图8-24　乳腺腺肌上皮瘤（引自Meuten，2017）**

肿瘤细胞呈梭形，排列成短束状，细胞异型性小，分布于嗜碱性基质中

### （六）乳腺复杂腺瘤

乳腺复杂腺瘤（complex adenoma）具有上皮（导管）和肌上皮两种细胞增殖，在犬上常见，由不同比例的这两种细胞群和数量不等的纤维基质组成（图8-25，图8-26）。

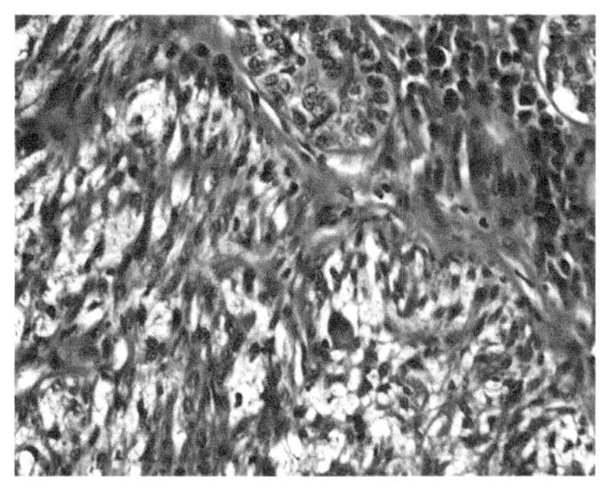

图8-25 犬乳腺复杂腺瘤（Bearss et al.，2012）
梭形肌上皮细胞围成岛状，分布于黏液性基质中，右上方柱状细胞围成腺管结构

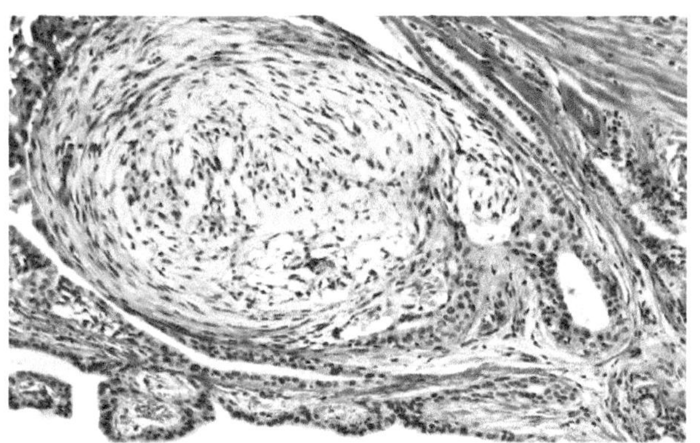

图8-26 乳腺复杂腺瘤（Im et al.，2014）
肌上皮细胞大量增生，呈椭圆形

### （七）乳腺良性混合瘤

乳腺良性混合瘤（benign mixed tumor）为上皮和间叶组织的混合瘤，由一种以上胚层组织演变而来，具有上皮细胞（导管）和肌上皮细胞增殖，并伴有间叶组织形成产物（通常是骨或软骨），间质为数量不等的纤维基质，在犬中常见（图8-27）。

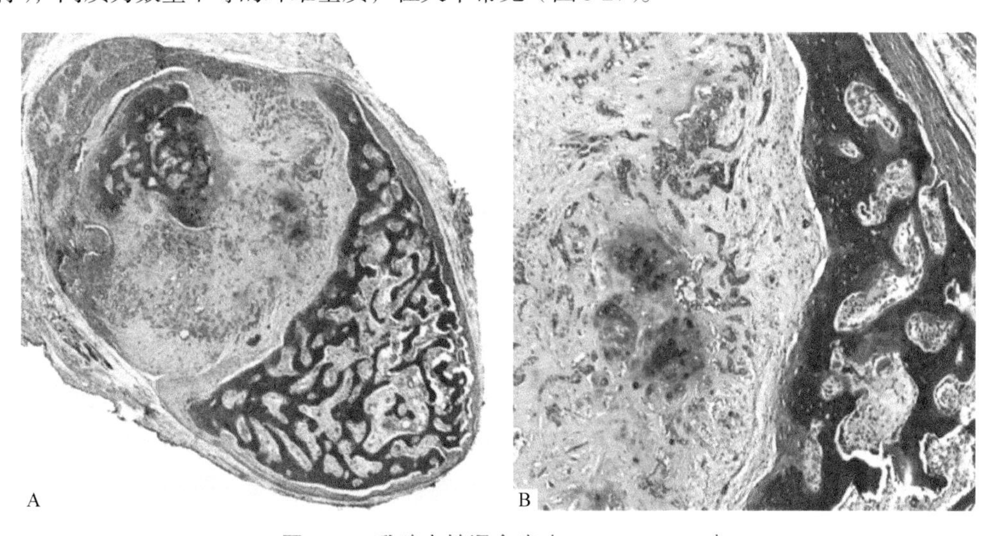


图8-27 乳腺良性混合瘤（Meuten，2017）
A. 导管上皮细胞和肌上皮细胞增多，肿瘤细胞外有结缔组织包裹，肿瘤组织内见有骨组织；B是A的放大图

## 二、乳腺恶性肿瘤

### （一）乳腺原位癌

乳腺原位癌（carcinoma in situ）是一种没有突破基底膜的恶性上皮肿瘤，由分界良好的非浸润性结节组成，这些结节未延伸穿过基底膜进入周围的乳腺组织（图8-28）。肿瘤组织

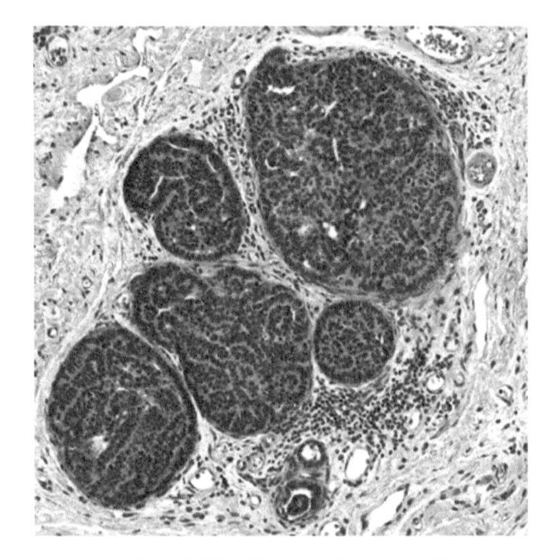

图8-28 乳腺原位癌（Meuten，2017）
上皮细胞增多，但没有穿过基底膜

由密集细胞排列成不规则的小管、巢状和索状。细胞呈多边形、圆形到立方形，通常具有少量的嗜酸性胞质，核质比高。肿瘤细胞异型性较大，可见数量不等的核分裂象。

## （二）乳腺管状腺癌

管状腺癌（tubular adenocarcinoma）是犬常见的乳腺癌，其癌细胞排列成管状或腺状结构，通常1～2个细胞厚度。癌细胞多形性，胞核可以是染色质边缘化淡染，也可是深染，有单个大的核仁，或者多个小的核仁（图8-29）。胞质通常嗜酸性，细胞界限相对清楚。腺管间基质由血管和成纤维细胞组成，有时可见浆细胞、淋巴细胞和巨噬细胞浸润。当肿瘤细胞浸润周围的乳腺组织时，可引起基质反应，造成肌成纤维细胞增殖。

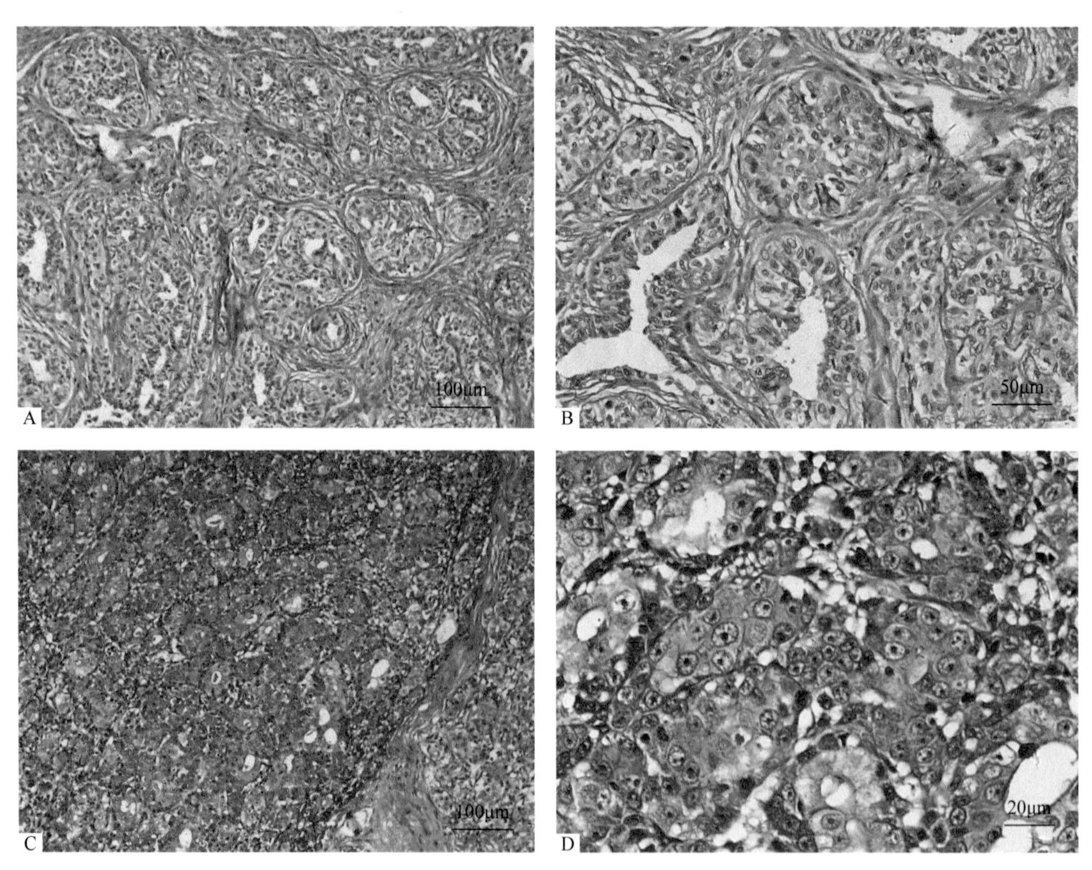


图8-29 乳腺管状腺癌
A，C．低倍镜下，肿瘤组织呈管状或腺泡状，由多层癌细胞排列围成，外有结缔组织包裹；B．高倍镜下，可见肿瘤细胞呈立方形到柱状，细胞异型性大，部分区域核分裂象少；D．可见明显核分裂象

### （三）乳腺管状乳头状癌

管状乳头状癌（tubulopapillary carcinoma）与管状腺癌类型不同，乳突延伸到管状腔内，乳突状结构占主导地位，由少量纤维血管结缔组织基质支撑，其余组织学特征与上文所述的管状腺癌相似（图8-30）。据报道，管状乳头状癌恶性程度比管状腺癌高。

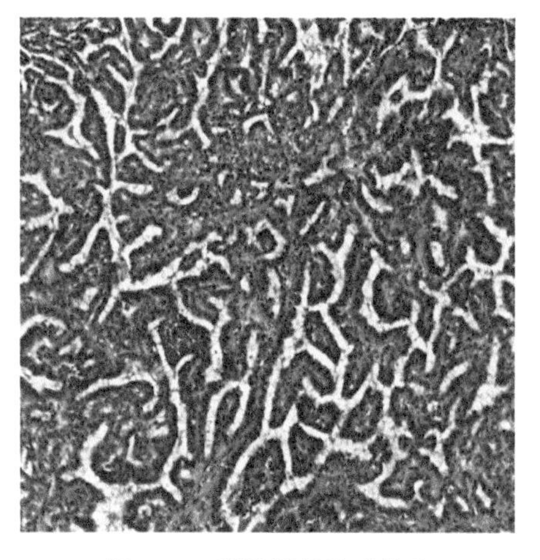

图8-30　乳腺管状乳头状癌
（Meuten，2017）
肿瘤组织伸入管腔形成乳头样外观，乳头中心有纤维血管基质供给营养，肿瘤细胞呈立方形到柱状

### （四）乳腺实体癌

实体癌（solid carcinoma）的癌细胞主要排列成没有腔的实心片状，呈大小不等的不规则小叶状，小叶间为纤维血管基质，其发生率低于管状腺癌。癌细胞呈多边形至椭圆形，边界不清，胞质轻微嗜酸性到嗜碱性不等；胞核椭圆形，染色质粗糙深染，单个核仁位于中央，呈嗜碱性；细胞异型性大，且可见数量不等的核分裂象（图8-31）。在肿瘤周围组织中常见到

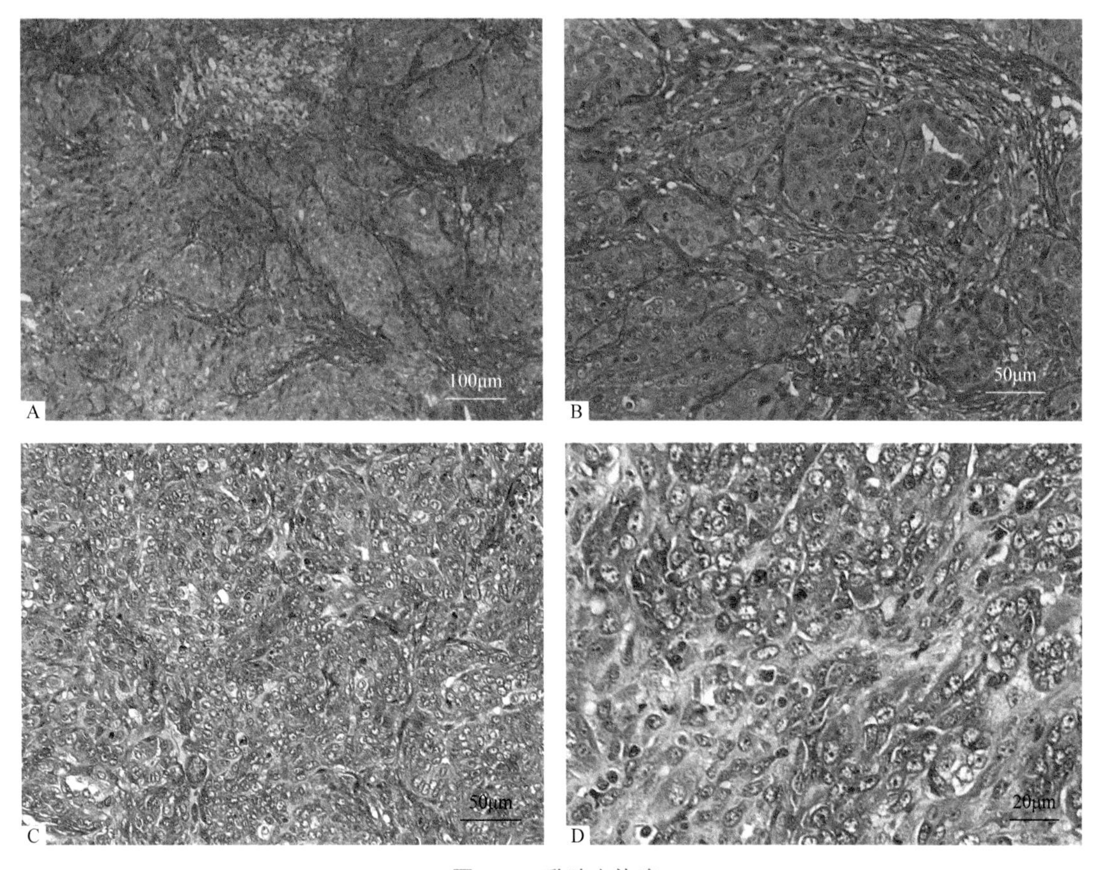


图8-31　乳腺实体癌
A，C. 低倍镜下，肿瘤细胞排列成大小不等的实心结构，没有管腔形成，外有结缔组织包裹；B. 高倍镜下，可见肿瘤细胞呈多边形到椭圆形，细胞界限不清，有的恶性程度低，少见核分裂象；D. 可见明显核分裂象

癌细胞转移至淋巴管，向淋巴结转移。

### （五）乳腺粉刺癌

乳腺粉刺癌（comedocarcinoma）的特征在于肿瘤细胞聚集体中心存在坏死区域（图8-32）。坏死病灶由细胞碎片、坏死中性粒细胞和巨噬细胞混合的无定形嗜酸性物质组成，并且被认为是细胞凋亡和核碎裂的混合物。周围肿瘤组织由紧密堆积的癌细胞组成，排列在纤维血管基质上，形成实体状、巢状、索状或管状。肿瘤细胞排列和形态与实体癌相似，管状结构形成较少。癌细胞可通过淋巴管转移到周围淋巴结。

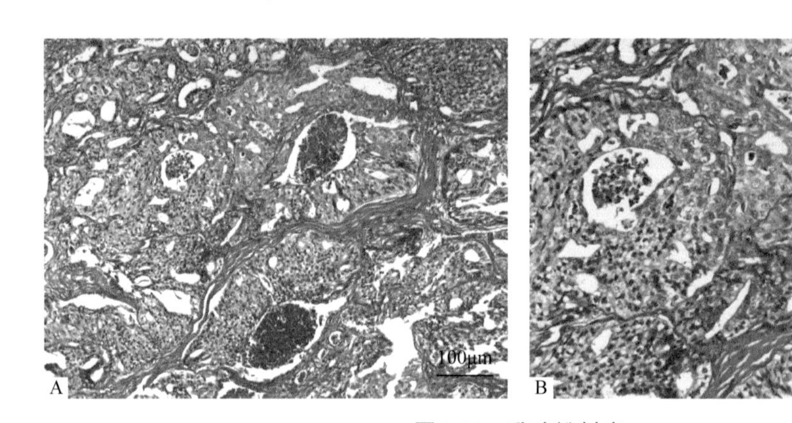


图8-32　乳腺粉刺癌

A. 肿瘤细胞聚集中心可见坏死灶，外围有癌细胞包裹；B为A的放大图

### （六）乳腺间变癌

乳腺间变癌（anaplastic carcinoma）在犬乳腺癌中恶性程度最高，通常表现为肿瘤细胞弥漫性侵入小叶间结缔组织和淋巴管，一般很难发现乳腺组织内原发性肿瘤的起源。肿瘤细胞通常是单个的或形成小巢，呈圆形、椭圆形或多边形，具有丰富嗜酸性细胞质（图8-33）。

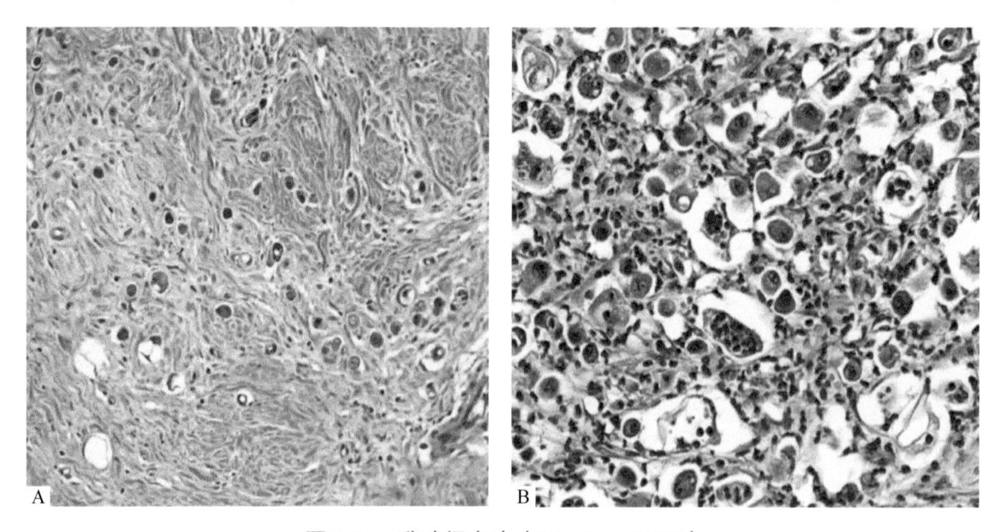


图8-33　乳腺间变癌（Meuten，2017）

A. 癌细胞胞核位于一边，胞质丰富，散在分布于结缔组织中；B. 癌细胞异型性大，胞质丰富，部分肿瘤细胞胞质见有大量颗粒，形成血管样结构

细胞核呈圆形到椭圆形，偶尔会有粗糙深染的染色质，经常可见多个核仁。细胞核大小不等，异型性大，核分裂象常见。在一些病例中可见不规则、大小不一的多核细胞和微血管。间质成纤维细胞增多，并伴有淋巴细胞、浆细胞和肥大细胞，偶见中性粒细胞和/或嗜酸性粒细胞和巨噬细胞的浸润；间质水肿，淋巴管扩张，可通过淋巴管转移至肺脏。

### （七）乳腺导管癌

乳腺导管癌（ductal carcinoma）是与乳腺导管腺瘤相对应的恶性肿瘤。肿瘤细胞排列成条索状或管状，形成狭缝状腔，通常由双层上皮细胞排列（图8-34）。这些上皮细胞表现出明显异型性，核分裂象多；有时可见鳞状细胞和胞质内角化透明颗粒。可通过淋巴血管转移至周围淋巴结。

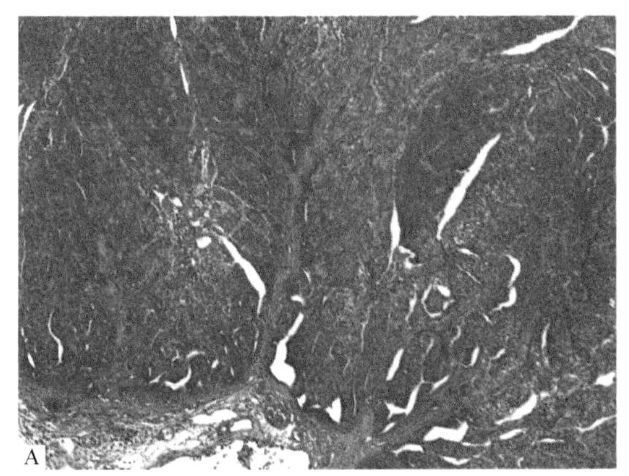


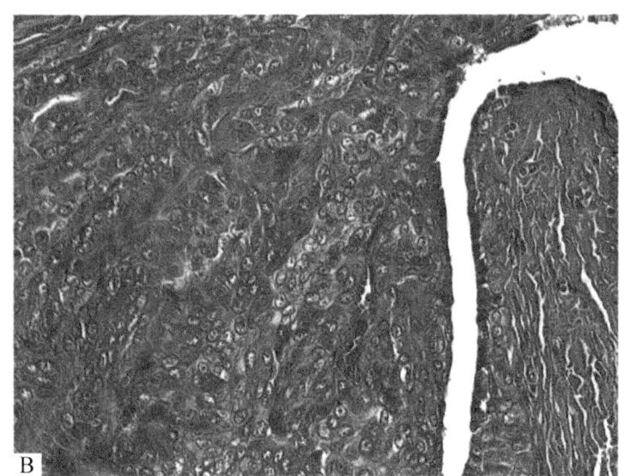


**图8-34 乳腺导管癌**

A．癌细胞排列实体不规则成索状，形成裂隙；B．右边管腔可见明显双层细胞

### （八）乳腺导管内乳头状癌

乳腺导管内乳头状癌（intraductal papillary carcinoma）是与乳腺导管内乳头状腺瘤相对应的恶性肿瘤。上皮细胞呈多层（分层）增生，表现出恶性肿瘤细胞特征，如较高的核质比、细胞和胞核多形性，核分裂象增多；乳头基质为纤维血管组织和肌上皮细胞（图8-35）。

### （九）乳腺恶性肌上皮瘤

乳腺恶性肌上皮瘤（malignant myoepithelioma）的起源细胞是肌上皮细胞。肿瘤细胞呈椭圆形到纺锤形；细胞界限不清，偶尔可见胞质内透明空泡；胞核呈圆形，位于中央，染色质细腻，单个核仁；细胞异型性大，可见明显核分裂象（图8-36）。有时肿瘤组织可见有嗜碱性黏液基质。组织病理学不容易确诊时可通过细胞角蛋白（CK14）和收缩蛋白（肌动蛋白、钙调蛋白或波形蛋白）的免疫组织化学标记确认。

### （十）炎性乳腺癌

炎性乳腺癌（inflammatory mammary carcinoma）是一种特殊形式乳腺癌，其特征是肿瘤性栓塞侵犯真皮淋巴管，导致淋巴回流受阻，继发水肿，镜检常见淋巴管内大量肿瘤细胞栓子（图8-37）。临床表现包括红、肿、热、痛、硬结，可能会被误诊为乳腺炎、皮炎。

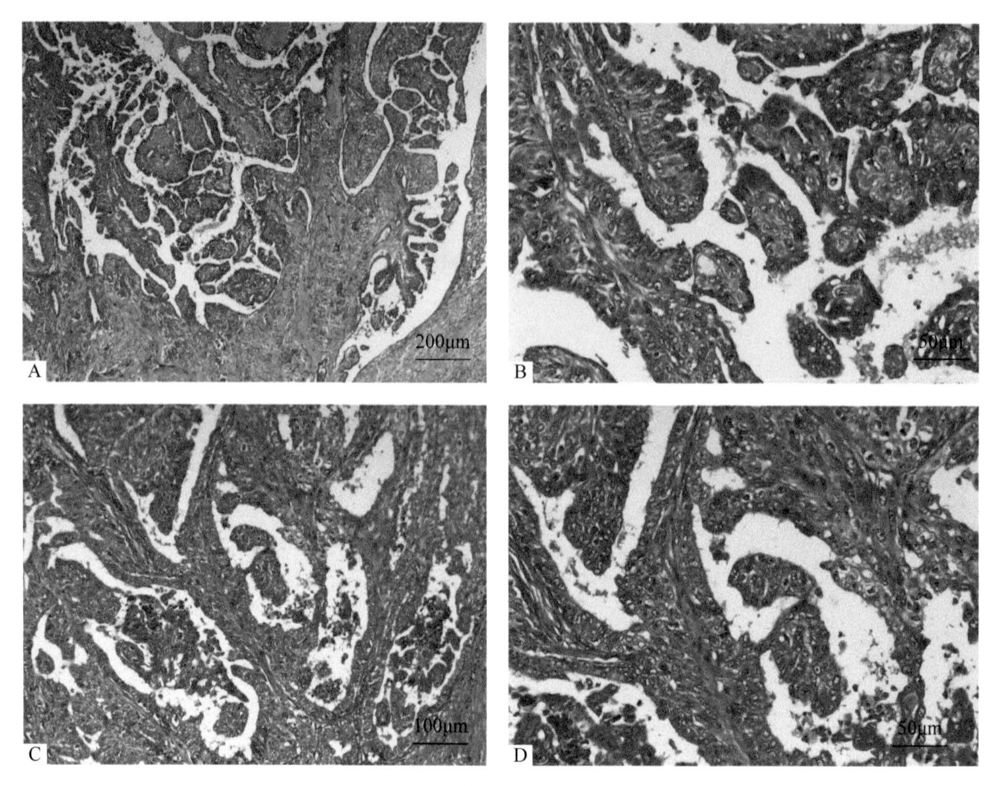


图8-35　乳腺导管内乳头状癌

A，C. 低倍镜下，肿瘤组织伸入管腔形成乳头状；B，D. 高倍镜下，见癌细胞多层，分布于纤维血管基质

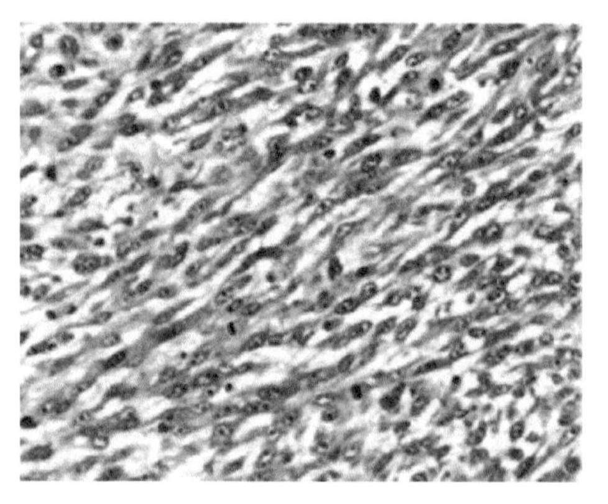

图8-36　乳腺恶性肌上皮瘤（**Alonso-Diez et al.，2019**）

肿瘤细胞呈椭圆形到纺锤形，核分裂象明显

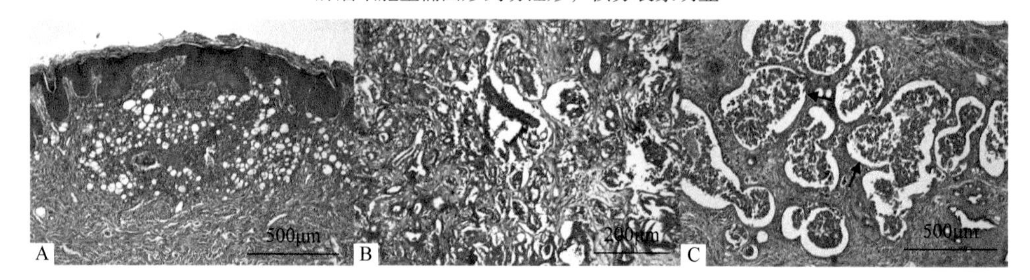


图8-37　炎性乳腺癌（**Silva et al.，2019**）

A. 肿瘤组织位于真皮表层，表现为多形性、空泡化和炎性浸润；B. 肿瘤组织表现侵袭性外观并有不规则小管形成；C. 淋巴管中见有大量肿瘤细胞栓子（箭头）

### （十一）乳腺复杂腺癌

乳腺复杂腺癌（complex adenocarcinoma）由恶性上皮、良性肌上皮及纤维血管基质组成（图8-38），与乳腺复杂腺瘤相对应。

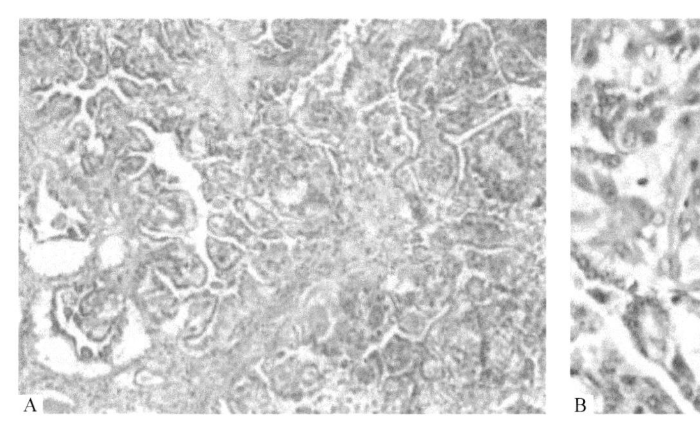
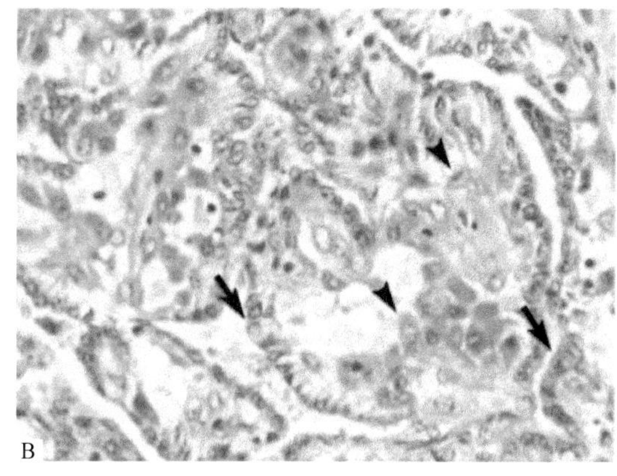

图8-38　乳腺复杂腺癌（Nakashima et al.，2013）
A．低倍镜下，见腺管上皮细胞和肌样细胞增多；B．高倍镜下，见管腔上皮细胞（箭头）和梭形肌样细胞（三角箭头）

### （十二）乳腺恶性混合瘤

乳腺恶性混合瘤（malignant mixed mammary tumor）又称癌肉瘤，与良性混合腺瘤相对应，肿瘤同时含有癌和肉瘤2种恶性成分，肉瘤成分常为骨肉瘤（图8-39）。这种乳腺肿瘤不常见。

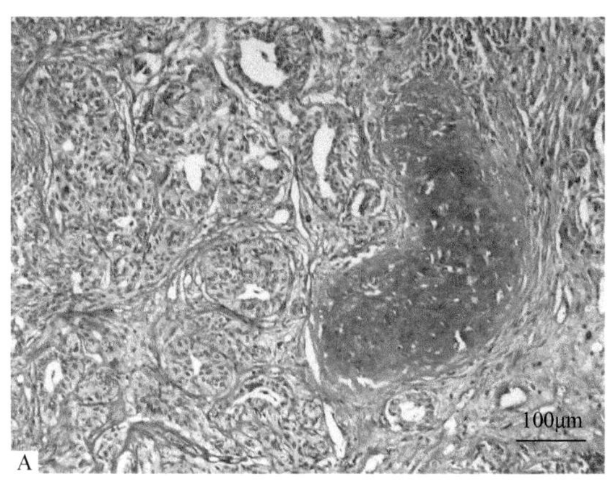

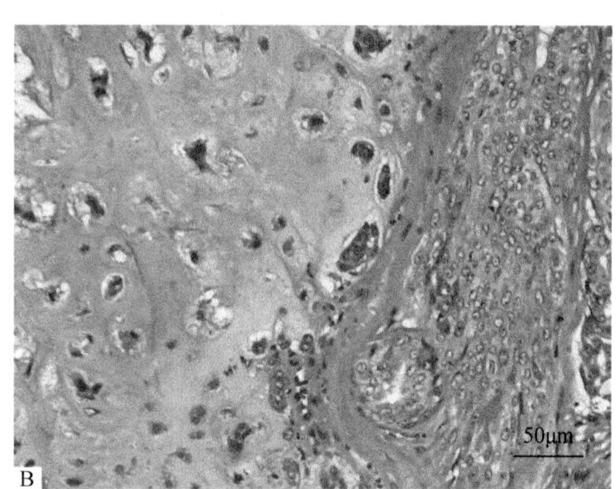


图8-39　乳腺恶性混合瘤
A，B．癌组织中可见有骨组织

**病理诊断**　乳腺肿瘤应与乳腺增生相区别，乳腺增生主要包括乳腺导管扩张和小叶增生。乳腺导管扩张外观上有时会表现蓝色外观，镜检下以导管扩张和周围炎症为主要特征，扩张的导管内是坏死碎片、数量不等的混有脂质物质和胆固醇物质的泡沫巨噬细胞。乳腺小叶增生时小叶结构正常，导管和腺泡上皮细胞、肌上皮细胞与间质结构界限清楚，腺泡上皮细胞呈单层，细胞多呈立方形，导管内衬细胞为柱状到扁平状，可见囊状扩张。

# 第四节 睾丸肿瘤

## 一、塞托利细胞瘤

塞托利细胞瘤（Sertoli cell tumor）是来源于睾丸曲精小管支持细胞的肿瘤，因此也称为支持细胞瘤（sustentacular cell tumor）。塞托利细胞瘤是犬常见的一种肿瘤，尤其是发生隐睾的犬，约有一半患塞托利细胞瘤的犬伴有隐睾；在马、羊、牛和猫上也有少量报道。该肿瘤常见于老年犬，多发于单侧睾丸，迷你雪纳瑞犬、喜乐蒂牧羊犬和柯利牧羊犬发生率较高。约有25%的塞托利细胞瘤出现雌激素分泌过多的症状，包括雌性化、雄性雌性样乳腺发育、对侧睾丸萎缩、前列腺鳞状细胞化生、脱毛和骨髓功能抑制等。绝大多数的塞托利细胞瘤特别是直径小于2cm的肿瘤表现为良性特征，在特别大的肿瘤或弥漫型时有向周围组织或附近淋巴结转移的可能。

**大体病变** 受累的睾丸体积明显增大，扭曲变形，一般限制在睾丸内，只有非常大的塞托利细胞瘤会深入到白膜、附睾或精索（图8-40A）。塞托利细胞瘤往往界限清楚，触感硬，呈离散的单个或多个结节；切面上肿瘤为灰白或白色，质地硬，通常不伴有局部黄褐色或出血（图8-40B）。肿瘤组织周围常见有压缩和萎缩的正常睾丸组织。

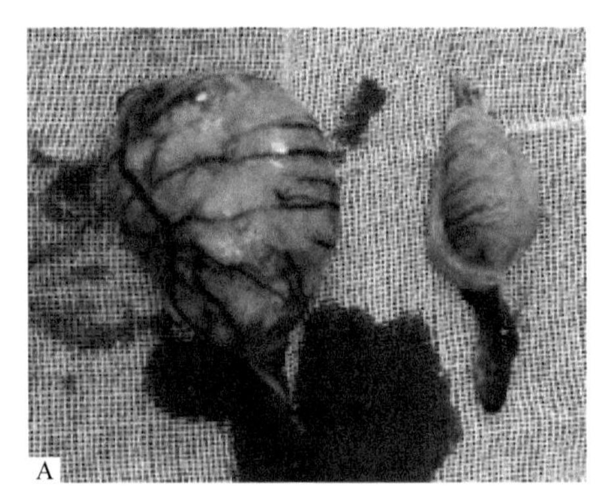


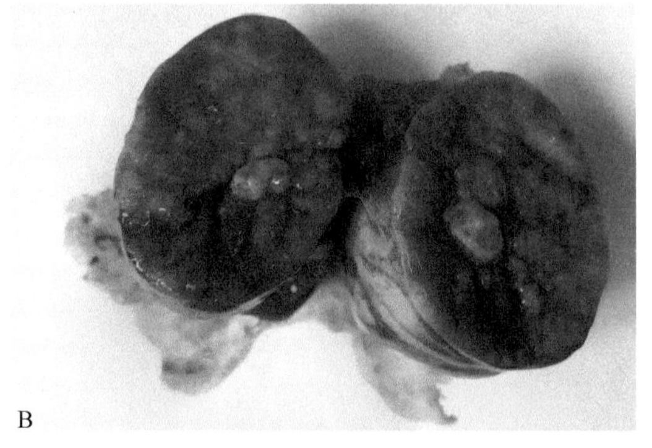


**图8-40 犬一侧睾丸（隐睾）塞托利细胞瘤**

A. 大小约5cm×2.5cm×2.2cm，外有包囊，布有较丰富的血管，另一侧睾丸大小未见异常；B. 切开肿瘤组织，质地稍硬，伴有少许血液流出，切面有大小不等鱼肉状颗粒状突起

**组织学病变** 塞托利细胞瘤组织形态学上可分为管型和弥漫型两种类型。肿瘤细胞排列成岛状或管状，有丰富的结缔组织分隔。肿瘤细胞与正常的塞托利细胞相似，呈长形，有小而圆形至长形的细胞核，胞质嗜酸性，常淡染与空泡化。管型塞托利细胞瘤有完整的管腔形成，多层肿瘤细胞与管壁垂直排列，呈栅栏状（图8-41）。弥漫型则没有正常管腔结构，肿瘤细胞广泛分布且含有大量结缔组织，这种类型肿瘤细胞大小和形状更不规则，恶性程度更高，可浸润到附近睾丸组织或血管。

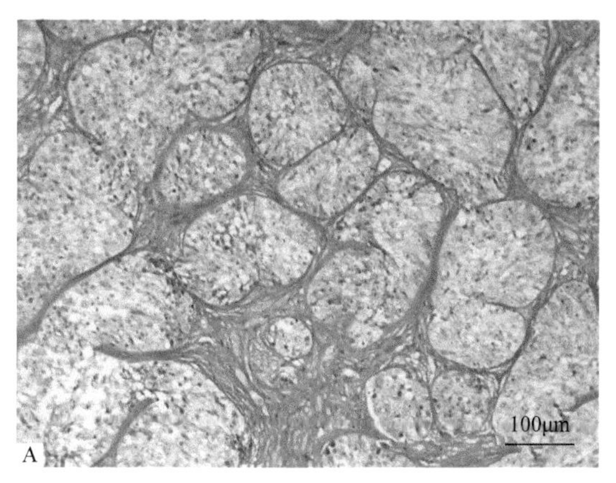


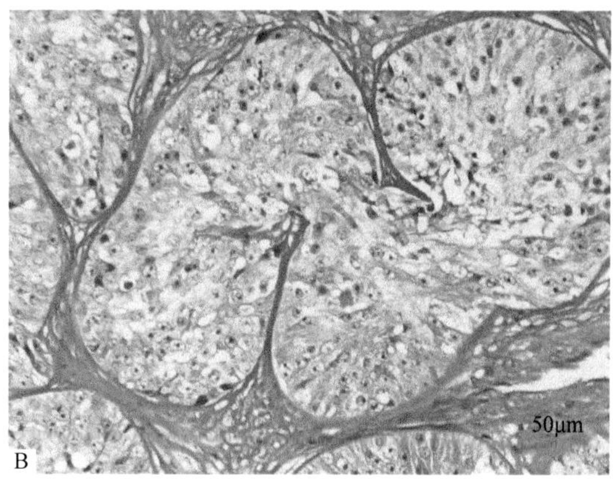


**图8-41　犬塞托利细胞瘤（管型）**

A、B. 肿瘤细胞呈长形，胞质见有空泡，与管壁垂直呈栅栏状排列

## 二、睾丸间质细胞瘤

睾丸间质细胞瘤（interstitial cell tumor）是发源于睾丸间质细胞的肿瘤，也称为莱迪希细胞瘤（Leydig's cell tumor），绝大多数为良性肿瘤，少见恶性肿瘤表现。常见于老年犬，在牛、猫、猪、山羊、驴和马上也有少量报道。在马上，睾丸间质细胞瘤常发生于隐睾的睾丸，这与犬有所不同，隐睾的犬通常发生精原细胞瘤或塞托利细胞瘤。睾丸多双侧受害，一般体积较小，直径为1～2cm，带瘤动物常无临诊症状，死后剖检时才被发现；表现症状的大肿瘤，直径可达5～6cm，并可见有囊腔。

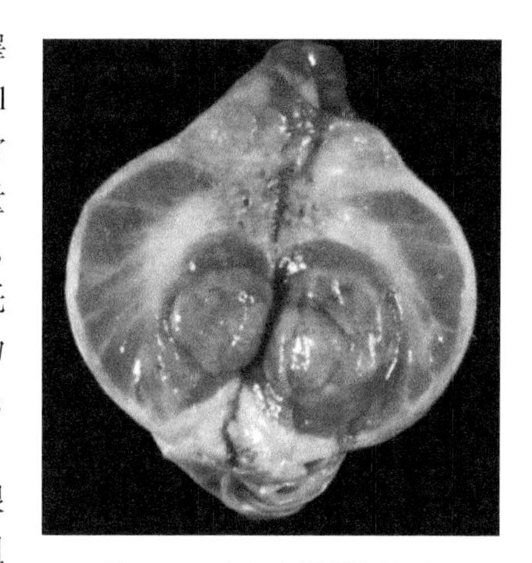

**图8-42　犬睾丸间质细胞瘤（Meuten，2017）**

肿瘤通常很小，边界清楚，呈黄褐色，柔软，切面上有隆起，有时出血或形成囊肿

**大体病变**　通常体积很小，对受累的睾丸产生很少或只是轻微的变形；呈棕黄色，触感柔软，与周围组织界限清楚，切面上通常隆起，有时会有出血或形成囊肿（图8-42）。

**组织学病变**　肿瘤呈实体片状或不规则腺体样排列，其中有结缔组织和血管支持。有些肿瘤会形成囊腔样结构。绝大部分病例为良性睾丸间质细胞瘤，肿瘤细胞与正常间质细胞非常相似，呈圆形或多角形，有丰富的细胞质，胞质内有颗粒或空泡，细胞核小，圆形且深染，极少见核分裂象（图8-43）。少见恶性睾丸间质细胞瘤，表现为肿瘤细胞大小不一，异型性大，可见有较多核分裂象（图8-44）。

## 三、精原细胞瘤

精原细胞瘤（seminoma）是由睾丸原始生殖细胞发展而来的恶性程度较小的肿瘤，是睾丸常见的肿瘤之一。犬最易发生，约占睾丸肿瘤的40%，有隐睾的犬更易发生，马、牛、

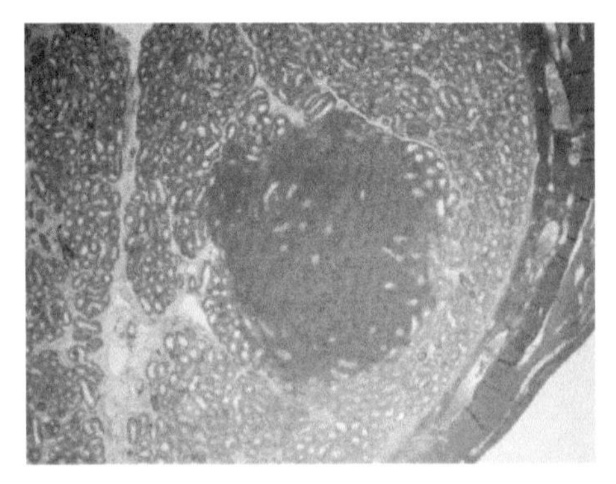

图8-43 犬睾丸间质细胞瘤（Meuten，2017）
睾丸组织中的间质细胞瘤，对周围组织产生挤压，周围界限清楚

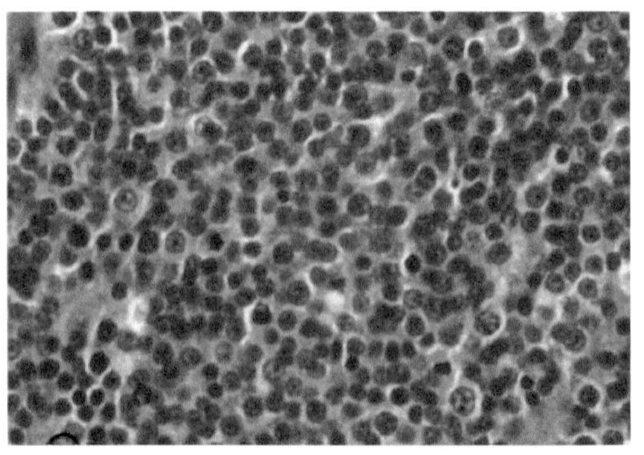

图8-44 犬恶性睾丸间质细胞瘤
肿瘤细胞异型性大，细胞核分裂象丰富

羊、鸡和猫也可发生。在犬，常发生于年老的犬，拳师犬、德国牧羊犬、马耳他犬和挪威猎鹿犬有多发倾向；可发生于睾丸单侧或双侧，单发或多发，一般右侧睾丸发生率高于左侧睾丸。尽管组织病理学检查可见有很多的核分裂象，但一般均表现为良性肿瘤；在发现肿瘤细胞向睾丸附近的血管或组织（如白膜、附睾或精索）侵袭时才认为是恶性肿瘤。

**大体病变**　肿瘤大小不等，睾丸体积增大（图8-45A）。肿瘤质地通常较软，偶尔坚实，但往往比支持细胞瘤软。切面呈均质、亮白色或灰白色外观，与周围组织界限清楚，常被结缔组织分成小叶，有时会因出血或坏死而使部分区域颜色发生改变（图8-45B）。

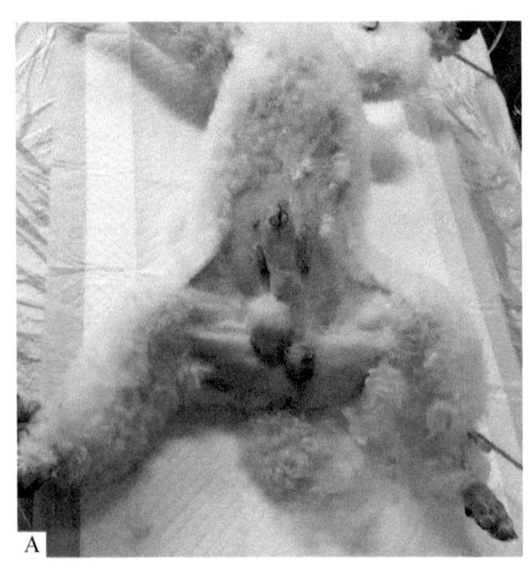

图8-45 犬精原细胞瘤
A. 犬右侧睾丸隐睾，肿大；B. 切面质地稍硬，灰白色，并伴有出血，被结缔组织分割成大小不等小叶

**组织学病变**　肿瘤细胞与正常精原细胞相似，从组织形态学上可分为管型和弥散型两种形式。管型是早期的形态，大量的肿瘤细胞聚集在曲精小管内，取代原来正常的生精细胞和支持细胞；肿瘤细胞大，呈多角形（图8-46），有明显的细胞界限，细胞核泡状，呈囊状外观，核仁明显，少量嗜碱性或双染型细胞质；核分裂象数量多且形态不一；染色质有时表现为螺旋状或丝状；局部肿瘤组织内有淋巴细胞浸润。弥散型精原细胞瘤中，肿瘤

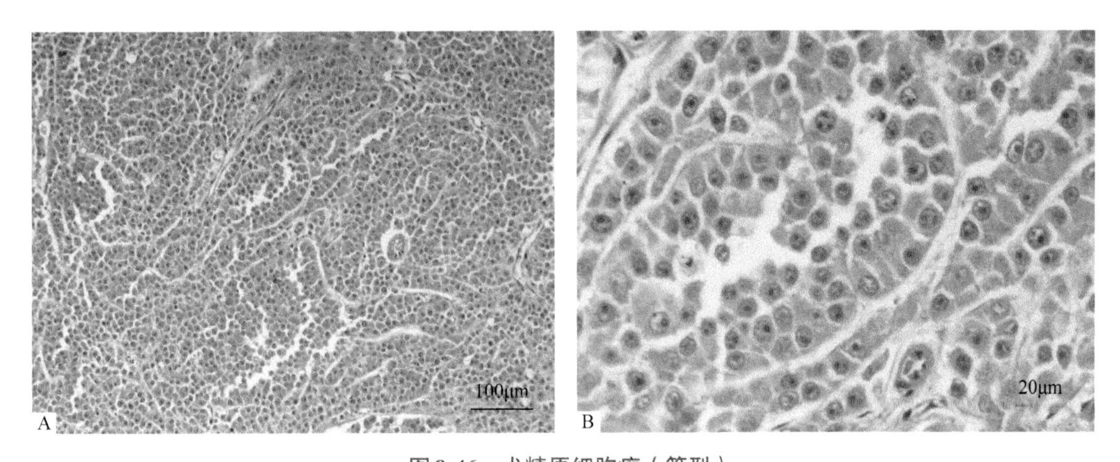


图8-46　犬精原细胞瘤（管型）

A．低倍镜下肿瘤细胞排列成管状；B．肿瘤细胞呈圆形或多角形，大小较一致，可见核分裂象

细胞不限制于曲精细胞小管内，而是呈实心片状分布，许多单个肿瘤细胞坏死形成星空状（图8-47）。

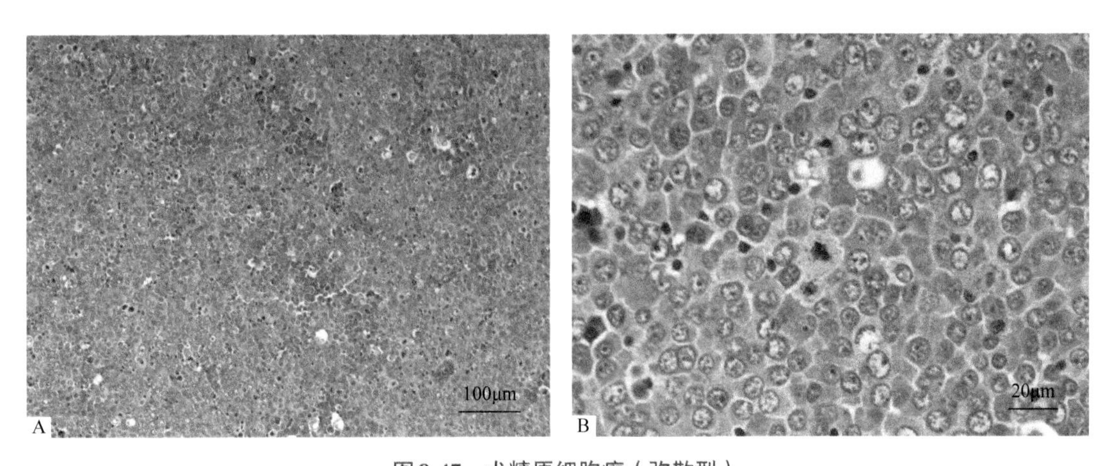


图8-47　犬精原细胞瘤（弥散型）

A．低倍镜下肿瘤细胞呈片状分布，部分细胞坏死，呈星空状；B．肿瘤细胞呈圆形或多边形，可见核分裂象，间质有淋巴细胞浸润

## 四、睾丸鞘膜恶性间皮瘤

睾丸鞘膜恶性间皮瘤（malignant mesothelioma of tunica vaginalis testis）是临床较罕见的恶性肿瘤，目前在犬上仅有3例报道。睾丸鞘膜为雄性腹膜的延续，分为壁层和脏层。壁层衬贴于精索内筋膜的内侧，脏层覆盖于睾丸和附睾的表面，在睾丸后缘处，脏层与壁层互相移行。脏层与壁层之间的腔隙，即鞘膜腔，内含少量液体。该肿瘤常见于老年犬，单侧或两侧睾丸均可发生，单发，多表现为睾丸鞘膜腔积液，不易诊断，恶性程度高，可向周围淋巴结或肺脏转移，易复发，预后差。

**大体病变**　通常表现阴囊肿大，出现不均匀、不规则的肿块，可与睾丸或精索相连，灰白色，触感较硬，切面灰白色。

**组织学病变** 肉瘤样恶性间皮瘤的肿瘤细胞呈侵袭性生长，波浪状排列，间质胶原含量不等，肿瘤细胞呈梭形，核圆而长，胞质稀少，异型性大，有明显核分裂象（图8-48）。腺管样恶性间皮瘤肿瘤组织界限不清，肿瘤上皮细胞组成不规则管状结构，伴有大量的纤维增生反应；肿瘤细胞呈立方形，细胞边界清楚，核质比低至中等，胞质嗜酸性，胞核呈圆形或椭圆形，有明显核分裂象。

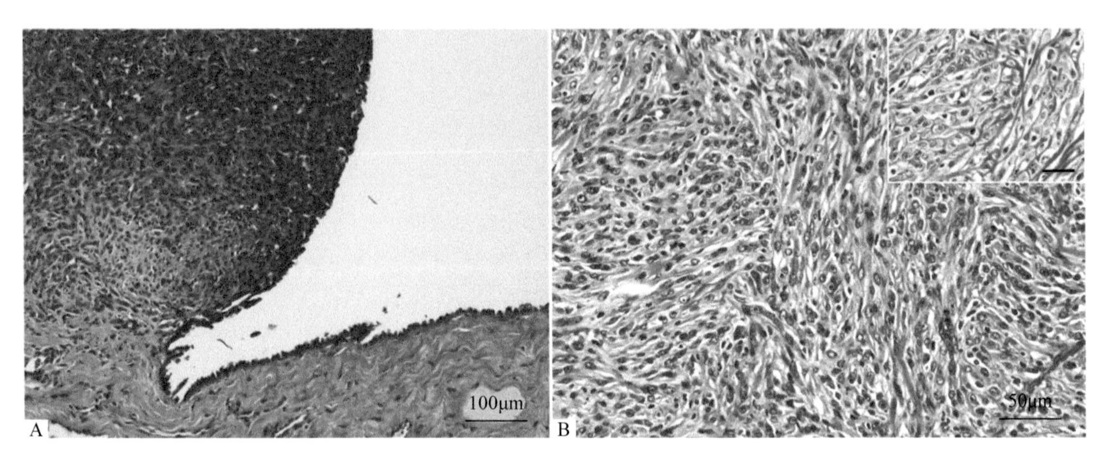


**图8-48 睾丸鞘膜恶性间皮瘤（Son et al.，2018）**

A. 肿块连续至睾丸鞘膜间皮；B. 肿瘤细胞呈梭形，细胞核圆形或细长，胞质稀少

### 五、睾丸畸胎瘤

睾丸畸胎瘤（teratoma）是来源于胚胎组织的肿瘤，多由多胚层组织构成，常见于1～5岁马的隐睾，在犬、猫、牛、猪和禽上少见，可发生于睾丸的单侧或双侧，单发或多发，睾丸出现均匀性或不规则性增大。

**大体病变** 肿瘤内可能出现实性或囊腔样的区域，囊肿内可见到和成年动物相同或相似的所有组织，如软骨、硬骨、脂肪、肌肉、腺体、皮肤和毛发等。

**组织学病变** 组织学形态差异很大，肿瘤组织内组织类型多样，包括皮肤毛发、附属组织、腺体或上皮、纤维结缔组织、脂肪、肌肉、淋巴组织、骨组织、软骨组织、牙齿、神经组织，甚至肝、肾、脾等组织。

## 第五节 前列腺肿瘤

犬的前列腺肿瘤不常见，发生率低于1%。有研究发现，前列腺腺癌是绝育犬最常见的疾病，而在未绝育犬中，细菌性前列腺炎和前列腺囊肿则较常见。此外，老龄犬也好发，平均年龄约为10岁。大部分犬的肿瘤是非雄性激素依赖的，因此前列腺肿瘤可能来源于尿路上皮或小导管，而非腺泡。可能发生的其他上皮细胞癌包括在前列腺导管发生的移行细胞癌（TCC）、混合型上皮细胞癌和鳞状细胞癌。也曾有报道前列腺会发生纤维肉瘤、平滑肌肉瘤、骨肉瘤、淋巴肉瘤和血管肉瘤。猫前列腺肿瘤少见，少数病例中主要为腺癌，并发生于已绝育且较老龄的猫。前列腺增生、前列腺囊肿是前列腺肿瘤样病变。

## 一、前列腺增生

前列腺增生（prostatic hyperplasis）由腺体上皮或肌纤维间质增生引起。在未绝育的雄性犬中极为常见，随着年龄的增长，几乎所有未绝育的雄性犬中都会发生。良性前列腺增生最早出现在2岁，在极少数情况下可能会延迟到10岁，大多数犬的良性增生发生在6岁。

**大体病变**　犬的前列腺位于膀胱的后面，直肠的下面。由于前列腺体积增大压迫尿道，导致排尿疼痛和困难、便秘和前列腺疼痛。前列腺疼痛使得犬行走异常，步伐小而僵硬。

**组织学病变**　犬的前列腺增生主要有两种类型，在良性弥漫性腺样病变中，分泌上皮增加导致小叶增大，并且增生的上皮呈乳头状突入腺泡内（图8-49A）。这些乳头状突起比正常组织更加复杂，单个上皮细胞体积增大。这种类型的增生通常均匀地发生于整个前列腺，但是也可能形成结节。在复合型前列腺增生中，腺体增生区域与囊性扩张的腺泡并存。这些囊性腺泡的上皮可能是薄的、萎缩或肥大的柱状上皮。纤维间质数量增加，常见慢性炎症（图8-49B）。

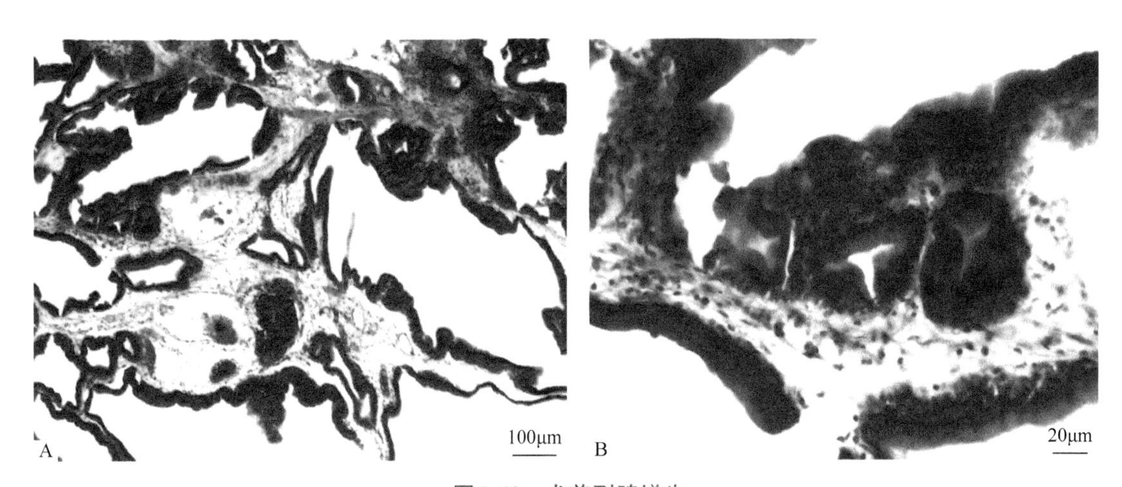


**图8-49　犬前列腺增生**

A. 肿物内可见许多新生的腺体；B. 增生的腺上皮细胞呈高柱状排列，呈单层至多层排列，且排列紊乱

## 二、前列腺囊肿

前列腺囊肿（cyst of prostate）可分为实质性囊肿和旁性囊肿，前者是由于前列腺上皮鳞状细胞化生而导致前列腺导管或腺管阻塞，后者可能是由于分泌物蓄积形成一个或多个囊肿。

**大体病变**　多见于老年未绝育的雄性犬，囊肿直径从几厘米至几十厘米不等，以至于压迫邻近的直肠和尿道，造成排尿困难，并且还会造成前列腺感染，引起腹膜炎、败血症等症状甚至死亡。

**组织学病变**　肿瘤内可见一个或多个囊肿，囊肿由正常的腺泡组成，腺泡衬有柱状或立方形上皮，有时候被挤压变成扁平状，囊内充满液体，囊壁由纤维结缔组织构成，常伴有出血。

## 三、前列腺腺癌

前列腺腺癌（adenocarcinoma of prostate）起源于前列腺上皮，该肿瘤在犬中不常见，在其他家畜上也极为罕见。前列腺增生基本发生在所有年龄段的未绝育雄性犬，而前列腺腺癌主要影响8岁以上的犬，这两种情况可能同时发生。

**大体病变**　前列腺腺癌病情发展迅速，早期难以察觉和检测到。

**组织学病变**　犬前列腺腺癌最常见的生长模式是肺泡型（intra-alveolar），其中，肿瘤细胞排列形成大的肺泡样结构，腔内可见黏液，并且衬有乳头状的上皮，上皮肿瘤细胞呈圆形或立方形，细胞核中度深染，可见核分裂象。犬前列腺腺癌的第二种类型是腺泡型，肿瘤细胞通常呈立方形排列在腺泡上，肿瘤细胞通常排列1～2层，但是有的腺泡内可能充满肿瘤细胞形成实性的肿物，腺泡可能存在黏液，肿瘤腺泡间为纤维间质。

**病理诊断**　前列腺腺癌需要与前列腺增生进行鉴别诊断，前列腺增生是犬前列腺最常见的疾病，前列腺体积增大呈弥漫性增生，经常伴有囊肿、腺体萎缩及腺腔周围炎性细胞浸润（主要有淋巴细胞和单核细胞）。一般，4～5岁的未绝育的犬都会发生一定程度的前列腺增大，但是前列腺腺癌较少见。大多数情况下，犬的前列腺腺癌难以治愈，已经确诊为前列腺腺癌的犬仅能存活30天左右。前列腺的癌细胞可以快速地转移到骨、肺脏、肾脏和淋巴结。最常见的是癌细胞转移到骨盆或腰椎。

（吕英军，朱　婷）

# 第九章　神经系统肿瘤

## 第一节　中枢神经系统肿瘤

### 一、星形细胞瘤

神经胶质性的肿瘤是犬、猫神经系统的常见原发性肿瘤，而在其他家畜中少见，其流行率仅次于犬、猫的脑膜瘤。犬的星形细胞瘤（astrocytoma）和少突胶质细胞瘤（oligodendroglioma）的发病率大致相同，约占所有原发性肿瘤的10%。星形细胞瘤最常发生在大脑半球，主要在梨状区，但肿瘤也可发生在中枢神经系统的大部分区域，包括脑干、小脑和脊髓。

**大体病变**　星形细胞瘤的大体外观取决于其生长速度和分化程度。生长缓慢，分化良好的肿瘤通常呈粉红色，或固定后呈白色（图9-1）。其生长范围可从室管膜延伸至下皮层，灰质和白质界限模糊。快速生长的肿瘤颜色更加多样，由于肿瘤内经常发生囊肿、坏死、出血和水肿导致肿瘤质地柔软。

**组织学病变**　肿瘤通常由相对均匀且排列松散的肿瘤细胞组成，肿瘤细胞很容易浸润到邻近的正常组织中。肿瘤细胞的形状和大小因星形细胞瘤的组织学亚型不同而异，其特征是多细胞、异型核和具有明显的纤维状的细胞突起，肿瘤细胞通常交织成密集的网络，与血管相连。与正常星形胶质细胞相比，细胞核更大，更不规则，嗜碱性强，呈多形性。最常见的纤维型星形细胞瘤由弥漫性浸润的呈纺锤样的细胞和偶见的多角形细胞组成（图9-2）。星

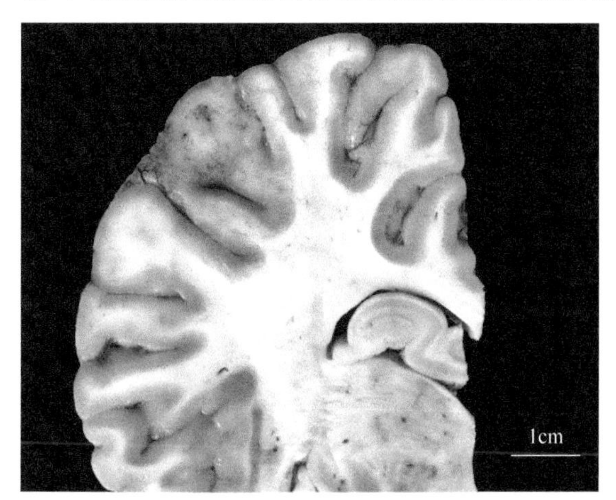


**图9-1　马的星形细胞瘤（1）（Cavasin et al.，2020）**

福尔马林固定的脑顶叶区域的冠状切片。肿瘤呈圆弧形，直径为1.5cm，界限良好

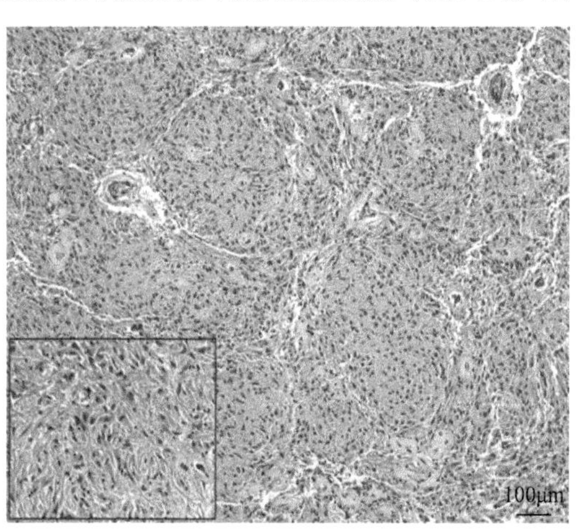


**图9-2　马的星形细胞瘤（2）（Cavasin et al.，2020）**

肿瘤细胞由多角形至纺锤形的细胞构成，排列呈交错的束状，常常与血管紧密相连

形细胞瘤的最大特征是核异型性，细胞核增大或不规则深染；此外，细胞的形状和大小，以及具有细胞突起也是其典型变化。另一种不太常见的肥胖型星形细胞瘤，主要由大的、不规则的、球形的细胞组成，具有异型核，胞质丰富、轮廓清晰、呈均匀的嗜酸性红染。

**病理诊断**　低等级的星形细胞瘤可能会与间变性星形细胞瘤和小胶质细胞瘤出现混淆。前者可通过胶质纤维酸性蛋白（glial fibrillary acidic protein，GFAP）阳性或谷氨酰胺合成酶阳性确诊，后两者则需要综合诊断。GFAP是星形胶质细胞中间丝的主要成分，是鉴别星形胶质细胞的可靠标志。GFAP的免疫组织化学检测通常用于鉴定正常、反应性和肿瘤性的人和动物的星形胶质细胞，在分化良好的星形细胞瘤中有大量细胞表达GFAP，而在未分化亚型中表达较少。星形细胞瘤的波形蛋白染色通常呈阳性。

## 二、少突胶质细胞瘤

肿瘤起源于少突胶质细胞，好发于5～12岁的犬，是犬最常见的原发性中枢神经系统肿瘤之一，其中短头犬发生的比例较高。少突胶质细胞瘤通常发生于大脑半球的白质或灰质，从嗅球、额叶、颞叶和梨状叶到顶叶和枕叶，很少发生于脑干和脊髓。该肿瘤在猫、马和牛中非常罕见。

**大体病变**　少突胶质细胞瘤通常很大，一般呈灰蓝色，基质通常为胶状或黏液样半透明状；切面通常边界清楚，柔软，颜色呈灰色或粉红色，肿瘤可穿透皮质表面，常从原发部位向脑室侵入生长；在猫中，肿瘤还可侵入脑膜。少突胶质细胞瘤可表现为多灶性出血区、呈黄色至白色坏死区和凝胶状的囊性病灶。

**组织学病变**　少突胶质细胞瘤通常形成致密、均匀的片状，也可以排列成长直线或弯曲的线状或成簇分布。肿瘤内通常有明显的微血管增生，形成血管袢或肾小球样的簇状（图9-3）。在犬和猫的肿瘤中有时会形成大小不等的矿化灶。组织学上，肿瘤的边缘通常是非常锋利和离散的，卫星现象和血管周围肿瘤细胞的聚集现象很明显（图9-4）。可能出现多灶性微囊性区域，其内含蓝染的黏液样物质和出血灶。间变性少突胶质细胞瘤的特点是细胞核更大，更不规则，嗜碱性更弱，胞质更致密，空泡少，有丝分裂增多，微血管增生往往更

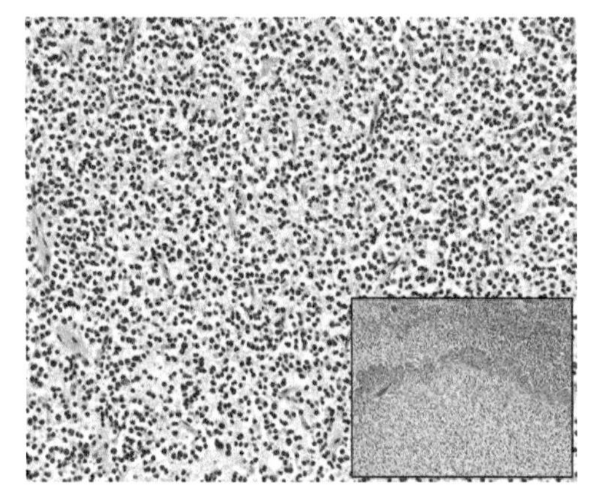

图9-3　犬少突胶质细胞瘤（1）
（Miller et al.，2019）
肿瘤细胞排列呈片状，镶嵌在松散的基质中，伴有大量的微血管增生

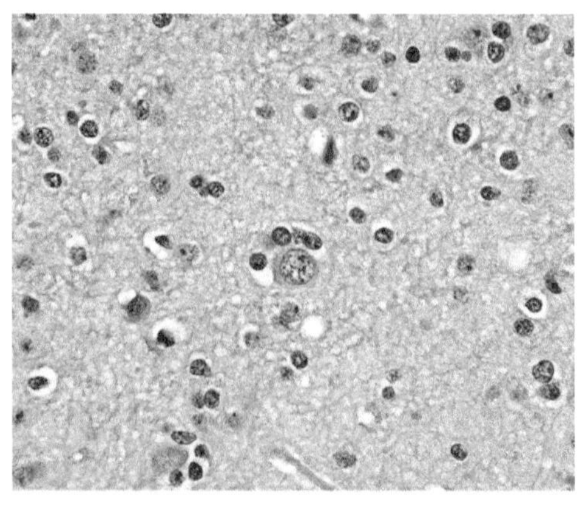

图9-4　犬少突胶质细胞瘤（2）
（Miller et al.，2019）
肿瘤组织内可见大量的神经元卫星现象

为明显。通常多见坏死区域，其周围胶质细胞呈栅栏状，与间变性星形细胞瘤非常相似。

**病理诊断**　该肿瘤主要与脑室内生长的中枢神经细胞瘤鉴别诊断，但后者这种罕见的肿瘤迄今为止只在人类中发现。中枢神经细胞瘤进行免疫组化染色呈突触生长蛋白（synaptophysin）和其他神经元标记物强阳性，因此可以与少突胶质细胞瘤区分。对于已被福尔马林固定和石蜡包埋的少突胶质细胞瘤，没有特异性标记物的抗体。增生的微血管部分由因子Ⅷ相关的抗原阳性细胞层组成，其余的大部分细胞呈平滑肌肌动蛋白染色阳性。

## 三、室管膜瘤

室管膜瘤（ependymoma）起源于脑室或脊髓中央管室管膜细胞，是中枢神经系统中较少见的一种类型。室管膜瘤在犬、猫、牛和马中都有报道，但都是较罕见。室管膜瘤主要发生在侧脑室，第三和第四脑室较少发生，脊髓中央管很少发生。

**大体病变**　室管膜瘤通常是较大的脑室内肿块，大部分界限清楚，颜色呈灰色或红色，质地光滑（图9-5），可见瘤内囊性区域、坏死和局灶性出血。虽然室管膜瘤通常生长在脑室内，但是也可浸润邻近神经鞘，可发生继发性阻塞性脑积水。

**组织学病变**　室管膜瘤的两种主要亚型为：细胞型和乳头型。细胞型的室管膜瘤的瘤细胞密度由中等至密集不等，血管分化良好，其典型特征是血管周围形成假菊形团或玫瑰花环的结构（图9-6），即肿瘤细胞的胞质伸出细长的突起附着在血管周围。猫细胞型室管膜瘤瘤细胞密集，胞质成分较少，具有嗜碱性深染的核，具有更加明显的血管周围假菊形团和室管膜玫瑰花环。室管膜玫瑰花环在猫的室管膜瘤中最常见，肿瘤细胞以小室管腔为中心呈放射状排列。在血管周围假菊形团和室管膜玫瑰花环之间可见排列成实心、片状或簇状的细胞，这些肿瘤细胞含有圆形或卵形细胞核，胞质嗜酸性，边界不清。犬、猫和马的室管膜瘤的乳头型具有乳头状的血管中心，其表面被单层或多层柱状细胞覆盖，形成假花环状排列。恶性室管膜瘤的特点是发育不全，多见核分裂象，可发生坏死和局部神经侵犯。

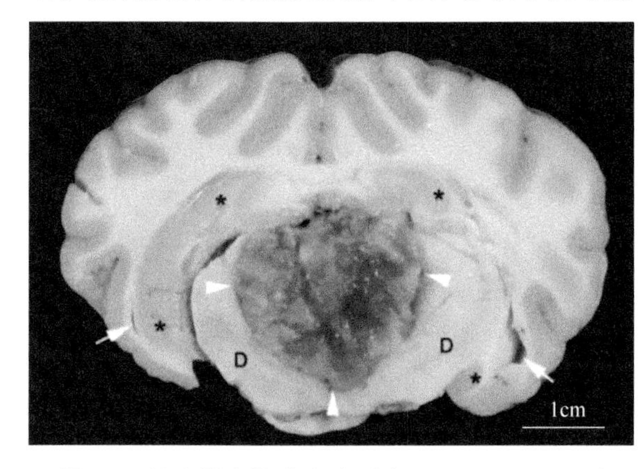


**图9-5　矮山羊室管膜瘤（1）（Kühl et al.，2020）**
肿块边界清晰（三角箭头），呈灰白色至褐色，大小2.4×2.6cm。箭头：侧脑室；星号：海马；D：间脑的冠状面

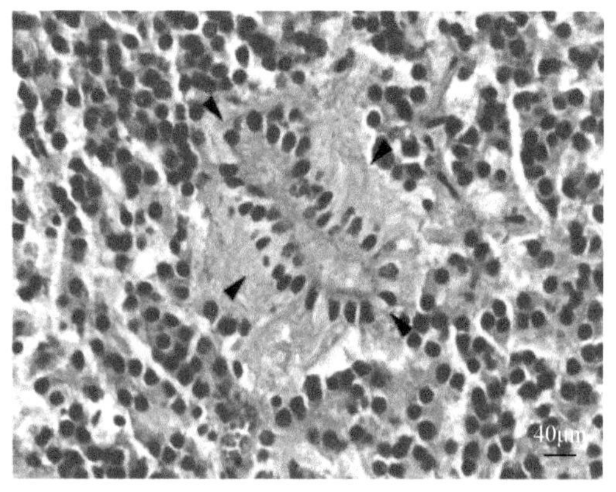


**图9-6　矮山羊室管膜瘤（2）（Kühl et al.，2020）**
肿瘤细胞排列呈片状，偶见血管周围假菊形团结构（三角箭头），肿瘤细胞大小均匀，圆形至椭圆形，胞质均匀，中等嗜酸性，细胞边界模糊

**病理诊断**　室管膜瘤的乳头型和间变性脉络丛肿瘤的鉴别仅仅通过HE染色的方法很难区别。通过免疫组化检测，室管膜瘤中GFAP阳性和细胞角蛋白免疫染色阴性是最可靠的

诊断标准。分化良好的室管膜瘤具有均匀和一致的胞质GFAP免疫反应性（图9-7），波形蛋白也表达均匀，而细胞角蛋白染色为阴性。幼犬脊柱胸腰段肿瘤常被误诊为室管膜瘤，室管膜瘤也可与神经母细胞瘤相混淆，但后者具有神经母细胞（菊形团）花环，神经母细胞瘤也可能呈神经元特异性细胞标志物阳性。

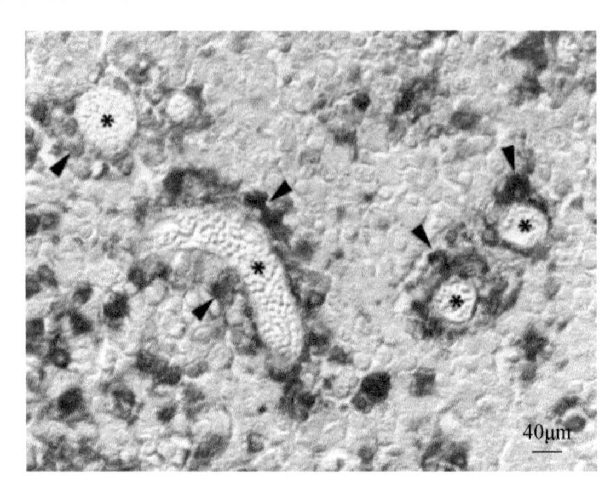


**图9-7　矮山羊室管膜瘤（3）（Kühl et al.，2020）**

肿瘤细胞GFAP染色呈阳性（三角箭头），并且围绕在血管（星号）周围形成花环状的结构

## 四、脉络丛乳头状瘤和癌

脉络丛乳头状瘤（choroid plexus papilloma）和脉络丛乳头状癌（choroid plexus carcinoma）发生在脑室内，起源于脉络管上皮。脉络丛肿瘤的发生率约占所有原发性中枢神经系统肿瘤的10%，主要发生在犬，在猫、马和牛中少见。该肿瘤可发生于1～13岁的犬，并且大部分发生在中年犬，平均发病年龄在6周岁。雄性犬发生的几率要高于雌性，无品种的偏好性。肿瘤起源于脉络丛上皮，原发肿块通常见于侧脑室、第三和第四脑室或侧脑室孔；除了局部压迫外，这些肿瘤还可能导致脑梗死或脑脊液过多而引起脑积水。

**大体病变**　脉络丛乳头状瘤界限清楚，无包膜，呈灰白色或红色的颗粒状或菜花样肿块，位于脑室内或起源于第四脑室从而延伸至脑桥小脑角。丛状癌（plexus carcinoma）可从原发灶或转移灶周围的神经纤维网侵入到邻近的室管膜，在犬中，丛状癌的广泛转移可能通过脑脊液途径传播，尤其是从大脑的原发部位转移到脊髓中。

**组织学病变**　大部分的脉络丛肿瘤是乳头状瘤，其典型特征是呈树枝状的分枝，具有单层立方形或柱状细胞覆盖着脑膜来源的纤维血管基质（图9-8）。肿瘤实质可见水肿、出血、部分组织坏死和矿化，有丝分裂少见。脉络丛乳头状癌罕见，它与乳头状瘤的区别在于乳头状的排列结构明显减少（图9-9），肿瘤细胞呈多形性、核异型性、多见有丝分裂和脑脊液途径的局部浸润。脉络丛乳头状瘤形成细胞筏，其间均匀地散布着单个细胞。细胞具有丰富的细胞质，核圆形，也可以排列在血管核心周围形成乳头状。

**病理诊断**　脉络丛乳头状瘤很容易通过组织学诊断，但是间变性脉络丛乳头状癌和乳头型室管膜瘤之间容易混淆。脉络丛肿瘤上皮最可靠的免疫组织化学标记物是细胞角蛋白。此外，脉络丛肿瘤具有GFAP阴性的胶原基质，而室管膜瘤有均匀的呈GFAP阳性的胶质基质。因此，细胞角蛋白和GFAP是鉴别二者的可靠标志。

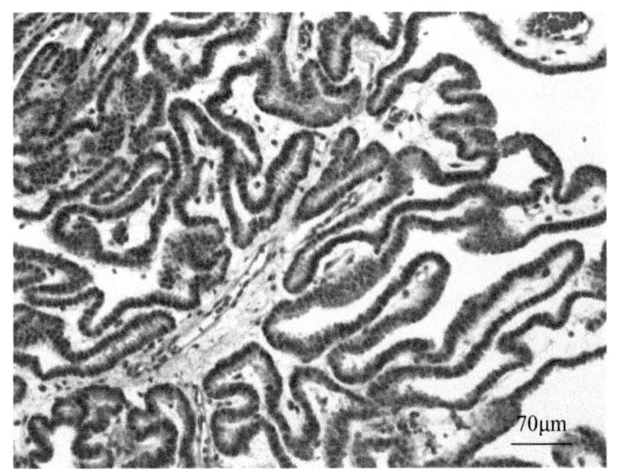


图 9-8　犬脑脉络丛乳头状瘤
（Westworth et al.，2010）
与正常的脉络丛结构类似，肿瘤细胞排列呈乳头状（Ⅰ级）

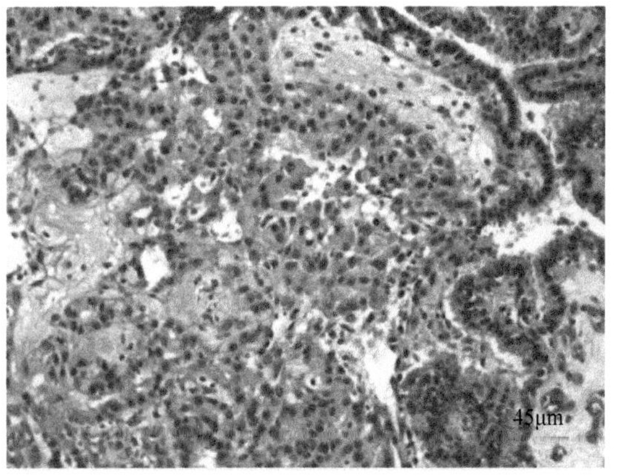


图 9-9　犬脑脉络丛乳头状癌
（Westworth et al.，2010）
乳头状的排列形式减少，大部分的肿瘤细胞排列呈片状的结构（Ⅲ级）

## 五、神经节细胞瘤

神经节细胞瘤（gangliocytoma）较罕见，在犬中有报道，发生在小脑。

**大体病变**　神经节细胞瘤呈实性，柔软，灰白色的肿块取代了小脑的一部分，根据肿瘤的大小不同，邻近的小脑结构和第四脑室可能受到压迫。

**组织学病变**　神经节细胞瘤的特征是由类似成熟锥体细胞的大细胞组成几乎单一的细胞群，细胞质呈均匀的嗜酸性红染或呈空泡状，细胞核较大，呈圆形或卵圆形（图 9-10），包含一个或两个突出的核仁，有些肿瘤细胞可能是双核或多核的，核分裂象少见。

**病理诊断**　肿瘤细胞通常与一种或多种神经元标记物发生反应，如突触生长蛋白、神经丝蛋白（图 9-11）和神经元特异性烯醇化酶（NSE）。

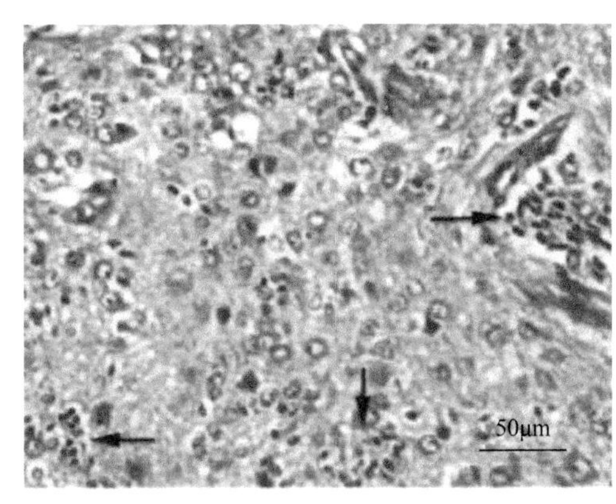


图 9-10　犬大脑神经节细胞瘤（1）
（Kuwamura et al.，2004）
肿瘤细胞包括分化良好的神经细胞和未成熟、分化较低的致密细胞团（箭头），分化较好的神经细胞体积较大，细胞质呈粉红染或空泡状，细胞核较大，呈圆形或卵圆形

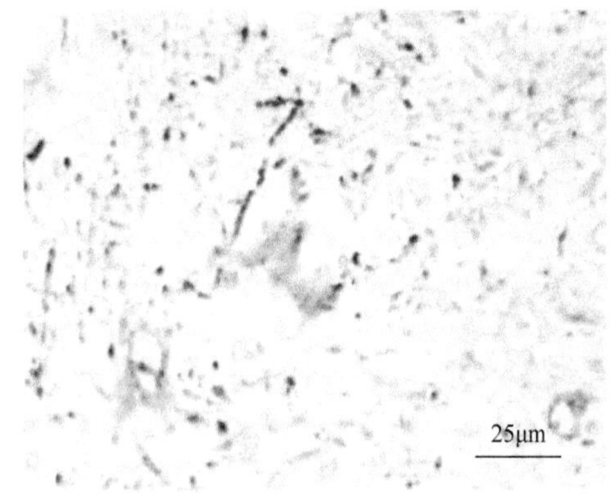


图 9-11　犬大脑神经节细胞瘤（2）
（Kuwamura et al.，2004）
肿瘤细胞进行神经丝蛋白染色呈阳性

## 六、脑膜瘤

脑膜瘤（meningioma）是犬、猫最常见的原发性神经系统肿瘤，罕见于羊、马和牛。犬的脑膜瘤随着年龄的增长而多发，大部分脑膜瘤发生在7岁以后，最早的见于16月龄，无明显的性别偏好，但是金毛寻回犬中多见。犬的脑膜瘤是独立的，界限分明，通过压迫或浸润（较少的情况下）邻近的大脑组织生长。约82%的犬脑膜瘤发生在颅内，15%发生在脊柱内，3%发生在眼球后。眼球后的脑膜瘤有的是颅内肿瘤的延伸，有的起源于视神经。犬颅内脑膜瘤经常发生在大脑镰、凸面、基部的大脑半球，鼻侧的脑膜瘤也有报道。在脊柱中，硬膜内脑膜瘤最常见于颈椎节段，常继发压迫脊髓神经或硬膜外浸润。

大部分猫脑膜瘤发生在9岁以后，并且随着年龄增长发病率增加。在猫中，单个或多个大小不一的颅内肿瘤可能导致神经功能障碍。雄性猫多发，无品种的偏好性。猫脑膜瘤通常位于侧脑室的幕上区，幕下区和脊髓的脑膜瘤少见。

**大体病变**　脑膜瘤通常与周围组织界限清楚，呈实性、分叶、颗粒状的肿块，通常有蒂与脑膜相连，少部分会形成斑块状。在犬中，脑膜瘤经常发生在嗅球区域和额叶，但也可能发生在大脑半球表面的任何区域。幕上脑膜瘤多发于凸面脑膜而多发于基底部。脑膜瘤可以附在脑干或小脑幕上。新鲜的脑膜瘤为正红色颗粒状肿块，固定之后呈灰色或者白色（图9-12）。斑块形式的肿瘤一般见于颅内基部脑膜，呈局部增厚的绒毛状。脑膜瘤也可以在脑内形成大的、囊状的、充以液体的结构。

猫颅内脑膜瘤呈球状、界限良好，猫的脑膜瘤呈实性，固定后呈灰黄色，表面呈不规则的颗粒状，大小不一。肿瘤通常生长在局部，很少侵入到实质。大多数孤立性脑膜瘤发生在大脑半球的背侧凸起处，脑膜瘤也发生在镰、颅底、第三脑室或侧脑室内。在所有患有脑膜瘤的猫中，约有20%可能同时发现体积较小的多发性肿瘤。

**组织学病变**　脑膜瘤在组织学上呈多样化，大多数肿瘤表现出一种以上的组织学亚型。

**1．脑膜上皮型**　比较常见，肿瘤细胞排列呈片状，细胞质丰富、均匀但界限不明显，细胞核呈卵圆形，有单一明显的核仁，染色质丰富，常见核内胞质外翻（图9-13）。

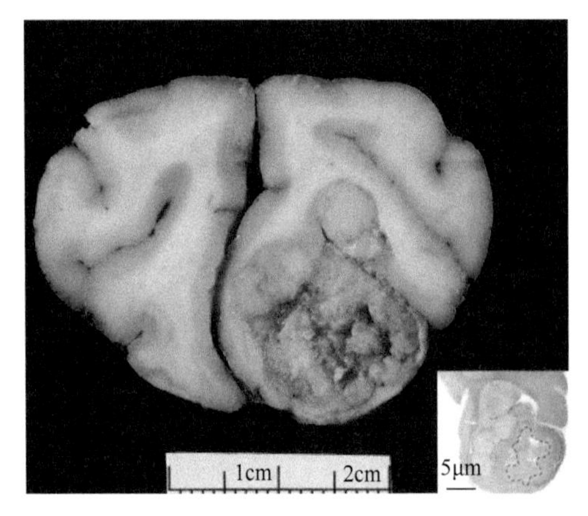


**图9-12　犬脑膜瘤（Miller et al.，2019）**

神经实质内可见较大的、多小叶的、呈白色至棕色的肿块

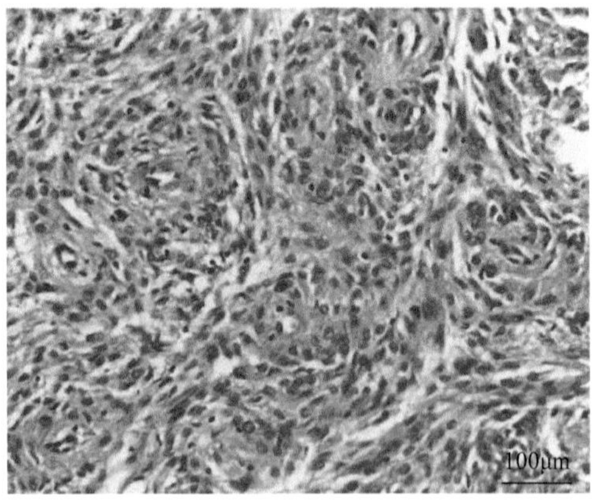


**图9-13　犬脑膜上皮型脑膜瘤（1）（Frank et al.，2020）**

肿瘤细胞排列成片状、结节状或漩涡状，细胞质丰富、均匀但界限不明显，细胞核呈圆形或卵圆形

**2. 成纤维细胞型**　肿瘤细胞呈梭形，细胞核呈细长状，细胞常形成交叉的束状或螺旋状，束间是不同密度的胶原纤维。

**3. 过渡型**　过渡型脑膜瘤是脑膜上皮型和成纤维细胞型的混合体，细胞排列呈合胞簇或同轴螺旋，形成界限清楚的小叶（图9-14），穿插于脑膜上皮细胞区，偶见透明核、坏死和矿化。

**4. 砂粒体型**　在过渡型的脑膜瘤背景下，形成明显漩涡并伴有大量砂粒体存在的一种类型（图9-15）。

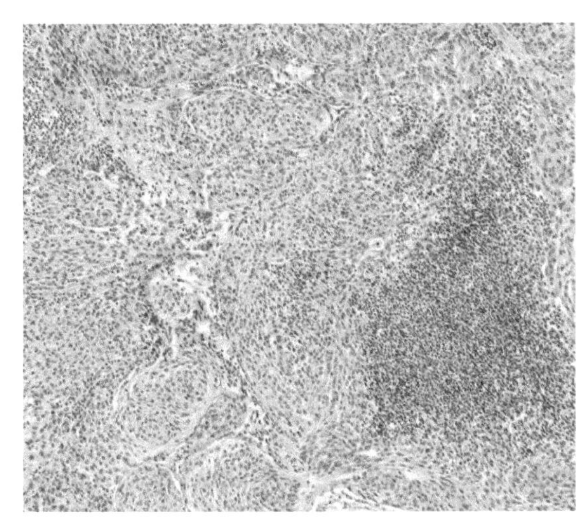

图9-14　犬过渡型脑膜瘤（Miller et al.，2019）
肿瘤细胞紧密排列呈螺旋状和簇状

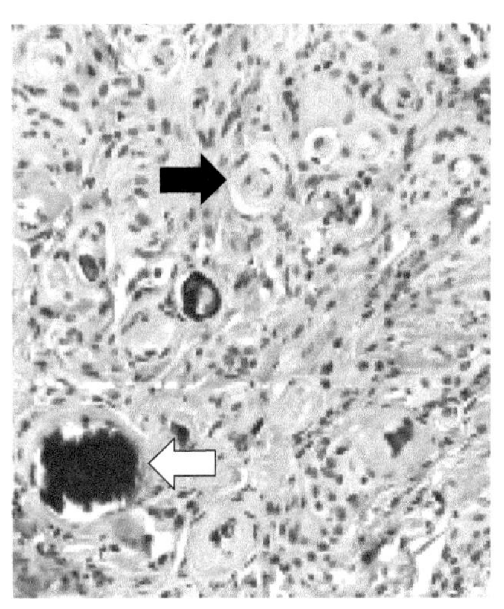

图9-15　犬砂粒体型脑膜瘤（Buerki et al.，2018）
肿瘤细胞排列呈螺旋状的结构（黑色箭头），并伴有砂粒体的存在（白色箭头）

**5. 乳头型**　脑膜上皮细胞围绕中心血管形成乳头状结构，并且脑膜上皮细胞沿着中央血管逐渐减少，最终形成一个无细胞区。常有大片的脑膜上皮细胞散布在乳头状区之间。

**6. 微囊型**　细胞呈纺锤形，有拉长的细胞核，细胞松散排列并交叉形成空的胞内包囊，有时含有蓝染的黏液样物质。

**7. 黏液型**　具有乳头状的结构，中央含有纤维管基质，圆形或梭形细胞围绕着血管呈放射状排列，圆形的细胞胞质丰富，可能含有清晰的空泡。细胞单独或成群地嵌在无定形的黏液样基质中。

**8. 血管型**　脑膜瘤实质中有很多扩张的血管，该型要与脑膜血管瘤病相区分，前者是软脑膜内的血管畸形伴随着脑膜上皮细胞沿着血管增殖（图9-16）。

**9. 非典型**　脑膜瘤可能是一种伴有邻近神经纤维侵袭的脑膜上皮型脑膜瘤，实性片状脑膜上皮细胞形成多灶性坏死，瘤内还可见中性粒细胞浸润并混有坏死的肿瘤细胞，多见核分裂象，细胞呈多形性。

在犬中，脑膜上皮型、过渡型、微囊型、砂粒体型依次递减，是最常见的几种类型，每个肿瘤都可能有T淋巴细胞或B淋巴细胞亚群的多灶性聚集，分散于整个肿瘤。软骨样的、骨质的、黏液状的和黄瘤样的组织可发生在脑膜上皮型和过渡型中。过渡型和成纤维细胞型似乎是最常见的猫亚型，猫脑膜瘤通常可见多个区域的胆固醇碎片、坏死和线性矿化。

涂片制剂可用于诊断，特别是肿瘤中存在螺旋状或砂粒体时。脑膜瘤形成特征性的细胞团块散布在血管之间，血管中度增厚，有明显的分枝和周围细胞丛呈辐射状远离血管。可见明显的嗜中性粒细胞。

**病理诊断** 脑膜上皮型和过渡型脑膜瘤亚型需要与脑膜转移性癌相区分，最好的方法是使用免疫组织化学染色检测波形蛋白和细胞角蛋白表达。脑膜瘤的各个亚型呈波形蛋白阳性表达（图9-17），一些肿瘤有可变、局部表达的低分子量或高分子量细胞角蛋白，尤其是新鲜冷冻组织。上皮膜抗原（epithelial membrane antigen，EMA）被认为是人类脑膜瘤最有用的诊断标志物，但EMA抗体在犬组织中不能被检测到。血管型脑膜瘤很罕见，但必须与脑膜血管瘤病鉴别。蝶鞍上的生殖母细胞瘤可能与脑膜上皮型脑膜瘤相混淆，但前者甲胎蛋白和胎盘碱性磷酸酶染色阳性。

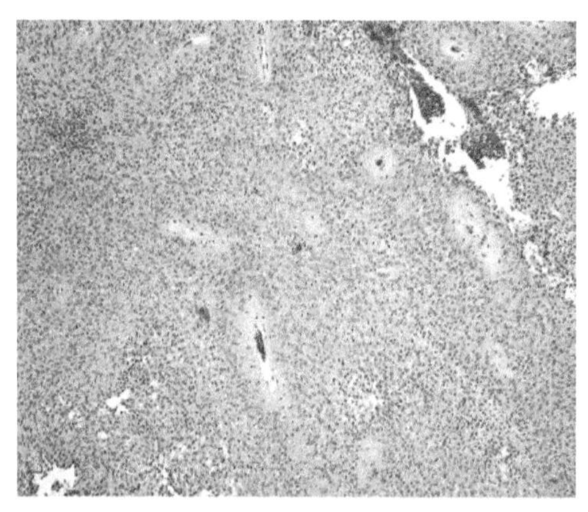

**图9-16 犬血管型脑膜瘤（Miller et al.，2019）**
密集的肿瘤细胞排列呈片状，围绕在血管周围

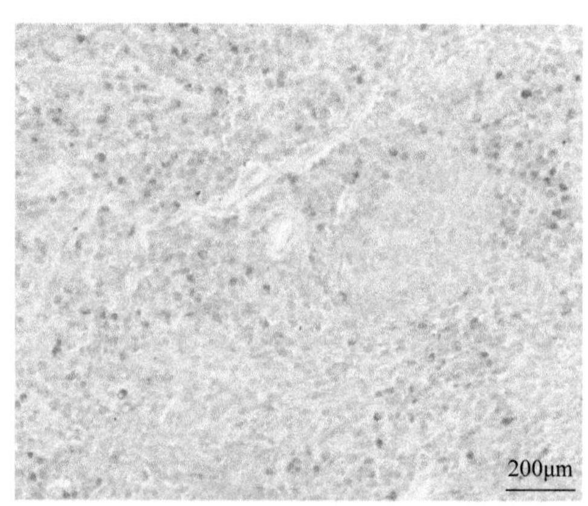


**图9-17 犬脑膜上皮型脑膜瘤（2）（Frank et al.，2020）**
肿瘤细胞波形蛋白染色呈阳性

## 七、中枢神经系统颗粒细胞瘤

中枢神经系统颗粒细胞瘤（granular cell tumor，GCT）最常见于大鼠，主要发生于脑膜和大脑，偶尔见于犬和雪貂的大脑。GCT是大鼠最常见的中枢神经系统原发性肿瘤，组织学和超微结构均表明肿瘤起源于脑膜。虽然有一例犬脑膜瘤伴随有GCT成分，但在犬中肿瘤的组织起源仍有争议，大部分的颗粒细胞瘤被认为是起源于施万细胞。在人类中，大多数中枢神经系统GCT来源于神经垂体或漏斗部的特殊垂体细胞，在一些人星形细胞瘤和少突胶质细胞瘤中也可见颗粒细胞成分。

**大体病变** 在大鼠中，肿瘤可能与脑膜和脊髓密切相关，在犬中，已报道的该肿瘤在幕上位置，固定前呈致密的颗粒状，界限较好。

**组织学病变** 肿瘤是由弥散片状的大颗粒细胞组成，肿瘤细胞呈大小不等的卵圆形至多边形，含有非常大的，突出的胞质，边缘清晰，且胞质中有大量密集堆积的嗜酸性颗粒和液泡；细胞核内核仁明显，并向细胞外周移位（图9-18）。

**病理诊断**　该肿瘤的组织学特征非常明显。肿瘤细胞胞质呈泛素（ubiquitin）阳性及波形蛋白（图9-19）、S100和α1胰凝乳蛋白酶抑制剂（α1-antichymotrypsin）阳性，但是GFAP和犬白细胞抗原始终阴性。

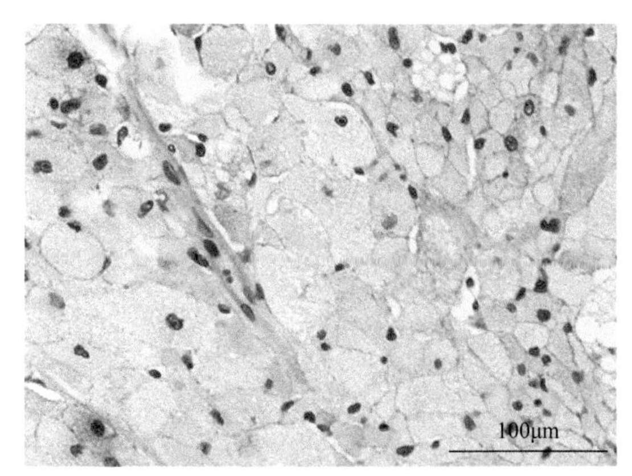


**图9-18　犬中枢神经系统颗粒细胞瘤（1）（Mishra et al.，2012）**

肿瘤细胞体积较大，呈卵圆形至多角形，细胞质界限清晰，充满大小不等的液泡，细胞核明显，通常位于细胞质一侧

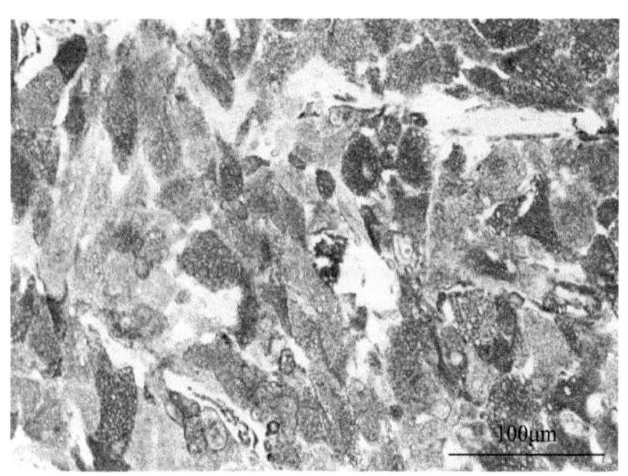


**图9-19　犬中枢神经系统颗粒细胞瘤（2）（Mishra et al.，2012）**

肿瘤细胞胞质进行波形蛋白染色呈阳性

# 第二节　外周神经系统肿瘤

## 一、神经鞘瘤

神经鞘瘤（schwannoma）多发生在平均年龄为8.3岁的老年犬，肿瘤多见于脊神经单侧，以臂丛神经的形成频率最高，腰骶神经丛较少，远端周围神经皮下部位最少。

**大体病变**　犬的神经鞘瘤表现为结节状肿块，质地很硬或很软，颜色呈白色或灰色，有光泽，表面光滑。肿瘤大多数弥散在神经内，并被神经外膜的结缔组织包囊限制。椎间孔的神经根被肿瘤侵袭后常出现局灶性哑铃状肿胀。在臂丛神经和腰骶神经丛的神经鞘瘤中，个别神经干有不同程度的融合。发生在三叉神经或前庭耳蜗神经根的神经鞘瘤可压迫脑干。猫的恶性神经鞘瘤可以局部侵袭椎体和邻近的肌肉组织，并可能发生肺转移。猫神经鞘瘤也可见于颅内前庭耳蜗神经并压迫邻近脑干。牛的神经鞘瘤呈淡黄色或灰色，坚硬，呈玻璃状，表现为单个或多个结节状或呈梭状增厚的神经束。

**组织学病变**　神经鞘瘤由密集的细胞片组成，排列成交织的束状、涡流状或同心轮状，肿瘤细胞呈卵圆形至细长的梭形，没有明显的细胞质边界，核分裂象少见（图9-20）。神经鞘瘤中很少有单个细胞脱离，通常呈密集的细胞聚集，在周围可见梭形细胞。神经鞘瘤也会发生单个或多个骨性、软骨性或黏液样分化（图9-21）。肿瘤部位附近的神经束内也常有少量的肿瘤细胞浸润，手术干预后可能导致复发。猫的神经鞘瘤具有更丰富的胶原或黏液样基质，病灶周围多见淋巴细胞浸润。牛的神经鞘瘤通常具有明显的胶原基质。

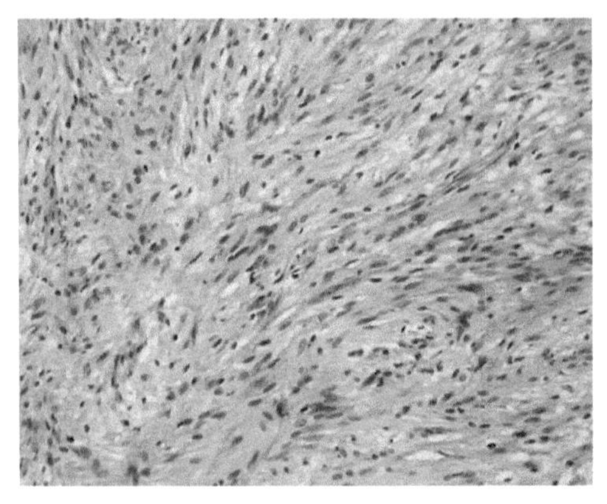

图9-20　犬肠道神经鞘瘤
（Mekras et al.，2018）
肿瘤细胞呈纺锤形，具有细长的细胞核，
排列成松散的束状或螺旋状

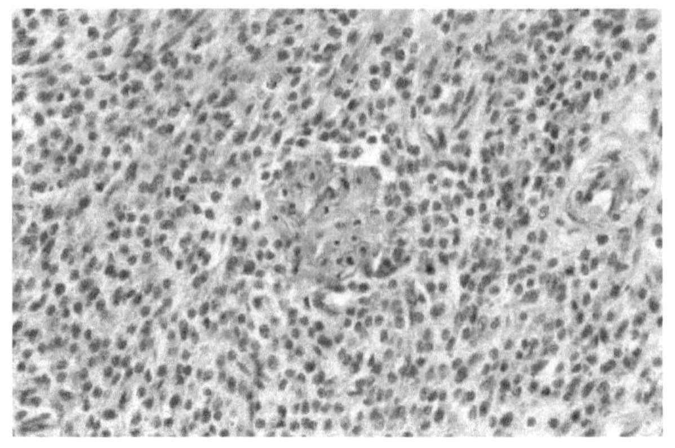

图9-21　猫肾脏恶性神经鞘瘤
（Sharif et al.，2017）
肿瘤细胞呈卵圆形或纺锤形，肿瘤实质中可见软骨成分

**病理诊断**　神经鞘瘤需要与脑膜瘤进行鉴别诊断，特别是在脊髓硬膜内/外肿瘤和皮下部位。纤维性脑膜瘤可能与施万细胞瘤相似，而形成螺纹状的移行脑膜瘤可能与神经鞘瘤相似，但是脑膜瘤呈玻连蛋白阴性。神经鞘瘤没有特异性的抗原标记，但犬和猫的神经鞘瘤有时可以用S100蛋白、GFAP、波形蛋白、Ⅳ型胶原蛋白或层粘连蛋白进行免疫组织化学染色呈阳性。

## 二、神经节瘤

神经节瘤（ganglioneuroma）是周围神经系统罕见的神经母细胞肿瘤，起源于颅神经节、脊髓神经节及自主神经系统的交感神经节。肿瘤可发生在犬、猫、猪、马和牛中，呈单发或多发性，见于颅和脊髓周围神经节、肾上腺髓质、胸膜后、腹膜后、纵隔和胃肠道部位。

**大体病变**　神经节瘤体积大，肉质，质地坚硬，呈灰色，界限不清，呈局部侵袭性。

**组织学病变**　肿瘤细胞为神经节细胞，散布在神经束和施万细胞之间，神经节细胞的成熟程度各不相同，可以单个或成簇，成熟的细胞有一个大的、偏心的、泡状的核（图9-22），含有数量不定的尼氏体，有些可能是双核的。

**病理诊断**　神经节瘤，特别是分化较差的神经节瘤需要与纤维瘤或施万细胞瘤相区分，最好通过免疫组织化学染色和超微结构证实其神经母细胞来源。神经节细胞对神经丝蛋白具有强烈的免疫阳性反应，并且呈不同程度的神经元特异性烯醇化酶（NSE）（图9-23）和突触生长蛋白阳性。

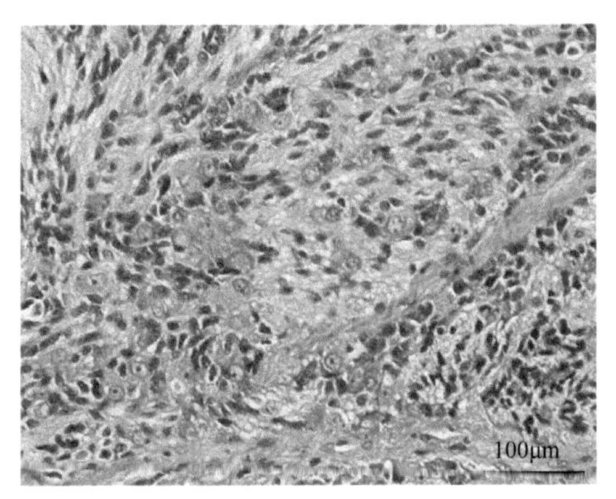


**图9-22　犬神经节瘤（1）（Sakai et al.，2011）**
肿瘤组织主要有神经节细胞和施万细胞两种细胞成分，神经节细胞体积较大，呈星星状或多边形，核大，核仁突出；大量的纺锤形的施万细胞排列呈编织状或束状围绕在神经节细胞周围

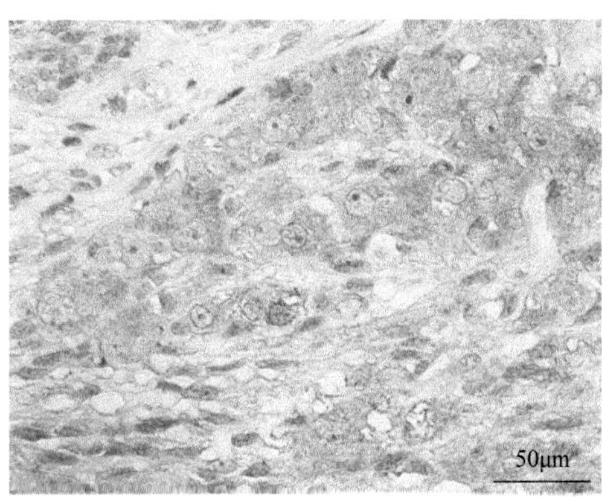


**图9-23　犬神经节瘤（2）（Sakai et al.，2011）**
神经节细胞经NSE染色呈阳性

（朱　婷）

# 第十章　内分泌系统的肿瘤

## 第一节　脑垂体肿瘤

在脑垂体发生的肿瘤中，由垂体前叶的腺细胞发生的腺瘤和拉特克囊（Rathke’s pouch）上皮残余演化而来的颅咽管瘤占多数，恶性肿瘤和转移性肿瘤极其罕见。腺瘤HE染色的形态较一致，所以根据形态不容易鉴别各种腺瘤，采用免疫组织化学法及免疫电子显微镜技术，可以鉴别出分泌激素的细胞，结合临床内分泌功能进行诊断。

### 一、垂体前叶腺瘤

根据肿瘤细胞是否分泌激素而分为机能性腺瘤和非机能性腺瘤，大部分腺瘤属于机能性腺瘤，分泌某种激素过多，相应功能亢进。

#### （一）垂体前叶机能性腺瘤

垂体前叶机能性腺瘤的瘤细胞来源于垂体前叶的促肾上腺皮质素细胞、生长激素细胞和催乳素细胞等，所以肿瘤细胞也具有分泌激素的功能，血清激素升高。由于构成肿瘤的细胞成分不同，产生的激素也不同，会表现出不同的临诊症状。在动物中，以成年到老龄犬发生率最高，偶见于猫、马及其他动物。

**1. 促肾上腺皮质激素细胞腺瘤**　促肾上腺皮质激素细胞腺瘤（corticotroph cell adenoma）曾被称为嗜碱性细胞腺瘤（basophilic adenoma），现在根据产生的激素称为促肾上腺皮质激素细胞腺瘤。

**大体病变**　由于促肾上腺皮质激素（adrenocorticotropic hormone，ACTH）分泌过多，导致患体两侧肾上腺肥大、肾上腺皮质机能亢进。发生肿瘤的犬多数出现库兴（Cushing）综合征。

**组织学病变**　肿瘤细胞呈圆形或多角形，胞质丰富，内含有嗜碱性颗粒，这些颗粒可与抗ACTH抗体和抗促黑素细胞激素（melanocyte stimulating hormone，MSH）抗体发生反应。

**2. 生长激素细胞腺瘤**　生长激素细胞腺瘤（growth hormone cell adenoma）曾被称为嗜酸性细胞腺瘤（acidophilic adenoma），现在根据产生的激素称为生长激素细胞腺瘤，大多数由嗜酸性细胞构成，少数由嫌色细胞构成。羊、犬、猫都有发生报告，患病动物血清中生长激素（growth hormone，GH）浓度升高、血清胰岛素样生长因子1（insulin-like growth factor-1，IGF-1）浓度升高，典型的病史是胰岛素抵抗型糖尿病。

**大体病变**　由于生长激素分泌过多，导致幼龄动物比同龄动物体型大得多（似人的巨人症），成年动物表现为肢端肥大症。偶尔还可以见到与释放催乳素的肿瘤的混合型。

**组织学病变**　肿瘤细胞呈圆形或多角形，细胞质内含有多少不一的嗜酸性颗粒。根据肿瘤细胞内分泌颗粒的多少，分为多颗粒型和少颗粒型。大多数肿瘤为多颗粒型，主要由嗜酸性细胞构成，胞质颗粒较多，染色质丰富，强嗜酸性（图10-1A）。少数肿瘤为少颗粒型，主要由嫌色细胞构成，胞质中颗粒少，淡染伊红，呈圆形泡状，分裂象少见，所以也往往被误诊为嫌色细胞腺瘤。生长激素细胞腺瘤免疫组化显示生长激素（GH）染色阳性反应（图10-1B）。

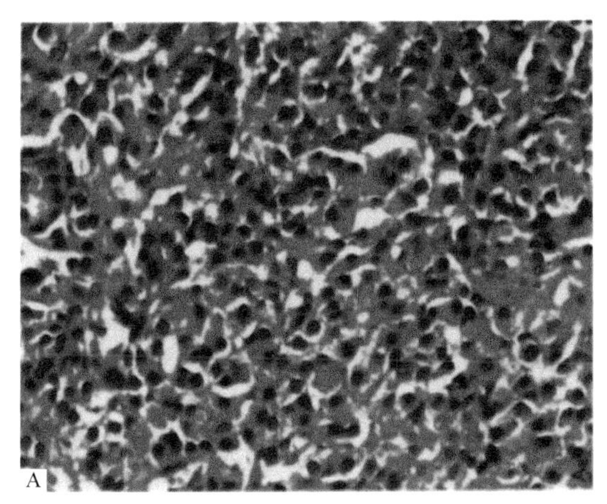


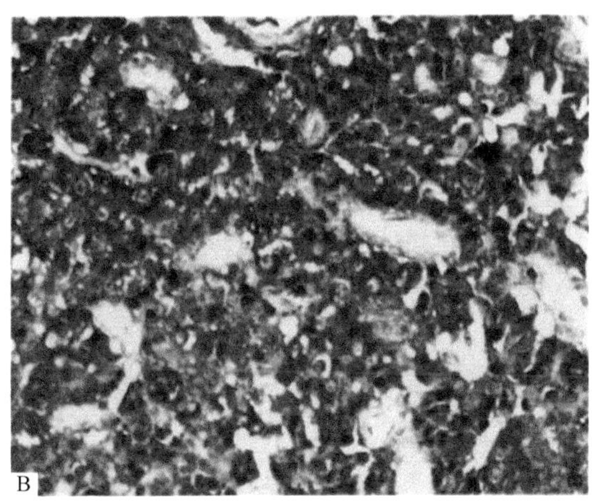


图10-1　生长激素细胞腺瘤（刘彤华，2006）
A．瘤细胞多角形，胞质丰富，强嗜酸性（HE染色）；B．胞质GH强阳性（免疫组化）

3．**催乳素细胞腺瘤**　催乳素细胞腺瘤（prolactin cell adenoma）是由嫌色细胞发生的腺瘤，以往被分类为机能性嫌色细胞腺瘤，现在根据产生催乳素称催乳素细胞腺瘤。临诊检验可见高催乳素血症，雌性动物出现乳汁分泌综合征，往往不发情；雄性出现性机能低下。

**大体病变**　患瘤动物的脑垂体肿大，但其机能障碍的发生及严重性通常与肿瘤的大小无关，这是因为小的机能性腺瘤与大的机能性腺瘤具有同样的内分泌活性。较大的腺瘤常牢固地贴附于蝶鞍基部，蝶骨虽不见糜烂，但由于蝶鞍隔不完全，致使逐渐增大的肿块向背侧扩展，并陷入到漏斗腔，导致漏斗隐窝和第三脑室扩张乃至受挤压，最终取代下丘脑和丘脑。较大的肿瘤常有包膜，质地柔软，呈灰白色、粉红色到棕红色。切面坚实，常见出血、坏死、钙盐沉积和液化。

**组织学病变**　肿瘤由分化良好的分泌细胞和结缔组织构成，结缔组织将分泌细胞分割为岛屿状。按肿瘤细胞的排列可分为窦状型和弥漫型。窦状型的肿瘤细胞常被含有毛细血管或小静脉的细而不完全的结缔组织分隔成大小、形态不一的细胞巢，似岛屿状。此型腺瘤比弥漫型腺瘤有较多的血管，有的区域血管扩张形成血窦，血窦边缘衬覆瘤细胞。当肿瘤细胞沿结缔组织分隔或沿窦状隙呈栅状排列时，肿瘤细胞则较长，具有卵圆形或梭形细胞核。弥漫型腺瘤缺乏此种特征性排列，肿瘤细胞多呈片状或团块状，血管少而小，结缔组织基质亦稀少。

另外，垂体前叶机能性腺瘤还有促甲状腺细胞腺瘤、促性腺细胞腺瘤、多激素垂体腺瘤等。

### （二）垂体前叶非机能性腺瘤

垂体前叶非机能性腺瘤也被称为嫌色细胞腺瘤，不分泌激素。该腺瘤常发生于犬、猫、马、大鼠，其他动物罕见，无品种和性别差异，发生率有随年龄增加而增加的倾向。虽然此型肿瘤无内分泌活性，但可以使脑垂体及周边组织受压迫而萎缩，并扩展到大脑，从而导致明显的垂体机能障碍和神经障碍。

**大体病变** 垂体前叶非机能性腺瘤，在呈现明显的临诊症状之前，常可达相当大。增生的肿瘤细胞仍保留腺垂体和漏斗柄结构，肿瘤牢固地位于蝶鞍基部，蝶骨却不见糜烂。由于犬和猫的蝶鞍隔不完全，呈进行性增大的腺瘤易于向背侧扩展，最终导致基部出现宽的缺口或向背侧扩展到脑部，整个垂体可能受挤压萎缩而被肿瘤取代。肿瘤可穿透丘脑突入侧脑室，导致视神经受压而失明。

**组织学病变** 肿瘤细胞呈立方形或多边形，呈弥漫性片块状排列或被纤细的结缔组织分隔成小细胞巢。肿瘤实质内有许多细小的毛细血管，应用垂体细胞学的特殊组织化学方法检测，证明肿瘤细胞缺乏特殊分泌颗粒。

## 二、垂体癌

垂体癌（pituitary carcinoma）非常少见，但偶见于老龄犬。垂体癌一般起始于垂体腺瘤，多数具有内分泌功能，可引起激素异常。少数无内分泌活性。多数垂体癌初期与良性垂体腺瘤没有区别，随着病程发展出现转移。

**组织学病变** 肿瘤细胞密集，核异型性明显，常见核分裂象，可出现出血和坏死。

**病理诊断** 出现转移是确诊的依据，可以转移到脑实质、淋巴结、脾脏和肝脏。免疫组化染色，各种垂体激素可呈阳性。

## 三、垂体中间叶腺瘤

垂体中间叶腺瘤来源于垂体中间叶细胞，多见于马，其次是犬，其他动物罕见。老龄马多发，但以老龄母马比公马多发；非短头种犬比短头种犬多发。垂体中间叶腺瘤通常无内分泌性，但与垂体机能低下和尿崩症有关。

**大体病变** 犬垂体中间叶腺瘤仅使垂体中等程度肿大，可横跨入垂体腔，导致压迫性萎缩，但通常不侵犯垂体远侧部的实质。肿瘤常与垂体前叶神经垂体合并在一起，而漏斗柄不受损伤。马的垂体中间叶腺瘤可导致垂体对称性肿大，大的肿瘤常扩展到蝶鞍外，严重压迫下丘脑，视神经也常因受肿瘤压迫而移位。切面见肿瘤呈黄色或白色的结节状，变性轻微，腺垂体被压到肿瘤包膜下缘，与萎缩的垂体远侧部之间存在明显的分界线。

**组织学病变** 马的垂体中间叶腺瘤只有部分包膜，与受挤压的前叶实质分界明显。肿瘤可分为结节型和细胞巢型，后者被含有许多毛细血管的纤细的结缔组织分隔。瘤细胞沿毛细血管和结缔组织分隔呈索状或细胞巢状排列，很少见出血、坏死，但可见吞噬含铁血黄素的巨噬细胞。瘤细胞呈柱状、梭形或多边形，细胞核卵圆形、深染，核分裂象少见。立方形瘤细胞有时可形成滤泡结构，内含浓染伊红的胶样物。有些区域梭形瘤细胞呈肉瘤景象，并在血管周围形成栅栏状，胞质淡染伊红并含有颗粒。

**超微病变** 细胞内的颗粒为有被膜的分泌小体。受压迫的垂体远侧部组织萎缩，但仍含有嗜酸性颗粒细胞和嗜碱性颗粒细胞。神经垂体常因肿瘤细胞浸润而受压迫，并被纤维性星形胶质细胞和色素颗粒细胞置换。下丘脑受挤压，胶质细胞增多，神经细胞消失。

**病理诊断**　犬垂体中间叶腺瘤是由衬覆于残余漏斗突垂体腔的上皮演化而来。瘤细胞相当小，比嫌色细胞腺瘤的定位严格。瘤细胞可以跨越残余的垂体腔，压迫垂体远侧部。肿瘤无包膜，但常由不全的致密网状层和淋巴细胞的局灶性聚集与垂体远侧部明显分界。该肿瘤的组织学所见与嫌色细胞腺瘤明显不同，即在小的嫌色细胞巢之间散布许多充满胶状物的大滤泡。滤泡中的胶状物深染伊红。滤泡间的细胞巢主要为嫌色细胞，但有的细胞则含有单纯的嗜酸性蛋白质分泌颗粒或嗜碱性黏液蛋白。在滤泡与嫌色细胞之间偶见致密的纤维结缔组织束。瘤细胞分裂象不多见，神经垂体和漏斗柄常受肿瘤组织的压迫和侵袭。垂体中间叶腺瘤PAS免疫组化染色呈阳性。

## 四、侵袭性垂体腺瘤

侵袭性垂体腺瘤（invasive pituitary adenoma）是垂体腺瘤中常见的一种类型，其特点为肿瘤侵犯蝶窦、上斜坡、鞍底骨质及硬脑膜。其发生率为6%～24%，由于侵袭性垂体腺瘤可多方向生长，可广泛侵犯周围结构，外科治疗有很大难度，很难全切肿瘤，术后易复发。

**大体病变**　侵袭性垂体腺瘤在形态学方面都具有良性垂体瘤特征，呈棕黄色，位于硬膜外，常规病理形态学很难区分非侵袭性和侵袭垂体腺瘤。肿块部分质软，内有出血、坏死，部分质硬，内见碎骨片，血供丰富。

**组织学病变**　细胞多形性、核异常、细胞不典型增生、坏死和核分裂均不能可靠判断垂体瘤属侵袭性或非侵袭性。肿瘤主要由单核细胞和多核巨细胞构成，血管丰富，多核巨细胞呈嗜碱性。

**超微病变**　瘤细胞排列紧密，细胞间无细胞连接。

## 五、颅咽管瘤

颅咽管瘤（craniopharyngioma）是由胚胎期拉特克囊（Rathke's pouch）或下垂体管的上皮残余演化来的良性肿瘤。多数人认为颅咽管瘤起源于垂体前部和中部之间的拉特克囊。拉特克囊为胚胎时期没有消失而形成的憩室样结构，多数为上皮细胞填塞，拉特克囊肿由胚胎期拉特克囊或下垂体管的上皮残余演化而来，属于良性肿瘤。少数学者认为其来源于神经上皮、内胚层或间变的垂体前部细胞。该肿瘤不显示内分泌机能，但由于压迫下垂体和视丘下部，会引起全身性内分泌腺分泌障碍和神经障碍。

**大体病变**　肿瘤位于蝶鞍上或蝶鞍下，由实性部分和囊泡部分组成，伴有钙质沉着和骨形成。

**组织学病变**　颅咽管瘤显示与齿釉质瘤相同的组织相，肿瘤的实质具有上皮组织的特征。囊壁由被有纤毛的扁平、柱状或立方上皮细胞构成。囊液中主要含蛋白质、黏多糖，可见陈旧性出血、胆固醇结晶或脱落皮屑。囊液呈清亮、黏液样或黏稠胶冻状，从乳白色、淡黄色、黄绿色、灰褐色或铁锈色、蓝色到红色等。最常见的瘤组织结构是由圆柱状或多角形细胞形成岛屿状瘤细胞巢，瘤细胞巢中央为更为疏松的星芒状细胞及细网构造，向外逐渐移行为疏松连接的扁平细胞、多角形细胞，周边的基底部为排列较紧密的圆柱状基底细胞，瘤细胞巢在间质中形成特有的分枝状。

**病理诊断**　颅咽管瘤过碘酸希夫免疫组化染色阳性。

## 六、垂体非霍奇金淋巴瘤

临床上垂体非霍奇金淋巴瘤较为罕见，症状为无明显诱因的呕吐、右眼睑下垂、复视；视力下降，以左侧为明显；出现肥胖；病情进行性加重。患病动物生命体征平稳，意识清醒，精神萎靡，双眼球运动灵敏，视野上方缺损。

**大体病变**　蝶鞍扩大，鞍底骨质变薄，鞍内可见一类圆形、低密度的混合病灶，有分层现象，鞍上池大部分闭塞。鞍区占位，哑铃形，有完整包膜。鞍区占位突出垂体窝，灰白色、质软、血管丰富。

**组织学病变**　淋巴组织增生。

**病理诊断**　垂体非霍奇金淋巴瘤免疫组化染色呈白细胞共同抗原（leukocyte common antigen，LCA）阳性，CD3强阳性，CD20强阳性，细胞角蛋白阴性。

## 七、垂体胶质细胞瘤

垂体胶质细胞瘤是由垂体胶质细胞构成的肿瘤，较罕见。临床上双侧视力进行性下降，伴有肥胖，双眼球运动正常。

**大体病变**　双侧视乳头苍白，以右侧为甚，无其他神经系统阳性体征。蝶鞍扩大，右视神经变扁平，色苍白。肿瘤呈灰红色，位于垂体部位，质地软。

**组织学病变**　由星形胶质细胞构成肿瘤团块。

# 第二节　肾上腺肿瘤

## 一、肾上腺皮质肿瘤

### （一）肾上腺皮质腺瘤

肾上腺皮质腺瘤（adrenal cortical adenoma）常见于8岁以上的老龄犬，散发于马、牛和绵羊。绝育公山羊比未绝育母山羊的发病率高，多发生于单侧肾上腺。

**大体病变**　肾上腺皮质腺瘤呈孤立性肿块，卵圆形、扁圆形或椭圆形，有完整包膜，切面桔黄色、棕色、淡黄色、金黄色、棕黄色，质软，出血、坏死较少见。肾上腺皮质腺瘤为轮廓清楚的单个结节状，结节有部分或完整的薄层纤维性结缔组织被膜包裹，多为单侧性，偶见双侧性。较大的腺瘤呈黄色至红色，使相邻的皮质和实质受挤压而萎缩，致肾上腺变形。肿瘤组织也可以扩延至髓质。较小的肾上腺皮质腺瘤，颜色较黄，脂质含量高，与正常肾上腺皮质色泽相似。

**组织学病变**　肾上腺皮质腺瘤有包膜，附着的肾上腺组织被压迫而萎缩。肿瘤由不同比例的透明细胞和致密细胞构成，瘤细胞较正常皮质细胞略大，细胞形态较一致，核小，核分裂象罕见。部分腺瘤组织中可见散在的、深染的细胞及巨细胞，核不规则，胞质嗜酸性或透明泡状，无明显核异型性，无非典型核分裂，核分裂象罕见，无包膜、窦隙、静脉侵犯，出血、坏死、粗大胶原纤维少见。瘤细胞排列呈巢团状、条索状、分叶状或小梁状，有丰富的血窦、间质少。无功能性与功能性肾上腺皮质腺瘤在形态上无明显差异，但后者可引起原发性醛固酮增多症或库兴综合征。

肾上腺皮质腺瘤由分化良好的细胞构成，与皮质部束状带和网状带的分泌细胞类似，细胞质内脂质含量较少，呈弱嗜酸性染色，常呈空泡状，瘤细胞排列于宽的小梁内，或被小血管分隔成巢状，腺瘤结节的周围被厚薄不一的纤维性结缔组织部分或全部包裹。其周边的肾上腺皮质受压迫而萎缩。瘤体内常见钙盐沉积灶、髓外造血灶及脂肪细胞集聚灶，较大的腺瘤中心可见坏死和出血区。

**病理诊断**　由于肿瘤早期即形成包膜，致使轻度受压迫的皮质环绕其周围，应与老龄犬的皮质结节性增生进行区别。皮质结节性增生为多发性小灶，发生于两侧肾上腺，结节不具备包膜，并与周围的皮质组织无明显界限。可以此进行区别。肾上腺皮质腺瘤和肾上腺皮质癌都是机能性肿瘤，能产生并分泌肾上腺皮质激素，所以多数情况下会引起对侧肾上腺萎缩。

### （二）肾上腺皮质无功能腺瘤

肾上腺皮质无功能腺瘤在左右肾上腺发生机会均等，肿瘤包膜完整。

瘤细胞为肾上腺皮质的透明细胞及致密细胞，排列成巢状、丛状或索状。间质由富于毛细血管的纤维条索所分隔。

### （三）肾上腺皮质癌

肾上腺皮质癌（adrenal cortical carcinoma）的发生率很低。有时见于牛和老龄犬，其他动物罕见。该肿瘤的发生无品种和性别差异。

**大体病变**　表面结节状，数个存在，绿豆至黄豆大，切面见出血和坏死，局部结节性增生。患肾上腺皮质癌的肾上腺显著肿大，质地脆弱，多为双侧性。肿瘤呈黄色，如果伴有出血则呈红色。肿瘤组织常与受损的肾上腺混合在一起，瘤细胞常向周围组织和后腔静脉侵袭，并形成大的瘤细胞栓子，在其他脏器形成转移灶。瘤体均较大，包膜不完整，有的肿瘤与肝、肾、腹肌等器官及组织粘连，有的肺有转移灶，有的包膜尚完整。肿块呈圆形、椭圆形或不规则形，少数与周围组织界限不清，切面淡黄、棕黄、黄褐或杂色，常见出血、坏死、钙化或囊性变。牛肾上腺皮质癌的体积相当大，有时达10cm以上并伴有钙盐沉积或骨化区。

**组织学病变**　肾上腺结构可完全被破坏。不同病例或同一肿瘤的不同部位，瘤组织的结构也各不相同，可形成小梁、小叶或瘤细胞巢，有时与肾上腺髓质嗜铬细胞瘤巢相互交错组成。瘤组织常被纤维血管基质分成小群，癌细胞呈巢团状、小梁状、条索状、弥漫性、不整形腺管样或集团样排列，间以血窦分隔。肿瘤细胞呈显著异型性，细胞体积大，短梭形或不规则形，多数胞质嗜酸性。胞核深染，大小不等，可见明显核仁，可见异型核及多核，核分裂象多见，可见多核瘤巨细胞（图10-2）。间变较明显的癌细胞体积小，常呈梭形，胞质淡染伊红。间质血管丰富，癌细胞侵犯包膜和周围组织，可见包膜、窦隙、静脉侵犯，可见局灶出血、坏死、钙化，间质可见粗大胶原纤维条索。与肾上腺皮质腺瘤相比，非典型核分裂、肿瘤坏死、静脉侵犯、窦隙侵犯、包膜侵犯、粗大胶原纤维阳性率均显著。

**病理诊断**　肾上腺皮质肿瘤的形态学特征在良、恶性方面无明显界限，免疫组化无特异性标记，因此肾上腺皮质癌和肾上腺皮质腺瘤的鉴别诊断较困难。网状纤维染色，肾上

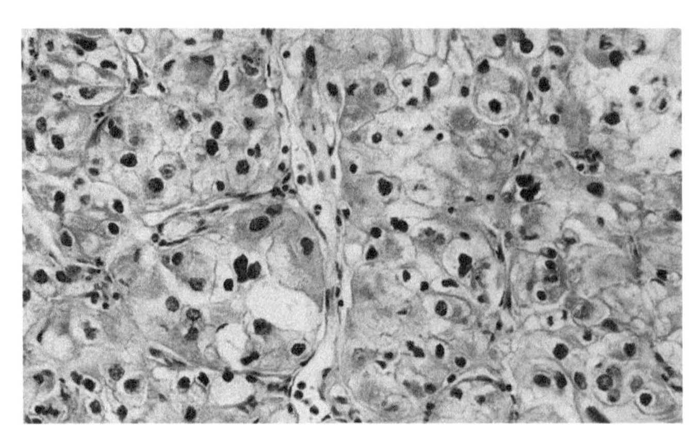

**图10-2　肾上腺皮质癌（陈怀涛，2008）**

肿瘤细胞体积大，呈多边形，多数细胞质淡染，甚至呈空泡状，
细胞异型性大，分裂象明显

腺皮质腺瘤呈完整的渔网样网状纤维支架，纤维支架厚度均匀一致，完整包绕在肾上腺皮质肿瘤细胞巢周围；肾上腺皮质癌网状纤维支架均被破坏，主要表现为断裂、塌陷、稀疏、消失、结构紊乱等几种形式，有的除网状纤维支架稀疏外，还可见网状纤维支架局灶性包绕肿瘤细胞巢，但形状不规则。两者网状纤维支架破坏率差异显著。苏丹Ⅲ染色癌细胞胞质内有大量桔红色脂滴。肾上腺皮质癌的组织相与皮质腺瘤的相似，但瘤细胞体积大而明亮，异型性强，呈多边形，核呈泡状，有1～2个核仁，可见多数双核细胞（核分裂象）；胞质丰富，淡染伊红，有时呈空泡状。

## 二、肾上腺髓质肿瘤

肾上腺髓质细胞又称嗜铬细胞，胞质中可见被铬盐染成黄褐色的嗜铬颗粒，颗粒中有肾上腺素、去甲肾上腺素。肾上腺髓质最常见的肿瘤是嗜铬细胞瘤。

### （一）嗜铬细胞瘤

嗜铬细胞瘤（pheochromocytoma）是动物肾上腺髓质最常见的肿瘤，以牛和犬最多，其他动物罕见。公牛发生嗜铬细胞瘤的同时还常伴发分泌降钙素的C细胞瘤，在同一机体内由神经外胚层起源的内分泌细胞可向多形性肿瘤转化。患嗜铬细胞瘤的动物年龄常为6岁或以上，拳师犬多发嗜铬细胞瘤。嗜铬细胞瘤可分泌儿茶酚胺激素，动物的嗜铬细胞瘤大多是没有功能性的。

**大体病变**　嗜铬细胞瘤除少数见于后腔动脉和后腔静脉外，几乎都位于动物的肾上腺，常为单侧性，双侧性少见。肿瘤大小不一，大的直径可达10cm或以上，并和受损的肾上腺混杂在一起，有时在巨大肿瘤的一端可以发现肾上腺的残余部分。较小的肿瘤周围可见有薄层肾上腺皮质环绕。大的嗜铬细胞瘤呈多叶状，由于出血和坏死，故呈淡褐色至黄红色混杂。较大的肿瘤具有薄的纤维性包膜。大的嗜铬细胞瘤可压迫并浸润后腔静脉壁，形成瘤细胞栓塞。

**组织学病变**　嗜铬细胞瘤的细胞形态多种多样，有的类似正常肾上腺髓质细胞，有的呈小立方形或多边形乃至呈多核深染的多形性大细胞。淡染伊红，有细颗粒，但由于肾上腺髓质易发生早期自溶，故常不清晰。瘤细胞常被纤细的结缔组织和毛细血管分隔为小叶。窦状隙直接衬以多边形至梭形瘤细胞，核分裂象少见。对于用甲醛溶液固定的标本，可用3.5%的重铬酸钾、10%甲醛溶液处理24h，则瘤细胞的胞质颗粒之间和颗粒本身呈现棕色。嗜铬细胞常集聚成小细胞巢，嗜铬阳性细胞常位于细胞巢外周，细胞巢内部的幼稚细胞不着染。甲醛固定的组织，用吉姆萨染色，嗜铬细胞的胞质呈深绿色，胞核蓝染；用偶氮卡红染色，胞质颗粒呈蓝紫色，胞核淡染，核仁呈红色。

**超微病变** 瘤细胞质内有被膜结构包裹的大小两种分泌颗粒，为肾上腺素和去甲肾上腺素颗粒。肾上腺素颗粒粗大，内部电子密度低，周围界膜隙狭窄。去甲肾上腺素的颗粒较小，内部电子密度高，周围界膜隙较宽。

**病理诊断** 应用重铬酸钾或碘酸盐的亨勒铬反应（Henle chromoreaction）有助于对该肿瘤的肉眼诊断，即将切取的新鲜肿瘤组织用岑克尔（Zenker）固定液固定，由于儿茶酚胺氧化，在5～20min内可形成黑褐色色素。免疫组化染色呈神经元特异性烯醇化酶（NSE）、嗜铬粒蛋白（chromogranin）、突触生长蛋白阳性。

#### （二）恶性嗜铬细胞瘤

恶性嗜铬细胞瘤（malignant pheochromocytoma）是指可浸润相邻组织或转移到远处部位（肝脏、肺脏、骨骼和局部淋巴结）的髓质肿瘤，发病率比较低。在形态学上，核深染，呈多形性，局部坏死，但只有出现转移性肿瘤才是确诊的依据。

## 第三节 甲状腺肿瘤

甲状腺肿瘤主要有上皮组织肿瘤、间叶组织肿瘤和混合瘤。甲状腺上皮组织肿瘤主要有甲状腺腺瘤和甲状腺癌，其单侧性和双侧性的发病率几乎相等，也无性别差异。该肿瘤发生于各种动物，以猫、犬、牛和马的发生率较高，患畜多为成年或老龄动物。一般无明显临诊症状，剖检时方被发现。当肿瘤体积较大时，前颈腹侧部可触摸到坚实的肿块。猫患双侧性甲状腺癌时常因左臂动脉形成瘤栓，导致前肢功能障碍。马的甲状腺瘤及甲状腺癌达相当大时，可出现消瘦、震颤、前颈腹侧部结节性肿大及眼球突出等症状，偶尔可见甲状腺癌全身性广泛转移。

### 一、甲状腺腺瘤

甲状腺腺瘤（thyroid adenoma）是由甲状腺滤泡上皮细胞发生的良性肿瘤。见于犬、猫、牛、马等各种动物。

**大体病变** 瘤体积小，呈结节状，白色至黄褐色，外有完整的结缔组织包膜，与相邻的甲状腺实质分界清楚，质地较坚实、富有弹性，呈单个有完整包膜的结节。有些甲状腺腺瘤由壁薄的囊肿组成，囊中充满黄色至红色液体，外表平滑，被膜上有丰富的血管网。有时还有小的肿瘤常存附于囊壁上并向囊腔突出，甲状腺的固有结构可完全被破坏。

**组织学病变** 根据腺瘤的组织学形态，将甲状腺腺瘤大致分为滤泡性腺瘤（follicular adenoma）和乳头状腺瘤（papillary adenoma）两种类型。

### （一）甲状腺滤泡性腺瘤

根据组织类型可细分为以下几种类型。

**1. 小梁状腺瘤** 小梁状腺瘤（trabecular adenoma）多数为单发，同周围有明显的分界。瘤细胞排列成小梁状，小梁相互交织成网，其间有壁薄的血管和水肿的纤维基质，很少形成滤泡，即使形成滤泡也很小，滤泡内无胶样物。肿瘤细胞小，多呈立方形，胞质少，淡染伊红，细胞核与正常甲状腺滤泡上皮细胞细胞核相似，分裂象极少。

**2. 小滤泡性腺瘤** 小滤泡性腺瘤（microfollicular adenoma）是由分化较好的滤泡性细胞形成的腺瘤。瘤细胞形成许多小滤泡，滤泡腔内不含或仅含少量胶样物。瘤细胞可以形成稍大的滤泡或充实性上皮细胞团或小梁，但却相当分散。瘤组织内偶见出血、变性和液化，有时形成囊肿（囊腺瘤）。

**3. 大滤泡性腺瘤** 大滤泡性腺瘤（macrofollicular adenoma）由充满胶样物而呈高度扩张的大滤泡组成。瘤细胞形成数个大滤泡，如果腺瘤中滤泡的大小和形状与正常甲状腺的有些相似，可称为单纯性腺瘤（simple adenoma）。滤泡衬覆扁平上皮细胞，常见广泛的出血和滤泡上皮细胞脱落。

**4. 囊性腺瘤** 囊性腺瘤（cystic adenoma）由小梁状腺瘤、小滤泡性腺瘤、大滤泡性腺瘤发生进行性囊性变而形成，有一个或两个大囊腔，囊腔内充满蛋白质液体、坏死碎屑物与红细胞。有时瘤细胞聚集在致密结缔组织包膜上，形成滤泡或实性细胞巢。

**5. 嗜酸性细胞腺瘤** 嗜酸性细胞腺瘤（acidophilic adenoma）也称许特莱细胞腺瘤（Hurthle cell adenoma），在上述滤泡性腺瘤中，如果全部或大部分腺瘤细胞为含有嗜酸性颗粒的大细胞，则称为嗜酸性细胞腺瘤。瘤细胞大，呈多边形，胞质丰富，内充满嗜酸性颗粒。细胞核常呈空泡状，有时呈大而深染的畸形核，核的大小、形态颇不一致，核仁不明显。瘤细胞呈实性团块状、条索状或小滤泡状排列，小滤泡不含或含少量胶样物，间质较少。

### （二）甲状腺乳头状腺瘤

动物中甲状腺乳头状腺瘤很少见，是一种由甲状腺滤泡上皮细胞发生的良性肿瘤，多为单发。由于多形成大小不一的囊腔，故又称为乳头状囊腺瘤。

柱状或立方形滤泡细胞从囊泡壁向滤泡腔内呈乳头状增生。瘤细胞形态近似正常，胞质淡染，核圆形，无间变，很少或无分裂象。滤泡腔内含有胶质、脱落的肿瘤细胞、红细胞等，偶见类似砂瘤小体（psammoma body）的层状钙盐沉积灶。在非囊腔部分，有许多微细的乳头呈绒毛状。有时伴发出血、坏死及纤维化。乳头增生显著，有时难以与甲状腺癌区别。

## 二、甲状腺癌

甲状腺癌（thyroid carcinoma）是由滤泡上皮细胞发生的恶性肿瘤。由于向周围组织浸润，会出现压迫症状。往往在肿瘤尚未被发现时就已转移到了附近的淋巴结，还可以经血行转移到肺、骨及全身其他部位。犬的发生率最高，其他动物罕见。犬甲状腺癌大多甲状腺机能正常，血清甲状腺素浓度正常。

甲状腺癌多为实性肿块。呈灰白色、淡粉红色或红褐色，胶样含量少，有的癌灶被包膜完全包裹，有的不完全包裹，有的未被包裹。质地较硬，常浸润周围组织，伴有出血、坏死、钙化及囊性变。乳头状腺癌可形成囊腔，常见乳头状突起。动物中，犬的甲状腺癌大多数属于实性癌和实性滤泡性癌，人和猫以乳头状腺癌最常见，但犬则少见。切面均呈灰白色，有灰白色放射状瘢痕样，质地中等，部分较脆。

根据甲状腺癌组织的生长特性和分化程度可分为滤泡性腺癌（follicular adenocarcinoma）、乳头状腺癌（papillary adenocarcinoma）、髓样癌（medullary carcinoma）及未分化癌（undifferentiated carcinoma）等类型。

### （一）甲状腺滤泡性腺癌

**大体病变**　滤泡性腺癌多形成界限清楚、灰白色至红褐色的单发性结节性肿块，往往向周围组织浸润。虽然浸润比较缓慢，但有时引起向淋巴结、肺和骨转移。肿块多为单个结节，大小不一，具有完整包膜或部分包膜，包膜外血管丰富，切面呈浅棕色或灰色，质软，常伴出血、坏死及钙化。

**组织学病变**　滤泡性腺癌由不同分化程度的滤泡构成，癌滤泡较正常的小，含有较丰富的类胶质。瘤细胞排列成滤泡结构，无乳头形成和无毛玻璃样细胞核。分化差的癌细胞排列成实体性梁索状，较少形成滤泡，可呈筛状或小滤泡结构。

滤泡间有不等的纤维组织间质，癌细胞呈不同程度间变，圆形或矮立方形，核较正常滤泡上皮大，但较乳头状癌小，深染，染色质丰富而粗细不均，核大小形状一致，核分裂象较少见。

**病理诊断**　肿瘤由实性癌细胞巢或由大小形态不规则的滤泡构成。甲状腺滤泡性腺癌的组织学病变以包膜、血管的侵犯及转移作为诊断依据。

免疫组化染色呈甲状腺球蛋白（thyroglobulin）阳性，降钙素（calcitonin）阴性。

### （二）甲状腺乳头状腺癌

甲状腺乳头状腺癌常见于人类，动物少见，呈单发性或多发性。犬、猫患该型甲状腺癌时常见癌细胞侵犯包膜、邻近组织和血管，在甲状腺附近的淋巴结和肺脏形成转移癌。

**组织学病变**　乳头状腺癌常见滤泡，滤泡大小不等、形状不同，内含深染的类胶质。滤泡上皮细胞呈乳头状及树枝状增生，并突入囊腔，乳头表面被覆单层或复层柱状上皮，乳头内部有纤维血管支架。乳头状腺癌常伴有丰富的结缔组织间质。

癌细胞有异型性，细胞核圆形或卵圆形，核染色质较少、微细颗粒状，核淡染，局灶透明，呈毛玻璃样。细胞核密集，常见核相互重叠，核膜折叠形成核沟。有些细胞可见核内假包涵体。胞质丰富，一些细胞可见胞质黏液空泡。

**病理诊断**　在乳头轴心、纤维间质或肿瘤细胞内，常由于钙质沉着而形成砂粒体（图10-3），砂粒体为层状钙化结构，对甲状腺乳头状腺癌具有证病性。

免疫组化染色呈thyroglobulin阳性，calcitonin阴性。

### （三）甲状腺髓样癌

髓样癌也称C细胞癌（C cell carcinoma），是由甲状腺滤泡旁细胞（C细胞）发生的实性癌，较罕见。动物中曾报道于犬、公牛及某些品系的大鼠。

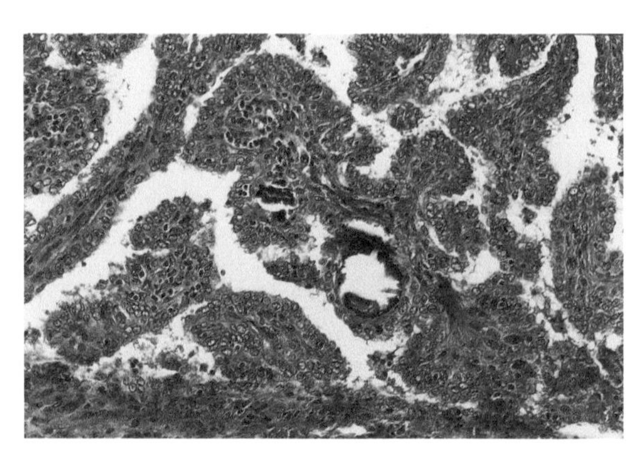

图10-3 甲状腺乳头状腺癌（Fletcher，2009）
分枝状乳头有纤维血管轴心，可见砂粒体

**大体病变** 肿瘤呈结节状，大小不一，切面灰白色至黄褐色，境界较清楚，无完整包膜，质地坚实。

**组织学病变** 癌细胞呈圆形、椭圆形、立方形、梭形及多边形。胞质少，略嗜伊红，胞核大小、形态较一致，核深染，分裂象罕见。癌细胞形成实性片状、实性癌细胞巢，周围有丰富的间质分隔，间质内有淀粉样物质沉着，这是髓样癌的一个特点。电镜观察，癌细胞的胞质内有类似正常甲状腺滤泡旁细胞的分泌颗粒，有时胞质内也可见到淀粉样物，表明间质内的淀粉样物质是由癌细胞产生和分泌的。

**病理诊断** 癌细胞可产生降钙素，表明其来源于甲状腺C细胞。

免疫组化染色呈calcitonin阳性，thyroglobulin阴性。

### （四）甲状腺未分化癌

未分化癌也称为间变癌（anaplastic carcinoma），是一组高度恶性的肿瘤，癌细胞缺乏特征性排列方式，生长快，往往迅速侵占甲状腺，并蔓延到周围组织，形成巨大肿块，引起吞咽困难、呼吸障碍，并可广泛转移，预后差。动物中很少见。

癌细胞分化不良，核分裂象多见，可见梭形细胞、多核巨细胞、小细胞等，多呈不规则的片状、块状增殖，可找到分化较好的滤泡性腺癌或乳头状腺癌成分。

### （五）甲状腺鳞状细胞癌

甲状腺原发性鳞状细胞癌很少见。癌灶大小不一，实性，无完整包膜，与周围组织分界不清，切面灰白色，质硬。

甲状腺鳞状细胞癌的组织学结构和其他部位发生的鳞状细胞癌没有区别，癌细胞具有细胞间桥，并可形成角质。

鳞状细胞癌与鳞状细胞化生灶不应混淆。在滤泡性腺癌、乳头状腺癌及未分化癌的瘤组织中常见有鳞状细胞化生灶，不能称为鳞状细胞癌，但鳞状细胞化生灶可转化为鳞状细胞癌。

## 三、甲状腺间叶性肿瘤

甲状腺的间叶性肿瘤只报道于犬，患犬的平均年龄和患癌症的病犬平均年龄相同。其中良性肿瘤有软骨瘤，恶性肿瘤有纤维肉瘤、骨肉瘤、软骨肉瘤及其他肉瘤。骨肉瘤和软骨肉瘤比纯细胞肉瘤更为普遍，发生率无性别和品种差异。

各种肿瘤的形态结构和其他部位同种肿瘤类似。

## 第四节　甲状旁腺肿瘤

动物甲状旁腺肿瘤是由甲状旁腺主细胞异常增殖形成的，有腺瘤和腺癌，甲状旁腺腺瘤偶见于老龄犬，甲状旁腺腺癌在动物中极其罕见。各种动物甲状旁腺肿瘤的发生率都很低。

肿瘤细胞具有分泌甲状旁腺激素的功能，所以患畜常表现出原发性甲状旁腺机能亢进。

### 一、甲状旁腺腺瘤

甲状旁腺腺瘤（parathyroid adenoma）可以单独发生，也可以成为多种内分泌腺腺瘤的一部分。甲状旁腺腺瘤可以引起患畜原发性甲状旁腺机能亢进，导致患畜长期血钙升高。

**大体病变**　甲状腺常单侧肿大，肿瘤位于颈部甲状腺附近，偶见靠近心基部的胸腔内。腺瘤呈圆形、椭圆形或结节状，瘤体界限清楚，肿瘤体积大小不一，表面光滑，具有完整的包膜，质地柔软、有弹性。切面呈棕红、棕褐，为椭圆形或豆状的红棕色单个结节，质地比正常腺体硬。

**组织学病变**　肿瘤实质主要由主细胞构成，瘤细胞排列成巢状、条索状、片状或腺泡样结构，其间散在少量体积较大、胞质红染的嗜酸性细胞（oxyphil cell）和过渡型嗜酸性细胞，常由这几种细胞混合组成。腺瘤的细胞核通常比周围正常甲状旁腺细胞的核大，可见巨核细胞，异型性明显。大部分病例可见到核分裂象，但无病理性核分裂，而甲状旁腺增生时一般无核的异型性。

嗜酸性细胞具有亮红色颗粒状胞质，是由主细胞演化而来的功能较主细胞强的细胞。

肿瘤中可掺杂少量水样透明细胞（water-clear cell），水样透明细胞的细胞体大，胞膜清楚，胞质透明，核小而固缩，常位于细胞的基底部，它可能是肥大的主细胞。

腺瘤有薄的结缔组织包膜，其周围常见残留的甲状旁腺组织。

**超微病变**　在以主细胞为主的腺瘤细胞胞质内可见到非常发达的粗面内质网，有时呈同心圆状排列，形成指纹样构造，不少病例还可见到其形成环状、板层状乃至形成环状-板层复合体。高尔基体也很发达，多数可见到分泌颗粒。

**病理诊断**　瘤细胞的胞质中所出现的正常主细胞内见不到的呈指纹样或板层状结构的发达的粗面内质网，可作为判断肿瘤具有分泌激素功能的特异性病变。若有分泌颗粒，则更容易确诊。

免疫组化染色，甲状旁腺素（parathyroid hormone，PTH）呈阳性。

### 二、甲状旁腺癌

甲状旁腺癌（parathyroid carcinoma）是非常罕见的恶性肿瘤，确切病因不明，可能与放射线照射、遗传性疾病有关。

**大体病变** 甲状旁腺癌的体积通常比腺瘤要大，肿瘤形状不规则，质硬，切面呈灰白色。多数甲状旁腺癌包膜厚，包膜形成宽大的纤维间隔延伸至肿瘤内部，分割实质成不规则结节状。肿瘤多数边界不清，与周围组织粘连。

**组织学病变** 主细胞占大多数，嗜酸性细胞和过渡性嗜酸细胞非常少见。大量小圆细胞呈巢状、片状或假乳头状、滤泡样排列，囊腔内可见胶质样的粉染物，核分裂象可见，间质纤维间隔形成。肿瘤呈浸润性生长，往往侵蚀包膜、血管，侵入相邻的甲状腺和颈部肌肉，也可转移至局部淋巴结、肺、肝、骨和胸膜等部位。可见凝固性坏死、局灶钙化。细胞核的异型性明显，核仁大而明显，核分裂象常见。

**超微病变** 癌细胞胞质中有发达的以粗面内质网为主的各种细胞器和分泌颗粒，表明癌细胞具有高亢的产生与分泌激素功能。一般来说，伴有甲状旁腺机能亢进。

**病理诊断** 大多数甲状旁腺癌的诊断根据石蜡切片确定。甲状旁腺癌与腺瘤的鉴别诊断，唯一可靠的依据是肿瘤侵犯包膜、侵犯周边组织、血管浸润及远处转移。

具有分泌功能的甲状旁腺癌常导致严重的高钙血症。

## 第五节 胰岛肿瘤

胰岛分泌糖代谢调节激素，胰岛细胞发生的肿瘤，有胰岛腺瘤和胰岛细胞癌。犬、猫发生率比较多，其次为猪、牛、羊等，发病年龄一般较大。犬的胰岛细胞癌比腺瘤更常见（约90%），是人类胰岛细胞癌的良好模型。

胰岛肿瘤最常见的有腺瘤和癌，是由胰岛细胞原发的，其中多数为功能性肿瘤，具有内分泌活性，显示胰岛细胞功能。例如，β细胞瘤能合成、贮存并释放胰岛素，导致周期性低血糖和抽搐等神经症状；α细胞瘤又称胰高血糖素瘤，能合成、贮存并释放胰高血糖素，导致糖尿病。

由于所有产生激素的胰岛肿瘤细胞都显示相同的组织相，所以极难根据组织学病变做出精准诊断。用于对胰岛各种内分泌细胞进行鉴别诊断的特殊染色方法，多数情况下对肿瘤细胞的鉴别不能发挥作用。但应用电镜可以根据瘤细胞内所含颗粒的性状进行鉴别。因此，电镜检查是胰岛肿瘤重要的诊断手段。

### 一、功能性胰岛肿瘤

约85%胰岛肿瘤为功能性肿瘤，功能性胰岛肿瘤体积一般较小。多数直径为1～5cm。包膜完整或不完整，与周围组织界限清楚。切面呈粉白至暗红色。质软、均质，但如间质纤维化明显或有钙化或淀粉样物质沉着，则质地韧或硬。

瘤细胞与正常胰岛细胞相似，呈立方形、多角形或柱状，大小较一致。核圆或卵圆形，核常显不同程度的异型性，但核分裂象罕见。瘤细胞排列成：①花带状、小梁状或脑回状；②腺泡样、腺样或菊形团样；③实性细胞巢或团块；④弥漫成片。间质有丰富的薄壁血管或呈不同程度纤维化、钙化或淀粉样物质沉着。

瘤细胞有丰富和发育好的功能性细胞器（核糖体、粗面内质网和高尔基体）和神经分泌颗粒。神经分泌颗粒有界膜包绕，核心电子密度和形态不一，核心与界膜之间有宽窄不等的空晕。有些良性的胰岛肿瘤细胞可含与相应正常胰岛细胞一样的典型颗粒，但大多数肿瘤特别是恶性胰岛肿瘤的瘤细胞只含不典型颗粒。

功能性胰岛肿瘤的形态都很相似，单纯根据肿瘤的大体和光镜下形态而不结合免疫组织化学和激素测定，则很难确定其类型。

迄今为止利用免疫组织化学从形态上确诊和鉴别胰岛肿瘤是最好的技术。一些神经内分泌细胞的共同标记如嗜铬粒蛋白A（chromogranin A，CgA）、神经元特异性烯醇化酶（NSE）和突触生长蛋白均呈阳性反应，可用以鉴别胰岛肿瘤和胰腺其他肿瘤。用各种特异的抗原和胺类激素的抗体，如抗胰岛素抗体和抗胃泌素抗体等在形态上可确定胰岛肿瘤的类型。免疫组化染色时免疫反应阳性的瘤细胞的量和分布均不规则，瘤细胞的免疫反应性总是比邻近正常胰岛细胞为弱。用激素测定和免疫组化检测，约50%的功能性胰岛肿瘤为多激素分泌性，有的肿瘤可含10余种肽和胺类激素，其中胰多肽（pancreatic polypeptide，PP）是最常见的一种。多激素分泌肿瘤临床上大多数只表现一种激素所引起的症状，如含多种激素的胃泌素瘤临床主要表现为佐林格-埃利森（Zollinger-Ellison）综合征。单从形态不能确定胰岛肿瘤的良、恶性，诊断恶性胰岛肿瘤的可靠指标是转移或明显浸润周围器官。

### （一）胰岛腺瘤

胰岛腺瘤（adenoma of the pancreatic islet）是由胰岛腺细胞发生的良性肿瘤。

肿瘤呈圆形、单个或多个直径为1～3cm小结节状，黄色至暗红色，比正常的胰腺组织稍硬，常由薄层结缔组织包膜与相邻的胰腺实质分界。

腺瘤与相邻的胰腺实质境界分明，其周围环绕薄层结缔组织包膜。外分泌腺泡上皮细胞小巢常散布于胰岛细胞瘤中，肿瘤周缘尤其明显。富含毛细血管的结缔组织伸入瘤实质内，将瘤巢分隔成许多小叶或团块。瘤细胞分化良好，形似正常的胰岛上皮细胞，细胞体积较小，呈立方形、多边形或柱状，胞膜不清晰，胞质较少，淡染伊红，内有细颗粒。胞核呈圆形或椭圆形，大小较一致，核分裂象少见。偶见瘤细胞围绕毛细血管，形成腺泡样或菊花瓣团块样结构，或形成不规则的小梁或腺管样结构。间质一般较少，为纤维结缔组织和血管；有的间质较多，伴发透明变性或钙化。

瘤细胞胞质内有丰富的粗面内质网、游离的核糖体、大型线粒体及多少不等的分泌颗粒。胰岛瘤细胞的来源不同，具有不同的分泌功能，其胞质内分泌颗粒的性状也不同，根据分泌颗粒的性状，将胰岛腺瘤分为胰岛素瘤、胰高血糖素瘤、胃泌素瘤三种。

**1. 胰岛素瘤**　胰岛素瘤（insulinoma）是由胰岛β细胞发生的腺瘤，具有分泌胰岛素功能，在运动或空腹时发生低血糖等高胰岛素症状。

**组织学病变**　肿瘤区域有完整的薄层纤维结缔组织囊包围，与胰腺实质界限清晰（图10-4A）。β细胞腺瘤的瘤细胞呈索状或细胞巢状排列，细胞核大小略有不同，由少量纤维组织分隔成小巢状，与外分泌部间由被膜分隔（图10-4B）。肿瘤细胞呈立方形和柱状，分化良好，胞质有轻微的嗜酸性到嗜中性的细颗粒。

**超微病变**　瘤细胞胞质内含有40～140nm、大小与形状不一，有的像线头样物缠绕，有的呈方形结晶样分泌颗粒，分泌颗粒的内容物与界限膜之间的间隙不规则增宽，这是β细胞腺瘤的特征性之一。分泌颗粒的电子密度一般不是很高。肿瘤间质内有淀粉样物沉着，切面像淋巴结。部分肿瘤的瘤细胞含典型的β细胞分泌颗粒即颗粒含电子密度高的晶体状核心和很宽的空晕，直径300nm。另有些肿瘤的瘤细胞只含不典型分泌颗粒。

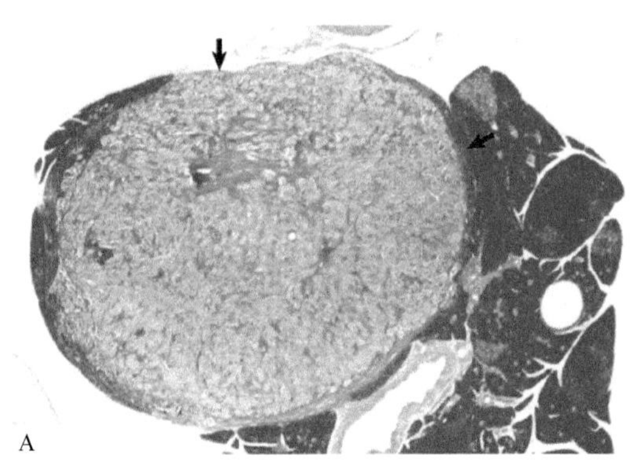
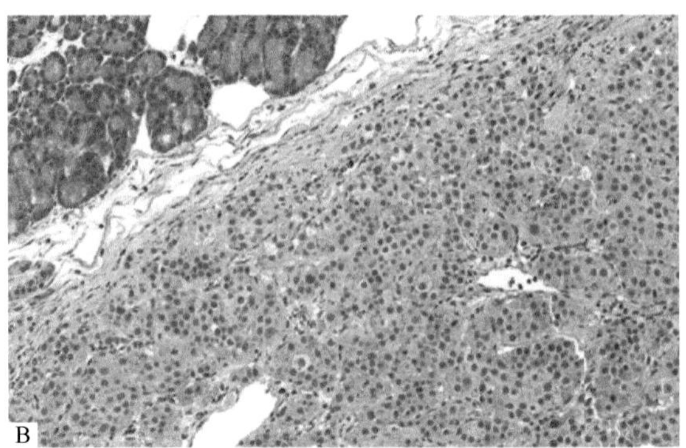

图10-4 犬胰岛素瘤（Zachary，2017）

A. 一个实性孤立的腺瘤，有薄的结缔组织包膜，压迫周围胰腺外分泌部（箭头）；B. 肿瘤组织与周围正常组织有明显的分界

**病理诊断** 应用醛品红染色，见来源于胰岛β细胞的瘤细胞胞质染成紫红色。免疫组化染色，绝大多数胰岛素瘤为抗胰岛素抗体免疫反应阳性。50%左右的胰岛素瘤除肿瘤性β细胞外还含不等量的肿瘤性α、δ（D）、PP和G细胞。

**2. 胰高血糖素瘤** 胰高血糖素瘤（glucagonoma）是由胰岛α细胞发生的罕见腺瘤，具有分泌胰高血糖素功能。

**组织学病变** α细胞腺瘤的瘤细胞呈索状排列，细胞索之间可见极少数星芒状细胞蓄积多量的半透明细胞间质即黏液样间质。采用Grimelius嗜银染色，正常α细胞呈阳性。α细胞腺瘤有的呈阳性，而多数情况下呈阴性。

**超微病变** 肿瘤细胞含有与正常α细胞类似的直径约250nm的比较大型的分泌颗粒，这些分泌颗粒与胰岛素瘤分泌的不同，颗粒内容物的电子密度高，与界限膜之间有规则的晕环。

**病理诊断** 临诊表现为由于高血糖而引起的糖尿病。有临诊症状的多为恶性。

**3. 胃泌素瘤** 胃泌素瘤（gastrinoma）可分泌具有刺激胃液分泌功能的胃泌素，引起胃液分泌过多（过酸症），导致难治性胃病、十二指肠及空肠溃疡。该肿瘤有时与其他内分泌腺肿瘤，如下垂体和肾上腺肿瘤合并发生，所以又称多发性内分泌腺瘤病。

成年动物胰脏内无分泌胃泌素的G细胞，但约80%的胃泌素瘤发生在胰内，肿瘤细胞来源尚未知。胃泌素瘤占功能性胰岛肿瘤的20%～25%，恶性率＞60%。体积小而多发，切面与胰岛素瘤相似。

**组织学病变** 瘤细胞呈丝带状或条索状增生，细胞核呈圆形或椭圆形，染色质丰富。

**超微病变** 多数肿瘤细胞含有直径约200nm的小球形分泌颗粒，颗粒的大小明显不同，颗粒中心的内容物电子密度高，与正常胰岛δ细胞的分泌颗粒类似。少数肿瘤细胞的分泌颗粒的直径200～400nm，颗粒中心的内容物电子密度比较低，与胃幽门前庭分泌胃泌素的G细胞的分泌颗粒相似。

**病理诊断** 免疫组化染色，多数肿瘤为胃泌素阳性，不少肿瘤还含其他激素如胰岛素PP、生长抑素和胰高血糖素等。

## （二）胰岛细胞癌

胰岛细胞癌（islet cell carcinoma）是由胰岛细胞发生的恶性肿瘤。

**大体病变**　癌组织呈多叶性，体积比腺瘤大，有不完整的包膜。癌细胞常侵犯相邻的胰腺实质并侵入血管、淋巴管转移到淋巴结、肠系膜、网膜，以及肝、脾等器官，形成转移癌。较大的肿瘤常有局部坏死、出血和液化。发生于胰角部位的胰岛细胞癌常导致胰腺远端实质萎缩。

**组织学病变**　癌细胞呈立方形或多边形，其大小、形态极不一致，核分裂象不常见，常被含毛细血管的结缔组织分隔成条索状、小叶状或团块状。在β细胞癌组织内常见胰腺小管。由于胰腺小管上皮可以分化成腺泡细胞和胰岛细胞，所以在间变癌中两者彼此难分。

**病理诊断**　胰岛细胞癌的体积比胰岛腺瘤大，且胰岛细胞癌呈多小叶的外观，常侵犯邻近的实质和淋巴管，以及胰腺外转移灶的形成。根据细胞学的特征很难鉴别胰岛腺瘤和胰岛细胞癌，肿瘤细胞通过包膜侵入邻近胰腺实质的组织学证据是恶性肿瘤最重要的判断标准。

### （三）生长抑素瘤

生长抑素瘤（somatostatinoma）是来源于胰岛δ细胞（D细胞）的肿瘤，较少见。

**大体病变**　大多数生长抑素瘤为恶性、单个。

**组织学病变**　由单层膜包裹，膜与内容物之间无晕环。部分肿瘤的瘤细胞含典型的胃窦G细胞颗粒和/或小肠G细胞颗粒。瘤细胞的分泌颗粒呈细颗粒状。

**超微结构**　瘤细胞分泌颗粒的形态特征是直径200～400nm，大小明显不同，多为直径约200nm的细颗粒状小圆球形，颗粒中心的内容物有的电子密度高、有的电子密度比较低，分泌颗粒形态与D细胞颗粒相似，直径250nm。

**病理诊断**　免疫组化染色，抗生长抑素抗体阳性，部分肿瘤还含其他激素如降钙素、ACTH和胃泌素释放肽（GRP）等。

## 二、非功能性胰岛细胞瘤

### （一）良性非功能性胰岛细胞瘤

**大体病变**　呈圆形或椭圆形，有的可见完整包膜，有的未见完整包膜，肿物与周围胰腺有较明确界限。剖开肿瘤，切面见坏死、出血和囊性病变，肿瘤中心部呈较大囊腔，囊壁不规则，厚薄不均，有的囊腔内可见咖啡色液体，有的囊腔内可见坏死组织，有的囊腔内有分隔，为残留的瘤组织、坏死组织及纤维组织构成。同时伴脾脏肿大，胰体尾肿胀，可见肿瘤将脾静脉包绕其中，脾静脉呈外压性狭窄。静脉壁未见瘤细胞浸润。

**组织学病变**　肿瘤细胞呈圆形或椭圆形，呈条索状及乳头状排列，间质内可见丰富的毛细血管网，包膜由纤维组织及红染无结构的组织构成，淋巴管及血管内均未见瘤栓。

### （二）恶性非功能性胰岛细胞瘤

肿物外形不规整，未见完整包膜。肿瘤周边淋巴管及血管内可见瘤栓。

（安　健，王黎霞）

# 第十一章　骨与关节的肿瘤

## 第一节　骨的肿瘤

### 一、骨肉瘤

骨肉瘤（osteosarcoma）是来自成骨细胞的一种恶性肿瘤，以形成肿瘤性骨样组织和骨质为特点。骨肉瘤常发生于中年、老年犬和猫，是犬、猫骨原发性恶性肿瘤中最常见的一种。在犬骨原发性恶性肿瘤中，骨肉瘤占80%左右，一般发生于巨型和大型品种犬，如德国牧羊犬、大丹犬、圣伯纳犬、爱尔兰赛特犬等，多发生于四肢骨，长骨的干骺端是常发部位，临床上出现疼痛、跛行、肿胀，有时发生骨折。犬的中轴骨（下颌骨、上颌骨、颅骨、肋骨、脊骨、盆骨等）的骨肉瘤比四肢骨少见。猫极少发生骨肿瘤，骨肉瘤是猫最常见的原发性骨肿瘤，占猫原发性骨恶性肿瘤的70%～80%。马、牛和绵羊的骨肉瘤也有报道，多数发生于头部。原发于骨骼外软组织的骨肉瘤很少见。

**大体病变**　骨肉瘤通常原发于骨髓腔（骨内骨肉瘤），少数骨肉瘤原发于骨表面（骨膜骨肉瘤）。骨内骨肉瘤多位于长骨的干骺端，由骨内发生，向周围扩展，逐渐侵入骨皮质和骨髓腔，破坏骨皮质而到达骨膜下，使骨膜与骨面剥离，并在表面形成分叶状的肿块。分化较好的骨肉瘤，形成多量瘤性骨样组织，质地比较坚硬，肿瘤呈淡黄色，骨皮质增厚或形成肿块。分化较差的骨肉瘤，瘤性骨质甚少或不形成瘤性骨样组织，故肿瘤质地柔软，呈灰白色或淡红色（富含血管），其中夹杂少量坚硬的骨质，往往伴发出血、坏死。骨肉瘤一方面产生瘤性骨质，另一方面又破坏原有的骨质，受累部分的骨组织溶解。后期，肿瘤常穿过骨膜蔓延到周围软组织，在软组织中形成肿块。骨肉瘤常常转移至肺、局部淋巴结，肺脏是最常转移的部位。骨膜骨肉瘤可见骨皮质溶解，肿瘤会蔓延至骨内及周围软组织。有时很难确定骨肉瘤原发于骨膜还是骨髓腔。

**组织学病变**　骨肉瘤中有异型性明显的成骨细胞和由成骨细胞产生的瘤性骨样组织或瘤性骨组织（图11-1）。瘤细胞为梭形、椭圆形、不规则形等多形态的成骨细胞，瘤细胞异型性明显，胞核肥大，形态异常，染色质丰富，核分裂象多见，胞核常偏位于胞体的一端（图11-2）。细胞体积较正常成骨细胞大，常见单核或多核的瘤巨细胞，瘤巨细胞异型性明显。组织中可能还有另一种多核巨细胞，即异物巨细胞或破骨细胞型巨细胞，但其细胞核不具有异型性。肿瘤细胞分化愈成熟，体积愈小，愈近似正常的成骨细胞。

**病理诊断**　瘤细胞有形成骨组织及骨样组织的特点，由瘤性成骨细胞直接形成异常的骨样组织及骨组织：瘤性成骨细胞产生骨基质，形成瘤性骨样组织，骨样组织钙化形成瘤性骨小梁。瘤性骨小梁形态很不规则，钙化不均匀，骨陷窝大小和排列不规则。瘤细胞散布于小梁之间，不规则排列于小梁周边或位于小梁之内，形态不规则，大小不一，具有异型性。

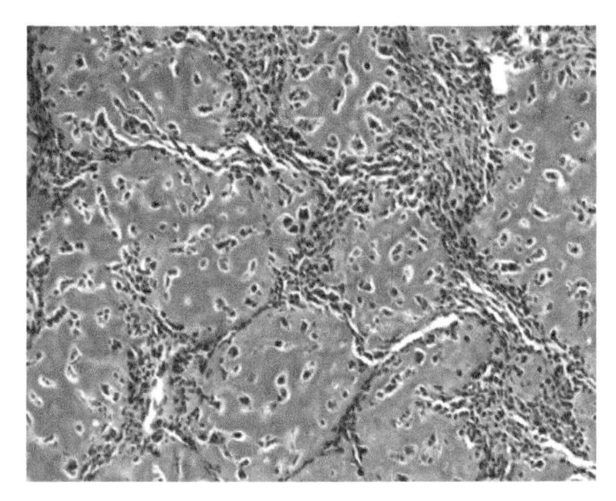

**图11-1　犬骨肉瘤（1）（Zachary，2017）**
骨样组织形成较多，骨样组织内及周围为恶性成骨细胞

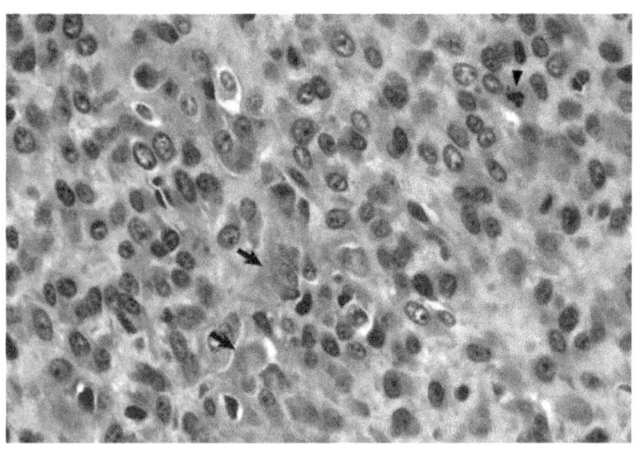

**图11-2　犬骨肉瘤（2）（Zachary，2017）**
骨样组织较少，肿瘤细胞呈现异型性，可见核分裂象（箭头）及骨样组织（三角箭头）

瘤性骨样组织或瘤性骨组织的形成是骨肉瘤最基本的形态特征，是诊断的依据。此外，骨肉瘤中还常见到软骨细胞团、软骨组织、纤维结缔组织、多量血管、出血灶、坏死灶等。组织化学染色表明，瘤组织内富有碱性磷酸酶。

诊断时应主要与软骨肉瘤、反应性新生骨、残留骨及骨巨细胞瘤相区别。在骨肉瘤中可能会出现多少不等的软骨组织，有时形成较多的软骨成分，应注意查找由肿瘤细胞直接产生的骨样组织、骨组织，这在软骨肉瘤内不会出现。反应性新生骨多在骨膜下形成，骨小梁形态规则，骨小梁周边成骨细胞成熟，形成的骨细胞成熟。残留骨是由于肿瘤破坏而残存的骨组织，骨细胞成熟，有的骨细胞坏死，骨陷窝内无骨细胞。骨肉瘤中有时出现较多的巨细胞，易误诊为骨巨细胞瘤。骨肉瘤有瘤性骨质形成，核具有明显异型性；骨巨细胞瘤一般无骨组织形成，即使偶尔形成也是良性骨组织。

## 二、软骨肉瘤

软骨肉瘤（chondrosarcoma）是由未分化的软骨细胞发生的恶性肿瘤，以形成肿瘤性软骨细胞及软骨基质为特征。软骨肉瘤多见于犬和绵羊，是犬常发的骨恶性肿瘤之一，占犬骨原发性肿瘤的5%～10%。犬多发生于扁平骨，如鼻骨、肋骨、胸骨、肩胛骨及盆骨等，也可发生于长骨骺端。绵羊多发于肋骨和胸骨。猫和马偶有发生。根据发病部位不同，可分为中央型软骨肉瘤和周围型软骨肉瘤两种。中央型软骨肉瘤从骨髓腔发生，多见于长管状骨。周围型软骨肉瘤从骨外膜发生。

**大体病变**　大多数软骨肉瘤发生于骨髓腔内。早期局限于骨内，为灰色或蓝白色、半透明的肿物。肿瘤不断增大，破坏并穿过骨皮质，向周围软组织发展，形成较大的分叶状肿块。发生于骨外膜的软骨肉瘤，肿块突出于周围软组织内，并可破坏骨皮质。软骨肉瘤常可继发黏液样变性、出血、坏死等。

**组织学病变**　肿瘤的分化程度差异很大，同一肿瘤的不同部位，形态也不一致。

分化好的软骨肉瘤与软骨瘤相似，瘤细胞较多，有轻度异型性。细胞和胞核大小、形状不一，核深染，核分裂象少见。软骨基质浓厚而均匀，形成清楚的软骨小囊，组织中常见钙化、软骨内骨化灶。

分化差的软骨肉瘤，瘤细胞多而密集，有明显异型性。核深染、分裂象多见，出现较多的双核、巨核和多核瘤巨细胞。极不分化的软骨肉瘤，肿瘤细胞类似未分化的间叶细胞，肿瘤组织似纤维肉瘤。在这些低分化的瘤细胞之间可见或多或少的分化较成熟的软骨细胞灶。软骨肉瘤的基质与一般透明软骨的基质相似，基质内也常发生黏液样变性，黏液样变性多少不等。

**病理诊断** 应注意鉴别高分化软骨肉瘤与软骨瘤。高分化软骨肉瘤有一定的异型性，有大核、双核的肿瘤细胞，一个骨陷窝内可有2个或多个细胞，肿瘤细胞数量多。有广泛骨皮质破坏及黏液样变性应考虑软骨肉瘤。软骨瘤不侵犯骨皮质，或累及骨皮质但不穿透骨皮质进入软组织。注意区分软骨肉瘤与骨肉瘤，软骨肉瘤常发生钙化、软骨内化骨等，但若有肿瘤细胞直接形成骨样组织，则应考虑为骨肉瘤。

## 三、多发性骨髓瘤

多发性骨髓瘤（multiple myeloma，MM）又称浆细胞性骨髓瘤（plasma cell myeloma），是由骨髓中的浆细胞发生的一种恶性肿瘤。骨髓瘤多数是多发性的，多处骨髓出现病变。常见于犬，多发生于椎骨、盆骨、肋骨及长骨等，偶尔见于牛、猪、马、猫等动物。肿瘤细胞一般会分泌过多的M成分（M component），即IgA或IgG免疫球蛋白、轻链或重链的单一成分或混合成分，犬的M成分常是IgA或IgG。多发性骨髓瘤以骨溶解、病理性骨折、血清M成分、高钙血症、贫血等为特征。

**大体病变** 肿瘤发生于骨髓，自骨髓腔向四周蔓延。早期肿瘤组织局限于骨髓腔。在骨的切面上，可见灰红色或灰白色较柔软的肿瘤组织充满骨髓腔。肿瘤细胞逐渐破坏骨皮质，可见骨溶解、骨折。晚期，肿瘤穿出骨膜，在周围软组织内形成结节状肿块。骨骼系统的任何部位均可出现骨髓瘤病灶，肾、肝、脾、淋巴结等器官内可形成结节状的转移性病灶，引起肝脏、脾脏、肾脏等器官肿大。

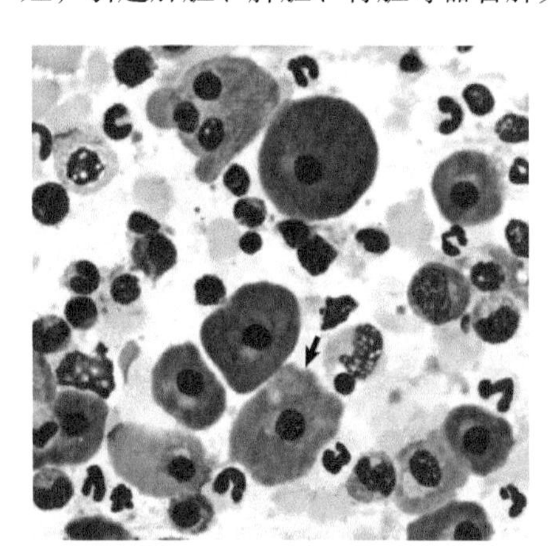

**图11-3 犬多发性骨髓瘤（Zachary，2017）**

骨髓穿刺涂片，显示许多肿瘤性浆细胞（细胞核周围有特征性的透明区），具有粉红色胞质（箭头），这是由于胞质内免疫球蛋白浓度较高所致（瑞氏染色）

**组织学病变** 肿瘤组织主要由大量形似浆细胞的瘤细胞组成，间质很少。瘤细胞是各自孤立、游离的，呈圆形或椭圆形，没有胞质突起，细胞之间网状纤维也很少，所以肿瘤细胞间很少有联系（图11-3）。

不同的肿瘤或同一肿瘤的不同部位，肿瘤细胞分化的程度不同。分化良好的肿瘤细胞与成熟的浆细胞相似，呈圆形或椭圆形，胞质丰富，胞界清楚。胞核圆形，多偏位于一端，核周围有一透明区，核染色质排列成车轮状或凝集成小斑块状。分化差的肿瘤细胞，细胞大小不一，胞质丰富，大致呈圆形，可见一定数量的体积大的浆母细胞。大多数胞核呈圆形，核大小不一，核不一定偏位，可居于胞体中央，常见双核和多核细胞，核分裂象多见，核仁明显，核染色质无车轮状排列，但可以找到典型的浆细胞样肿瘤细胞。

**病理诊断** 根据骨髓浆细胞显著增多、浆细胞的异型性、多处溶骨性病变及血液或尿液中过多的M成分等可以确诊。另外，患病动物还可出现高黏滞综合征、高球蛋白血症、高钙血症、氮质血症、出血、贫血、蛋白尿、中性粒细胞减少等变化。部分病例，肝、脾、淋巴结、肾、心脏等器官组织中有淀粉样物质沉积。这些变化都有助于多发性骨髓瘤的诊断。

诊断时注意与骨髓外浆细胞瘤（extramedullary plasmacytoma）、单发性骨浆细胞瘤（solitary osseous plasmacytoma）等相区别。骨髓外浆细胞瘤常见于皮肤及口腔，较少见于胃肠道、脾脏、肝脏、子宫等部位。发生在皮肤、口腔的浆细胞瘤几乎总是良性的，胃肠道浆细胞瘤可转移至相关淋巴结，但很少影响骨髓，也很少出现高球蛋白血症。单发性骨浆细胞瘤大部分最后都会发展为全身性多发性骨髓瘤，但需要数月至数年的时间。

## 四、骨瘤

骨瘤（osteoma）为骨的良性肿瘤。肿瘤细胞来自骨外膜或骨内膜的成骨细胞，多发生于膜内成骨的骨骼，如颅骨、颌骨、颜面骨等，生长缓慢，触诊通常无痛感。骨瘤占原发性骨肿瘤的6%左右。

**大体病变** 骨瘤外缘平整，常呈圆形、扁圆形，突出于骨的表面，其表面有骨膜覆盖。骨瘤质地极坚硬，切面可由致密骨构成，或由松质骨构成。

**组织学病变** 瘤细胞为分化良好的骨细胞，与正常骨细胞相似。多数骨瘤的外周有骨膜和一层不规则的骨板，肿瘤内部由骨小梁构成。骨小梁粗细不等，长短不一，排列紊乱，互相连接成网状。骨小梁之间为结缔组织。

## 五、软骨瘤

软骨瘤（chondroma）是骨的一种良性肿瘤，肿瘤组织的主要成分是成熟的透明软骨。动物软骨瘤很少见，有成年至老龄犬、猫和绵羊发病的报道，通常扁平骨比长骨受累居多。肿瘤细胞多起源于骨髓腔内的软骨组织，有时起源于骨外膜或骨外膜下的结缔组织。骨髓腔内发生的软骨瘤称为内生性软骨瘤，骨表面发生的软骨瘤称为骨膜软骨瘤。软骨瘤生长缓慢。

**大体病变** 内生性软骨瘤局限于骨髓腔内，充满骨髓腔，不侵犯骨皮质。骨外膜完整、光滑。肿瘤呈结节状或分叶状，质地坚实，为蓝白色透明软骨。大部分软骨瘤可见白色钙化斑点，有时有黏液样变性。

骨膜软骨瘤肿瘤大小不一，位于骨皮质外，坚实，表面覆盖纤维性包膜，切面为蓝白色至乳白色的透明软骨。肿瘤可侵蚀骨皮质，但很少穿破骨皮质侵入骨髓腔。

**组织学病变** 软骨瘤与一般透明软骨相似。瘤组织被结缔组织分隔成大小不等的小叶，小叶周边的瘤细胞小而密集，软骨基质较少。小叶中央部分的肿瘤细胞是大而且分化比较良好的软骨细胞，软骨基质丰富，可形成明显的软骨囊。小叶中央部常见黏液样变性，软骨基质发生液化。小叶边缘的软骨基质钙盐沉积，可发生骨化。

**病理诊断** 软骨瘤主要应与高分化软骨肉瘤进行鉴别。软骨瘤不侵犯骨皮质，或累及骨皮质但不穿透骨皮质进入软组织，软骨肉瘤常有广泛骨皮质破坏及黏液样变性。分化好的软骨肉瘤有一定的异型性，有大核、双核的肿瘤细胞，一个骨陷窝内可有2个或多个细胞，肿瘤细胞数量多。

## 六、多发性软骨样外生骨疣

多发性软骨样外生骨疣（multiple cartilaginous exostosis）是发生在骨表面的带有软骨帽的骨性突起，是一种良性骨肿瘤，分为单发型（骨软骨瘤）和多发型（骨软骨瘤病），发生于犬、猫等动物。过去被认为是骨骼发育缺陷而非肿瘤，近年来遗传学资料显示它是肿瘤性病变。发生于多个骨或一骨多发，主要在长骨、椎骨、肩胛骨、肋骨表面形成骨性突起，但猫长骨不会出现骨疣。犬发生在生长期，当骨骼发育成熟后病变停止生长，猫在骨骼发育成熟后才会发病。一般无临床症状，有时会影响关节活动。

**大体病变** 骨表面出现骨性肿块，呈蘑菇状或分叶状。自表面至深部可分为三层结构，即软骨膜、软骨帽和骨柄。软骨帽呈灰白色略透明。软骨帽之下为骨柄，由骨松质组成。瘤体的骨皮质及骨松质与基底骨的骨皮质及骨松质延续相通。

软骨帽类似于骺板软骨，在软骨帽与骨柄之间可见软骨内化骨。软骨帽表层的软骨细胞不成熟，愈近底部愈成熟，软骨钙化，形成骨小梁。骨柄由成熟的骨小梁组成，骨小梁之间为脂肪和造血组织。

## 七、骨巨细胞瘤

骨巨细胞瘤（giant cell tumor of bone）又称破骨细胞瘤（osteoclastoma），来源于骨髓中未分化的间叶细胞。肿瘤组织中有多核巨细胞，多核巨细胞的形态及其胞质所含的酶与破骨细胞相似，故又称破骨细胞瘤。主要发生于长骨末端，也可发生于椎骨、肋骨和掌骨。动物发生较少。

**大体病变** 骨巨细胞瘤有良性巨细胞瘤和恶性巨细胞瘤两型，两者之间没有绝对的界限，有介于两者之间呈低度恶性的肿瘤。骨巨细胞瘤好发于管状骨骨干的一端。肿瘤位于骨端，早期膨胀不明显，晚期极度膨胀。肿瘤呈灰白色，因常有出血及坏死，故呈红褐色，质软如肉。恶性巨细胞瘤常有明显的出血和坏死，在坏死、出血区可形成囊肿，囊肿内含有浆液性或血性液体。肿瘤与正常骨质之间无明显分界，骨皮质隆起变薄，骨骺端和部分骨干溶解。

**组织学病变** 肿瘤的主要成分为单核细胞和多核巨细胞。单核细胞属于未分化的间叶细胞，其形态与间叶细胞或幼稚的成纤维细胞相似，多位于肿瘤的边缘，呈梭形、圆形或卵圆形，胞核圆形或椭圆形。多核巨细胞即破骨细胞，体积很大，直径30～60μm，胞质丰富，含多个胞核，甚至十几个、几十个，胞核多聚集于胞体中央。多核巨细胞均匀分布于单核细胞之间或聚集于肿瘤中心。肿瘤间质很少，有中等量血窦，极易发生出血。

恶性巨细胞瘤：单核瘤细胞数目多而密集，大小不一，核分裂象多见，呈明显异型性。多核瘤巨细胞较少，分布不均，胞核也有异型性。

良性巨细胞瘤：单核瘤细胞分化良好，大小形态一致，很少有核分裂象。瘤细胞间无胶原纤维。瘤巨细胞数目相当多，几乎均匀散布于单核瘤细胞之间（图11-4）。

**病理诊断** 骨肉瘤中有时会出现较多的巨细胞，诊断骨巨细胞瘤时应注意进行鉴别。骨巨细胞瘤一般无骨组织形成，偶尔形成骨组织也是反应性增生，无异型性。而骨肉瘤有瘤

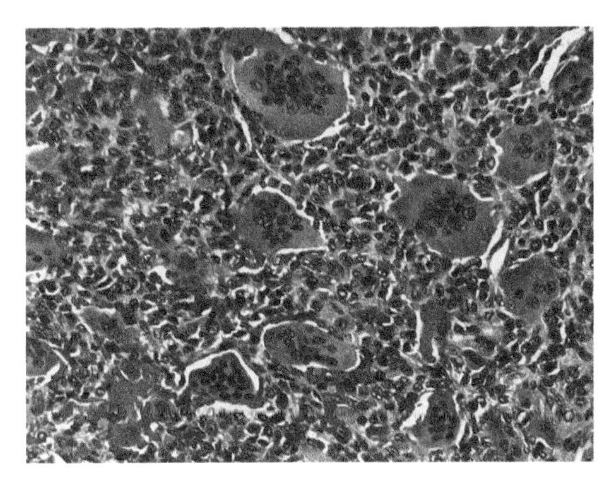

图11-4　良性巨细胞瘤（Fletcher，2009）
大量巨细胞及巨细胞周围的单核细胞

性骨质形成，且核具有明显异型性。

## 第二节　关节的肿瘤

关节内原发性肿瘤来自于滑膜，犬不常发生，其他动物也很少发生。

### 一、滑膜肉瘤

滑膜肉瘤（synovial sarcoma）又称恶性滑膜瘤（malignant synovioma），是由滑膜组织发生的恶性肿瘤。可发生于各种年龄的犬，猫和牛十分少见。发生于关节、滑液囊及腱鞘，常发生于膝关节、肘关节、肩关节，其次是腕关节、跗关节、髋关节。临床上出现跛行、关节肿胀、疼痛等症状。滑膜肉瘤有较强的转移能力，可转移至局部淋巴结和肺脏。

**大体病变**　肿瘤呈结节状，四周境界比较清楚。切面呈灰白色或灰红色，常有出血及坏死。骨骼常有病变，可出现点状骨溶解。

**组织学病变**　肿瘤组织主要由两种细胞组成：上皮样细胞和梭形细胞。瘤细胞既可分化为上皮样细胞，也可分化为梭形细胞，即“双向分化”。两种细胞都是滑膜细胞，在不同的肿瘤或同一肿瘤的不同区域，两种细胞的比例不同。有些滑膜肉瘤以上皮样细胞为主，为上皮样型滑膜肉瘤。有些滑膜肉瘤以梭形细胞为主，为纤维型滑膜肉瘤。有些滑膜肉瘤上皮样细胞和梭形细胞所占比例均等。

上皮样型滑膜肉瘤以上皮样瘤细胞为主，梭形细胞比例较小。瘤细胞呈扁平、立方形、柱状，排列成腺腔样或滑膜裂隙，与腺癌相似。腺腔内含有黏液，滑膜裂隙内含有透明液体。犬的滑膜肉瘤中上皮样细胞比较少见。

纤维型滑膜肉瘤以梭形细胞为主要成分，似纤维肉瘤。瘤细胞多为短梭形，细胞大小不一，胞质丰富，胞核深染，核分裂象较多见，有明显的异型性。瘤细胞之间有数量不等的胶原纤维和网状纤维，与纤维肉瘤相似。仔细检查，仍可见到滑膜腔样裂隙，裂隙内积有淡染的滑液。

有些滑膜肉瘤的瘤细胞极不分化，形态与原始间叶细胞相似，细胞形状不规则，大小不一致，核染色深浅不一，核分裂象较多见。瘤细胞排列成索状或片状，部分区域有形成裂隙的倾向。滑膜肉瘤中多核巨细胞少见，常见钙化或骨化小灶。

## 二、滑膜瘤

滑膜瘤（synovioma）又称腱鞘巨细胞瘤（giant cell tumor of tendon sheath）或腱鞘组织细胞瘤，属良性肿瘤，生长很慢。多发生于腱鞘及滑液囊的滑膜，关节囊的滑膜肿瘤少见。

**大体病变**　滑膜腔增大，滑膜增厚。滑膜上长满大小不一的棕色结节或细长的绒毛。切面呈淡黄白色或棕黄色，有时可见微小的滑膜裂隙。一般无出血及坏死。

**组织学病变**　肿瘤主要由多核巨细胞、成纤维细胞、吞噬含铁血黄素的巨噬细胞、吞噬类脂的泡沫状细胞，以及沉着的含铁血黄素所组成。

首先可以看到多少不等的巨细胞，故称为腱鞘巨细胞瘤。巨细胞多核，核的大小及形状很一致，常密集在一起。其次可见大量的成纤维细胞及纤维细胞，以及这些细胞产生的胶原纤维。瘤细胞排列成束或成片，形成大小不等的滑膜腔样裂隙或小囊腔，裂隙四周为滑膜细胞，呈立方形或扁平状。这是滑膜瘤的主要特点。另外，还可以看到胞质内有吞噬含铁血黄素的巨噬细胞及吞噬脂质的泡沫细胞。间质中通常有含铁血黄素沉着。

## 三、组织细胞肉瘤

组织细胞肉瘤（histiocytic sarcoma）是组织细胞来源的恶性肿瘤，来源于巨噬细胞、树突状细胞。可原发于皮肤、皮下组织、关节周围组织、脾脏、淋巴结、肺和骨髓等多种组织器官，常见于关节。组织细胞肉瘤也是犬常见的滑膜肿瘤，病犬常表现跛行，猫的组织细胞肉瘤比较罕见。

**大体病变**　肿瘤形状不规则，呈分叶状、结节状，颜色白色、黄色等。

**组织学病变**　肿瘤细胞大小不一，常常很大。核大小不一，细胞核偏心，呈圆形、卵圆形、肾形或不规则形，核分裂象多见，核仁明显，可见多核巨细胞。细胞质丰富、淡嗜碱性，可呈小空泡状。巨噬细胞来源的组织细胞肉瘤，肿瘤细胞具有吞噬能力，常见吞噬红细胞的现象及含铁血黄素沉着，肿瘤细胞吞噬脂质形成泡沫细胞。

**病理诊断**　组织细胞肉瘤与滑膜肉瘤相似，易于混淆。在被诊断为滑膜肉瘤的病例中，有一部分是组织细胞肉瘤。

（祁保民）

# 第十二章　眼和耳的肿瘤

## 第一节　眼 的 肿 瘤

各种表皮、真皮及皮下组织的良性、恶性肿瘤均可发生在眼睑，各种骨和软组织的肿瘤均可发生在眼球、眼眶。眼部肿瘤可以是原发性肿瘤也可以是转移性肿瘤。

眼部肿瘤以眼睑肿瘤多见，大多为良性，包括睑板腺瘤、黑色素细胞瘤、鳞状乳头状瘤等。恶性肿瘤包括睑板腺癌、鳞状细胞癌、基底细胞癌、恶性黑色素瘤、淋巴瘤等。老年犬以睑板腺瘤和睑板腺癌最为常见（60%）。人的眼睑良性肿瘤发病最高的分别是乳头状瘤、囊肿和血管瘤等，恶性肿瘤发病最高的分别为基底细胞癌、睑板腺癌、淋巴瘤、鳞状细胞癌和恶性黑色素瘤等。

黑色素细胞的肿瘤中最常见的是葡萄膜肿瘤，可分为黑色素细胞瘤（melanocytoma）和恶性黑色素瘤（malignant melanoma），大多数黑色素细胞的肿瘤是良性的。

眼眶可发生骨肉瘤、纤维肉瘤、鼻腺癌等肿瘤。眼眶肿瘤多发生于眼眶内，引起眼球突出、结膜、眼睑肿胀。

另外，眼部还可以发生骨肉瘤、软骨肉瘤、血管瘤、血管肉瘤、肥大细胞瘤、淋巴瘤、纤维肉瘤等肿瘤。

### 一、睑板腺瘤

睑板腺属皮脂腺，睑板腺瘤是犬常见的眼睑肿瘤。睑板腺瘤与其他部位皮脂腺腺瘤结构相似。肿瘤细胞形成大小不一的小叶，周边是较小的基底样细胞，中心是较大的成熟皮脂腺上皮细胞，富含脂质，胞质呈泡沫状。肿瘤中含有大量黑色素。（详见第二章，皮肤及其衍生物肿瘤）

### 二、睑板腺癌

睑板腺癌多呈小叶状结构，以基底样细胞为主，成熟皮脂腺细胞较少。核可见较多的分裂象，胞质内空泡形成，空泡可能非常小。小叶中心可见坏死。肿瘤中有黑色素沉着。分化较好的睑板腺癌与睑板腺瘤相似，但睑板腺癌的组织异型性明显，基底样细胞较多。有时肿瘤可见局灶性鳞状分化，具有与鳞状细胞癌相似的角化现象，易误诊为鳞状细胞癌，但胞质空泡形成是皮脂腺癌的特征。小叶周边的基底样细胞聚集，应注意与基底细胞癌进行鉴别诊断。（详见第二章，皮肤及其衍生物肿瘤）

## 三、眼黑色素细胞瘤

眼黑色素细胞瘤即良性黑色素瘤，是犬、猫常见的良性肿瘤，发生于眼睑、葡萄膜、角膜缘。犬的眼黑色素细胞瘤多发于虹膜、睫状体。犬前葡萄膜黑色素细胞瘤（canine anterior uveal melanocytoma）是犬常见的原发性眼部肿瘤，来源于虹膜及睫状体的黑色素细胞，猫角膜缘黑色素细胞瘤来源于角膜缘黑色素细胞。眼内的脉络膜黑色素细胞瘤发生较少。

**大体病变**　位于虹膜或睫状体的肿瘤呈膨胀性生长，深黑色，突出于眼前房或眼后房。肿瘤膨胀可导致房水排泄障碍，发生继发性青光眼。角膜缘黑色素细胞瘤逐渐膨胀形成结节，突出于结膜表面。

**组织学病变**　镜检可见有多少不等黑色素沉着的梭形细胞及充满大量黑色素的多形状细胞，其中有圆形的着色深的巨细胞。核分裂象少见。黑色素细胞瘤比恶性黑色素瘤的黑色素沉着更深。

## 四、眼恶性黑色素瘤

眼恶性黑色素瘤发生于虹膜、睫状体、脉络膜、眼睑、结膜等部位，多数发生于虹膜，是常见的原发性眼内肿瘤，容易发生广泛转移。多见于犬和猫，马、牛、鼠也有发生。部分眼内恶性黑色素瘤是从皮肤转移而来的。

**大体病变**　肿瘤部位早期呈弥漫性肿大或呈大小不等、高低不平的结节状，黑色、质硬，表面可出现溃疡及出血。以后生长成较大肿块，突出于睑裂之外。猫最常见的原发性眼内恶性黑色素瘤是前葡萄膜黑色素瘤，是发生在虹膜的恶性黑色素瘤，呈缓慢进展的、弥漫性的虹膜色素沉着。单侧性虹膜色素沉着逐渐增多、逐渐扩展，虹膜弥漫性增厚，虹膜表面或瞳孔不规则。偶尔形成有色素的虹膜结节或无色素的团块。

**组织学病变**　恶性黑色素瘤常由梭形、圆形或多边形等多种肿瘤细胞以不同比例混合组成，也有的肿瘤由单一形态的肿瘤细胞构成。梭形肿瘤细胞较长，大小较一致，核较小，无明显核仁。多边形的肿瘤细胞体积较大，核较大，核仁明显。一般情况下，多数肿瘤细胞是梭形细胞的肿瘤，其恶性程度较低。多数肿瘤细胞是多边形细胞的肿瘤，其恶性程度较高。恶性黑色素瘤细胞质内黑色素含量不等，部分只有较少的色素沉着或没有色素，但大多有明显的黑色素。恶性黑色素瘤有较多的核分裂象，这是区别于黑色素细胞瘤的依据。

猫弥漫性虹膜恶性黑色素瘤，肿瘤细胞具有圆形、梭形等多种形状。细胞内色素沉着多少不等，从无色素、少量色素到大量色素沉着。

## 五、眼鳞状细胞癌

眼鳞状细胞癌（squamous cell carcinoma）常发生于眼睑皮肤、结膜、瞬膜等部位，癌细胞来源于皮肤、结膜、瞬膜的上皮细胞。在高海拔、阳光充足、易受紫外线辐射地区的家畜易发生，遗传、眼睑色素沉着及营养对发病有一定影响。眼鳞状细胞癌是牛眼部最常见的肿瘤，病变早期通常是良性的，表现为结膜白色斑块或乳头状瘤，可能自发地消退，也可能继续发展为鳞状细胞癌。犬、绵羊、马、猫均可发生。晚期，癌细胞向眼球周围组织、眶骨、上颌骨、额骨转移，并可经淋巴道首先进入头颈部的淋巴结，进一步发展则到达胸导管和静脉血流，转移至肺、心、肝、肾等组织。

**大体病变**　眼鳞状细胞癌的病变与皮肤鳞状细胞癌的病变相似。

眼鳞状细胞癌多位于结膜、瞬膜，向外生长，呈隆起的斑块状、菜花状、乳头状或结节状，质地较硬，表面粗糙。肿瘤体积较大时向睑裂外突出，部分肿瘤出现坏死、溃疡、出血等病变。如鳞状细胞癌生长于瞬膜，早期在瞬膜边缘或表面有少数小米粒大小的黄白色颗粒，以后颗粒不断增多增大，向外生长，形成结节状或菜花状肿物。

**组织学病变**　肿瘤表面为增生的鳞状上皮，基底层、棘细胞层的上皮细胞发生恶变。癌细胞呈多边形或不规则形，胞核大小不一，淡染，核分裂象多见，核仁增多。分化较好的癌巢中，形成轮层状的角化珠。分化较差的癌巢中，核分裂象较多，癌巢内无角化珠形成。癌细胞形成不规则形或条索状癌巢，癌巢与间质之间分界清楚。

## 六、眼乳头状瘤

眼乳头状瘤（papilloma）一般属于良性肿瘤，多发于睑缘、结膜、瞬膜等部位。

**大体病变**　呈多乳头状突起，常有细蒂与正常组织相连，表面光滑或不平，软硬程度不一，角化后质地较硬。肿瘤生长缓慢。

**组织学病变**　乳头状突起表面为结膜上皮（有杯状黏液细胞的复层上皮）或鳞状上皮，上皮细胞过度增生、增厚，形成乳头状突起，每个乳头状突起由具有血管的结缔组织形成轴心。

**病理诊断**　乳头状瘤需要与炎性乳头状增生相区别。炎性乳头状增生时，其炎症较显著，乳头分枝较少。

## 七、虹膜睫状体上皮瘤

虹膜睫状体上皮瘤包括虹膜睫状体腺瘤（iridociliary adenoma）、虹膜睫状体腺癌（iridociliary adenocarcinoma）等，是前葡萄膜发生的上皮肿瘤，来源于有色素或无色素上皮细胞。

虹膜睫状体腺瘤是犬前葡萄膜常见的上皮肿瘤，偶见于猫。肿瘤常呈弥漫性生长，形成膨胀的瘤体，可进入眼后房、瞳孔，虹膜后和瞳孔内可见从小结节到大的团块，呈白色、灰色或黑色。镜下，肿瘤细胞为类似于虹膜、睫状体正常上皮细胞，呈立方形或柱状，胞质内有黑色素颗粒，肿瘤细胞形成腺管状、条索状或片状。

虹膜睫状体腺癌的肿瘤细胞异型性明显，呈柱状、梭形或多边形，核分裂象多见，排列不规则，有些可形成腺体结构。

## 八、视网膜母细胞瘤

视网膜母细胞瘤（retinoblastoma）又称成视网膜细胞瘤，是由未成熟的成视网膜细胞发生的一种眼内恶性肿瘤。动物很少发生，有犬发生的报道。肿瘤细胞可侵犯视神经、巩膜、角膜等，也可经血管、淋巴道转移。

**大体病变** 视网膜母细胞瘤在视网膜上呈结节状或弥漫性隆起，黄白色或灰白色。当肿瘤向前发展时，可引起眼压增高、角膜混浊、结膜水肿、眼球突出等病变。

**组织学病变** 肿瘤细胞呈圆形或椭圆形，细胞较小，大小较一致。胞质少而不明显，胞核较大、圆形、深染，核分裂象多见。肿瘤细胞倾向于围绕着位于中心的血管生长。分化较好时，肿瘤细胞可排列成菊形团结构。菊形团愈多，肿瘤恶性程度愈低。分化差时，菊形团少见，间质很少，常见坏死，有显著的局灶性钙化，血管可能出现嗜碱性改变。

### 九、眼继发性肿瘤

眼继发性肿瘤由邻近区域的肿瘤直接蔓延或原发于体内其他组织、器官的肿瘤经血道转移而来。

鼻窦、鼻咽部的癌，眼眶骨或骨膜的肉瘤，眼睑皮肤的鳞状细胞癌等均可蔓延、侵犯眼部组织。

全身其他部位的淋巴瘤、恶性黑色素瘤、乳腺癌、胃癌、肝癌等恶性肿瘤可通过血流转移至眼组织。鸡患马立克病时，淋巴细胞性肿瘤细胞在全身各处增生、浸润，侵害虹膜时，虹膜呈环状或斑点状褪色，外观混浊，灰色或灰白色。

## 第二节 耳的肿瘤

耳部可发生耵聍腺肿瘤、鳞状细胞癌、基底细胞癌、乳头状瘤、皮脂腺肿瘤、恶性黑色素瘤、组织细胞瘤、纤维瘤、血管肉瘤、肥大细胞瘤、淋巴瘤等肿瘤。犬的耳肿瘤多为良性，猫的耳恶性肿瘤发生率较高。耵聍腺的良性及恶性肿瘤是耳内常见肿瘤。

### 一、耵聍腺肿瘤

耵聍腺肿瘤包括耵聍腺瘤（ceruminous adenoma）及耵聍腺癌（ceruminous adenocarcinoma）。主要发生于老龄犬、猫，是犬最常见的外耳道肿瘤。

耵聍腺瘤向外生长，体积较小，多发性，呈灰色或黑色肿块，质地坚硬，表面光滑或分叶状，常伴有分泌物，堵塞外耳道。镜检，腺体大小不一，常常有两层细胞，外层是肌上皮。周围常有纤维组织围绕。（详见第二章，皮肤及其衍生物肿瘤）

耵聍腺癌可充满外耳道，使管控扩大，可向周围组织蔓延，向局部淋巴结、肺脏转移。镜检，肿瘤细胞胞质嗜碱性增强，核大小不一，核分裂象多少不一。细胞大小不一，排列紊乱，可形成腺泡、小导管及不规则的管状结构。肿瘤常可见坏死，周围结缔组织增生。（详见第二章，皮肤及其衍生物肿瘤）

### 二、耳皮脂腺肿瘤

耳皮脂腺可发生皮脂腺腺瘤（sebaceous adenoma）、皮脂腺癌（sebaceous carcinoma）。犬耳廓皮脂腺腺瘤比较常见，皮脂腺癌在犬、猫不常见。肿瘤可表现为散在的肿块（图12-1）。

皮脂腺肿瘤由未分化的基底样细胞和成熟的皮脂腺细胞两种细胞构成。皮脂腺腺瘤主要由成熟的皮脂腺细胞构成，皮脂腺细胞远远多于基底样细胞，细胞异型性不明显。肿瘤呈分叶状，小叶边界清楚，小叶中心为分化成熟的皮脂腺细胞，胞质空泡形成，呈泡沫样，周边为基底样细胞。肿瘤内无坏死，没有间质浸润。

皮脂腺癌呈不规则的分叶状结构，主要由基底样细胞构成，仍可见分化比较成熟的皮脂腺细胞。细胞异型性明显（图12-2）。可见明显坏死，通常伴有程度不同的间质浸润，这是与皮脂腺腺瘤的不同之处。

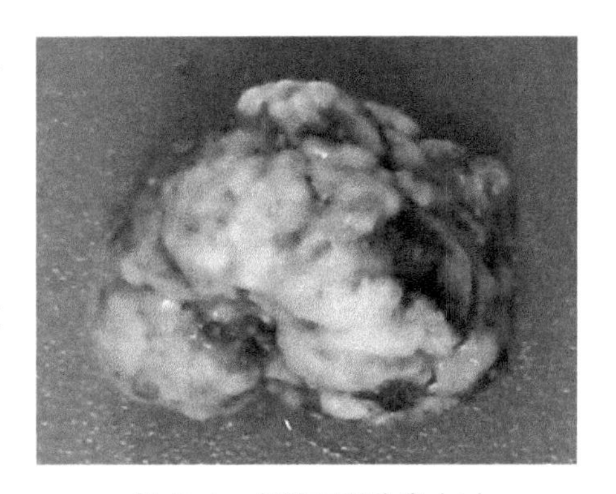

图12-1　犬耳皮脂腺癌（1）
外耳道肿瘤，表面呈菜花样

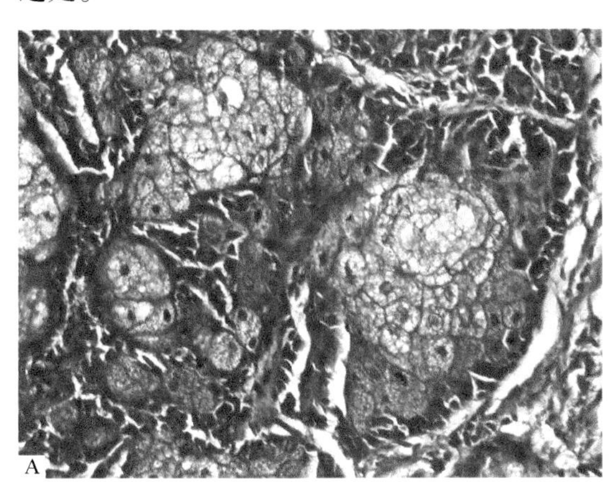


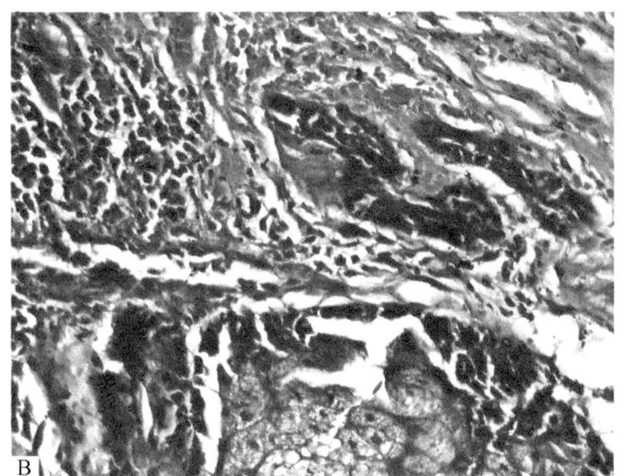


图12-2　犬耳皮脂腺癌（2）
A. 部分肿瘤细胞分化成熟；B. 基底样细胞，异型性明显

## 三、耳鳞状细胞癌

动物耳部鳞状细胞癌可发生于外耳的基底边缘、耳尖、外耳道内。

肿瘤突起于表面，可发生溃疡、出血。外耳道的肿瘤表现为肿块，堵塞外耳道，可能破坏鼓膜、浸润中耳。真皮内未分化的鳞状细胞浸润性生长，肿瘤生长到一定程度可穿透耳廓软骨。其病理特点与皮肤发生的鳞状细胞癌相似。

（姜文亿，祁保民）

# 主要参考文献

白云云，徐世文，丁惠．2012．1例犬淋巴瘤的诊治．黑龙江畜牧兽医，(9)：116-117
陈怀涛，许乐仁．2005．兽医病理学．北京：中国农业出版社
陈怀涛，赵德明．2012．兽医病理学．2版．北京：中国农业出版社
陈怀涛．2008．兽医病理学原色图谱．北京：中国农业出版社
陈义洲，黄婉婷，叶镜岳．2012．一例猫淋巴肉瘤的临床诊治．广东畜牧兽医科技，37(6)：42-46
邓普辉．1997．动物细胞病理学．北京：中国农业出版社
丁巧玲，李美璇，李建军．2019．一例犬脾脏肿瘤的病理组织学观察．天津农学院学报，26(2)：61-63
何成基．1995．绵羊淋巴细胞瘤病例．中国兽医杂志，(9)：36
李普霖．1994．动物病理学．长春：吉林科学技术出版社
李玉林．2013．病理学．8版．北京：人民卫生出版社
林曦，郝先谱，赵振华，等．1992．牛眼鳞状细胞癌的病理学研究．内蒙古农牧学院学报，13(4)：24-29
刘健慧，丁良骐，陈祖焕，等．1986．黄牛胸腺瘤的病理形态分析．中国兽医杂志，(5)：46-48
刘彤华．2006．诊断病理学．2版．北京：人民卫生出版社
罗红．2019．浅谈何杰金病临床分期及治疗策略．健康生活，(9)：11-12
祁保民，王全溪．2018．动物组织学与病理学图谱．北京：中国农业出版社
佘锐萍．2007．动物病理学．北京：中国农业出版社
史景泉，陈意生，卞修武．2005．超微病理学．北京：化学工业出版社
王桂莲．2019．牛白血病的发病分析诊断和防治措施．饲料博览，11：67
徐林清．2007．猪屠宰检疫中肿瘤的检出情况．广东畜牧兽医科技，32(4)：49
杨发端，郑天荣，徐朝斌，等．1997．常见肿瘤病理组织学与免疫组织化学彩色图谱．福州：福建科学技术出版社
曾树灿．2009．一例猪淋巴肉瘤病的检出．畜牧兽医科技信息，(11)：44
周飞，倪家敏，黄暨生．2021．青年ICR小鼠自发性肺腺瘤的案例分析．药物评价研究，44(4)：711-714
周向梅，赵德明．2021．兽医病理学．4版．北京：中国农业大学出版社
宗惠，秦峰，陈红艳，等．2014．鸡淋巴细胞性白血病的病理学观察．中国兽医科学，44(10)：1079-1083
Fletcher CDM．2009．肿瘤组织病理学诊断．回允中，译．3版．北京：北京大学医学出版社
North S，Banks T．2016．小动物肿瘤学．陈艳云，夏兆飞，译．北京：中国农业科学技术出版社
Stephen JW，David MV，Rodney LP．2021．小动物临床肿瘤学：第5版．林德贵，张欣珂，周彬，译．沈阳：辽宁科学技术出版社
Zachary JF, McGavin MD. 2015. 兽医病理学: 第5版. 赵德明, 杨利峰, 周向梅, 译. 北京: 中国农业出版社
Alonso-Diez Á, Ramos A, Roccabianca P, et al. 2019. Canine spindle cell mammary tumor: a retrospective study of 67 cases. Vet Pathol, 56(4): 526-535

Banco B, Antuofermo E, Borzacchiello G, et al. 2011. Canine ovarian tumors: an immunohistochemical study with HBME-1 antibody. J Vet Diagn Invest, 23(5): 977-981

Bearss JJ, Schulman FY, Carter D. 2012. Histologic, immunohistochemical, and clinical features of 27 mammary tumors in 18 male dogs. Vet Pathol, 49(4): 602-607

Benigni L, Lamb CR, Corzo-Menendez N, et al. 2006. Lymphoma affecting the urinary bladder in three dogs and a cat. Vet Radiol Ultrasound, 47: 592-596

Böhme B, Ngendahayo P, Hamaide A, et al. 2010. Inflammatory pseudotumours of the urinary bladder in dogs resembling human myofibroblastic tumours: a report of eight cases and comparative pathology. Vet J, 183: 89-94

Buerki RA, Horbinski CM, Timothy K, et al. 2018. An overview of meningiomas. Future Oncology, 14(21): 2161-2177

Caswell JL, Williams KJ. 2015. Respiratory system//Maxie MG. Jubb, Kennedy, and Palmer's pathology of domestic animals: Vo31. 6th ed. Oxford, England: Elsevier Limited

Cavasin JP, Miller AD, Duhamel GE. 2020. Intracerebral astrocytoma in a horse. J Comp Pathol, 177: 1-4

Caywood DD, Osborne CA, Johnston GR. 1980. Neoplasms of the canine and feline urinary tracts. Current Veterinary Therapy, (8): 1203-1212

Chambers JK, Uchida K, Ise K, et al. 2014. Cystic rete ovarii and uterine tube adenoma in a rabbit. J Vet Med Sci, 76(6): 909-912

Chang JC, Montecalvo J, Borsu L, et al. 2018. Bronchiolar adenoma: expansion of the concept of ciliated muconodular papillary tumors with proposal for revised terminology based on morphologic, immunophenotypic, and genomic analysis of 25 cases. Am J Surg Pathol, 42(8) : 1010-1026

Diter RW Wells M. 1986. Brief communications: Renal interstitial cell tumors in the dog. Vet Pathol, 23(1): 74-76

Dobson JM, Samuel S, Milstein H, et al. 2002. Canine neoplasia in the UK: estimates of incidence rates from a population of insured dogs. J Small Anim Pract, 43(6): 240-246

Durkes A, Garner M, Juan-Sallés C, et al. 2012. Immunohistochemical characterization of nonhuman primate ovarian sex cord–stromal tumors. Vet Pathol, 49(5): 834-838

Eble JN, Young RH. 2000. Tumors of the urinary tract//Fletcher C. Diagnostic histopathology of tumors. 2nd ed. New York: Churchill Livingstone: 475-565

Edwards DS, Henley WE, Harding EF, et al. 2003. Breed incidence of lymphoma in a UK population of insured dogs. Vet Comp Oncol, 1(4): 200-206

Esplin DG. 1987. Urinary bladder fibromas in dogs: 51 cases (1981–1985). J Am Vet Med Assoc, 190(4): 440-444

Ferré-Dolcet L, Romagnoli S, Banzato T, et al. 2020. Progesterone-responsive vaginal leiomyoma and hyperprogesteronemia due to ovarian luteoma in an older bitch. BMC Vet Res, 16(1): 284

Frank L, Burigk L, Lehmbecker A, et al. 2020. Meningioma and associated cerebral infarction in three dogs. BMC Vet Res, 16(1): 177

Fuentealba IC, Illanes OG. 2000. Eosinophilic cystitis in 3 dogs. Can Vet J, 41(2): 130-131

Gajanayake I, Priestnall SL, Benigni L, et al. 2010. Paraneoplastic hypercalcemia in a dog with benign renal angiomyxoma. J Vet Diag Invest, 22(5): 775-780

Gavora JS, Spencer JL, Gowe RS, et al. 1980. Lymphoid leukosis virus infection: effects on production and mortality and consequences in selection for high egg production. Poult Sci, 59(10): 2165-2178

Gelberg HB. 2010. Urinary bladder mass in a dog. Vet Pathol, 47(1): 181-184

Gorse MJ. 1988. Polycythemia associated with renal fibrosarcoma in a dog. J Am Vet Med Assoc, 192(6): 793-794

Grier CK, Mayer MN. 2007. Radiation therapy of canine nontonsillar squamous cell carcinoma. Can Vet J, 48(11): 1189-1191

Hurcombe SDA, Slovis NM, Kohn CW, et al. 2008. Poorly differentiated leiomyosarcoma of the urogenital tract in a horse. J Am Vet Med Assoc, 233(12): 1908-1912

Im KS, Kim NH, Lim HY, et al. 2014. Analysis of a new histological and molecular-based classification of canine mammary neoplasia. Vet Pathol, 51(3): 549-559

Jakubiak MJ, Siedlecki CT, Zenger E, et al. 2005. Laryngeal, laryngotracheal, and tracheal masses in cats: 27 cases (1998–2003). J Am Anim Hosp Assoc, 41(5): 310-316

Jónasdóttir TJ, Mellersh CS, Moe L, et al. 2000. Genetic mapping of a naturally occur ring hereditary renal cancer syndrome in dogs. Proc Natl Acad Sci USA, 97(8): 4132-4137

Kühl B, Peters M, Gies N, et al. 2020. Ependymoma in a dwarf goat. Tierärztl Prax Ausg G Grosstiere Nutztiere, 48 (1): 45-49

Kuwamura M, Kotera T, Yamate J, et al. 2004. Cerebral ganglioneuroblastoma in a golden retriever dog. Vet Pathol, 41 (3): 282-284

Lage AL, Gillett NA, Gerlach RF, et al. 1989. The prevalence and distribution of proliferative and metaplastic changes in normal appearing canine bladders. J Urol, 141(4): 993-997

Lee LF, Silva RF, Cheng YQ, et al. 1986. Characterization of monoclonal antibodies to avian leukosis viruses. Avian Dis, 30(1): 132-138

Liptak JM, Dernell WS, Withrow SJ. 2004. Haemangiosarcoma of the urinary bladder in a dog. Aust Vet J, 82(4): 215-217

Lium X, Moe L. 1985. Hereditary multifocal renal cystadenocarcinomas and nodular dermatofibrosis in the German shepherd dog: Macroscopic and histopath ologic changes. Vet Pathol, 22(5): 447-455

Martinez SA, Schulman AJ. 1988. Hemangiosarcoma of the urinary bladder in a dog. J Am Vet Med Assoc, 192(5): 655-656

McAloose D, Casal M, Patterson DF, et al. 1998. Polycystic kidney and liver disease in two related West Highland White Terrier litters. Vet Pathol, 35(1): 77-81

Mekras A, Krenn V, Perrakis A, et al. 2018. Gastrointestinal schwannomas: a rare but important differential diagnosis of mesenchymal tumors of gastrointestinal tract. BMC Surg, 18 (1): 47

Meuten DJ . 2017. Tumors in domestic animals. 5th ed. Oxford: John Wiley & Sons, Inc

Millanta F, Verin R, Asproni P, et al. 2012. A case of feline primary inflammatory mammary carcinoma: clinicopathological and immunohistochemical findings. J Feline Med Surg, 14(6): 420-423

Miller AD, Miller CR, Rossmeisl JH. 2019. Canine primary intracranial cancer: a clinicopathologic and comparative review of glioma, meningioma, and choroid plexus tumors. Front Oncol, 9(11): 1151

Mishra S, Kent M, Haley A, et al. 2012. Atypical meningeal granular cell tumor in a dog. J Vet Diagn Invest, 24 (1): 192-197

Mooney SC, Hayes AA, MacEwen EG, et al. 1989. Treatment and prognostic factors in lymphoma in cats: 103 cases (1977–1981). J Am Vet Med Assoc, 194(5): 696-702

Mooney SC, Hayes AA, Matus RE, et al. 1987. Renal lymphoma in cats: 28 cases (1977–1984). J Am Vet Med

Assoc, 191(11): 1473-1477

Nakashima T, Kubo M, Oshita A, et al. 2013. Complex carcinoma of the mammary gland in a free-living Japanese raccoon dog (Nyctereutes procyonoides viverrinus). J Zoo Wildl Med, 44(3): 749-752

Osborne CA, Low DG, Perman V et al. 1968. Neoplasms of the canine and feline urinary bladder: incidence, etiologic factors, occurrence and pathologic features. Am J Vet Res, 29(10): 2041-2053

Oviedo-Peñata CA, Hincapie L, Riaño-Benavides C, et al. 2020. Concomitant presence of ovarian tumors (teratoma and granulosa cell tumor), and pyometra in an English Bulldog female dog: a case report. Fron Vet Sci, (6): 500

Patrick DJ, Fitzgerald SD, Sesterhenn IA, et al. 2006. Classification of canine urinary bladder urothelial tumors based on the WHO/International Society of Urological Pathology consensus classification. J Comp Pathol, 135 (4): 190-195

Picut CA, Valentine BA. 1985. Renal fibroma in four dogs. Vet Pathol, 22(4): 422-423

Pressler BM, Williams LE, Ramos-Vara JA, et al. 2009. Sequencing of the Von Hippel-Lindau gene in canine renal carcinoma. J Vet Intern Med, 23(3): 592-597

Priester WA, Mckay FW. 1980. The occurrence of tumors in domestic animals. Natl Cancer Inst Monogr, (54): 1-210

Ramos-Vara JA, Miller MA, Boucher M, et al. 2003. Immunohistochemical detection of uroplakin Ⅲ, cytokeratin 7, and cytokeratin 20 in canine urothelial tumors. Vet Pathol, 40(1): 55-62

Reed LT, Knapp DW, Miller MA. 2013. Cutaneous metastasis of transitional cell carcinoma in 12 dogs. Vet Pathol, 50(4): 676-681

Rudd RG, Whitehair JG, Leipold HW. 1991. Spindle cell sarcoma in the kidney of a dog. J Am Vet Med Assoc, 198(6): 1023-1024

Sakai H, Yonemaru K, Takeda M, et al. 2011. Ganglioneuroma in the urinary bladder of a dog. J Vet Med Sci, 73 (6): 801-803

Seely JC, Cosenza SF, Montgomery CA. 1978. Leiomyosarcoma of the canine urinary bladder with metastases. J Am Vet Med Assoc, 172(12): 1427-1429

Sendag S, Cetin Y, Alan M, et al. 2008. Cervical leiomyoma in a dairy cow during pregnancy. Anim Reprod Sci, 103(3-4): 355-359

Sharif M, Mohamed A, Reinacher M. 2017. Malignant renal schwannoma in a cat. Open Vet J, 7 (3): 214-220

Silva DMD, Kluthcovsky LC, Jensen de Morais H, et al. 2019. Inflammatory mammary carcinoma in a male dog-case report. Top Companion Anim Med, 37: 100357

Simpson RM, Gliatto JM, Casey HW, et al. 1992. The histologic, ultrastructural, and immunohistochemical features of a blastema-predominant canine nephroblastoma. Vet Pathol, 29(3): 250-253

Son NV, Chambers JK, Shiga T, et al. 2018. Sarcomatoid mesothelioma of tunica vaginalis testis in the right scrotum of a dog. J Vet Med Sci, 80(7): 1125-1128

Stepnik MW, Mehl ML, Hardie EM, et al. 2009. Outcome of permanent tracheostomy for treatment of upper airway obstruction in cats: 21 cases (1990-2007). J Am Vet Med Assoc, 234(5): 638-643

Suzuki Y, Takaba K, Yamaguchi I, et al. 2012. Histopatholgical, immunohistochemical and ultrastructural srudies of a renal mesenchymal tumor in a young beagle dog. J Vet Med Sci, 74: 89-92

Takeda T, Makita T, Nakamura N, et al. 1989. Congenital mesoblastic nephroma in a dog: a benign variant of nephroblastoma. Vet Pathol, 26: 281-282

Teske E, van Straten G, van Noort R, et al. 2002. Chemotherapy with cyclophosphamide, vincristine, and prednisolone (COP) in cats with malignant lymphoma: new results with an old protocol. J Vet Intern Med, 16(2): 179-186

Thompson LD. 2017. Update from the 4th edition of the World Health Organization Classification of Head and Neck Tumours: tumours of the ear. Head Neck Pathol, 11(1): 78-87

Tsioli VG, Gouletsou PG, Loukopoulos P, et al. 2011. Uterine leiomyosarcoma and pyometra in a dog. J Small Anim Pract, 52(2): 121-124

Vail DM, Moore AS, Ogilvie GK, et al. 1998. Feline lymphoma (145 cases): proliferation indices, cluster of differentiation 3 immunoreactivity, and their association with prognosis in 90 cats. J Vet Intern Med, 12(5): 349-354

Vardiman J. 2010. The World Health Organization (WHO) classification of tumors of the hematopoietic and lymphoid tissues: an overview with emphasis on the myeloid neoplasms. Chem Biol Interact, 184(1-2): 16-20

Vilafranca M, Fondevila D, Marlasca MJ, et al. 1994. Chromophilic-eosinophilic(oncocyte-like) renal cell carcinoma in a dog with nodular dermatofibrosis. Vet Pathol, 31(6): 713-716

Webb KL, Stowe DM, Devanna J, et al. 2015. Pathology in practice. J Am Vet Med Assoc, 247(11): 1249-1251

Westworth DR, Dickinson PJ, Vernau W, et al. 2010. Choroid plexus tumors in 56 dogs (1985–2007). J Vet Intern Med, 22 (5): 1157-1165

Yoshizawa K, Oishi Y, Makino N, et al. 1996. Congenital mesoblastic nephroma in a young beagle dog. J Toxicol Pathol, (9): 101-105

Zachary JF. 1981. Cystitis cystica, cystitis glandularis, and Brunn's nests in a feline urinary bladder. Vet Pathol, 18(1): 113-116

Zachary JF. 2017. Pathologic Basis of Veterinary Disease. 6th ed. Missouri: Elsevie

# 中英文名词对照索引